U0319696

国家重点建设冶金技术专业高等职业教学改革成果系列教材

连续铸钢实训指导书

主　编　吕瑞国　胡秋芳

副主编　付　军

北　京

冶 金 工 业 出 版 社

2016

内 容 提 要

　　本教材为《连续铸钢》配套实训教材，依据课程标准和教学资源进行教学过程设计，主要介绍了十个项目的实训，包括连铸常用耐火材料、连铸常用其他材料、连铸设备的检查与使用、连铸自动控制、连铸开浇前的准备、连铸开浇、控制二冷强度、拉矫及脱锭、切割连铸坯及尾坯封顶、铸坯精整、连铸常见事故、缺陷的判断及处理，并阐述了连铸前的准备及并行铸过程中的工艺操作，系统介绍了各主要岗位的职责、操作程序与要求、常见事故的预防与处理以及设备的维护方式等内容。

　　本书可作为高职高专院校钢铁冶金技术专业的教材，也可作为钢铁企业职工的培训教材。

图书在版编目 (CIP) 数据

　　连续铸钢实训指导书/吕瑞国，胡秋芳主编 . —北京：冶金工业出版社，2016.4

　　国家重点建设冶金技术专业高等职业教学改革成果系列教材
　　ISBN 978-7-5024-7161-3

　　Ⅰ.①连… Ⅱ.①吕… ②胡… Ⅲ.①连续铸钢—高等职业教育—教学参考资料 Ⅳ.①TF777

　　中国版本图书馆 CIP 数据核字 (2016) 第 066933 号

出 版 人　谭学余
地　　址　北京市东城区嵩祝院北巷 39 号　邮编　100009　电话　(010)64027926
网　　址　www.cnmip.com.cn　电子信箱　yjcbs@cnmip.com.cn
责任编辑　李鑫雨　美术编辑　彭子赫　版式设计　孙跃红
责任校对　李　娜　责任印制　李玉山
ISBN 978-7-5024-7161-3
冶金工业出版社出版发行；各地新华书店经销；固安华明印业有限公司印刷
2016 年 4 月第 1 版，2016 年 4 月第 1 次印刷
787mm×1092mm　1/16；17.5 印张；422 千字；266 页
45.00 元
冶金工业出版社　投稿电话　(010)64027932　投稿信箱　tougao@cnmip.com.cn
冶金工业出版社营销中心　电话　(010)64044283　传真　(010)64027893
冶金书店　地址　北京市东四西大街 46 号(100010)　电话　(010)65289081(兼传真)
冶金工业出版社天猫旗舰店　yjgycbs.tmall.com
　　　　　(本书如有印装质量问题，本社营销中心负责退换)

编写委员会

前　言

自 2011 年起江西冶金职业技术学院启动钢铁冶金专业建设以来，先后开展了"国家中等职业教育改革发展示范学校建设计划"项目钢铁冶炼重点支持专业建设；中央财政支持"高等职业学校提升专业服务产业发展能力"项目冶金技术重点专业建设；省财政支持"重点建设江西省高等教育专业技能实训中心"项目现代钢铁生产实训中心建设，并开展了现代学徒试点。与新余钢铁集团有限公司人力资源处、技术中心以及下属 5 家二级单位进行有效合作。按照基于职业岗位工作过程的"岗位能力主导型"课程体系的要求，改革传统教学内容，实现"四结合"，即"教学内容与岗位能力""教室与实训场所""专职教师与兼职老师（师傅）""顶岗实习与工作岗位"结合，突出教学过程的实践性、开放性和职业性，实现学生校内学习与实际工作相一致。

按照钢铁冶炼生产工艺流程，对应烧结与球团生产、炼铁生产、炼钢生产、炉外精炼生产、连续铸钢生产各岗位在素质、知识、技能等方面的需求，按照贴近企业生产，突出技术应用，理论上适度、够用的原则，校企合作建设"烧结矿与球团矿生产""高炉炼铁""炼钢生产""炉外精炼""连续铸钢生产" 5 门优质核心课程。

依据专业建设、课程建设成果我们编写了《烧结矿与球团矿生产》《高炉炼铁》《炼钢生产》《炉外精炼》《连续铸钢》以及相配套的实训指导书系列教材，适用于职业院校钢铁冶炼、冶金技术专业、企业员工培训使用，也可作为冶金企业钢铁冶炼各岗位技术人员、操作人员的参考书。

本系列教材以国家职业技能标准为依据，以学生的职业能力培养为核心，以职业岗位工作过程分析典型的工作任务，设计学习情境。以工作过程为导向，设计学习单元，突出岗位工作要求，每个学习情境的教学过程都是一个完整的工作过程，结束了一个学习情境即是完成了一个工作项目。通过完成所有项目（学习情境）的学习，学生即可达到钢铁冶炼各岗位对技能的要求。

　　本系列教材由宋永清设计课程框架。在编写过程中得到江西冶金职业技术学院领导和新余钢铁集团有限公司领导的大力支持，新余钢铁集团人力资源处组织其技术中心以及5家生产单位的工程技术人员、生产骨干参与编写工作并提供大量生产技术资料，在此对他们的支持表示衷心感谢！

　　由于编者水平所限，书中不足之处，敬请读者批评指正。

江西冶金职业技术学院教务处　　**宋永清**

2016 年 2 月

实 训 指 导

一、实训的目的与特点

生产实训是钢铁冶金技术专业方向的主干专业实践教学课程，属于专业理论知识与实际工厂设备技术应用及管理环节实际技能训练与提高的实践环节。通过学习使学生掌握钢铁冶炼操作的基本理论知识，与此同时下厂进行具体的岗位实习操作，将所掌握的理论知识与实践结合起来，初步具备分析问题和解决实际问题的能力，为以后从事专业工作打好坚实的基础。本课程将向学生传授并使之感受和体验现代设备系统工程中设备技术应用和设备管理的理念、实际状况及工作原理，动手参与相关设备设计、制造、维修活动及管理过程等。

通过专业实训项目的学习，学生应当理解并掌握本专业在实际工作中涉及的知识、学科领域及其理论和重要理念，了解本专业所涉及的技术、经济、管理知识与技能方法在实际工程中的应用，了解本专业在工厂实际生产中的具体工作内容及基本环节。通过各工作环节的感受，学生能为学习专业理论课程，为今后成为既懂专业技术又会管理的复合型工程技术人才打下较好的基础。

针对高职钢铁冶金技术专业特点，实训课程具有以下特色：

（1）以企业真实的工作任务和职业能力要求的技能为基础，设置学习性工作任务。

（2）打破传统的理论与实践教学分割的体系，理论知识贯穿在实操技能的学习过程中，实现"理实一体化"。

（3）从高等职业教育的性质、特点、任务出发，以职业能力培养为重点，依据国家制定的职业技能鉴定标准中的职业能力特征、工作要求以及鉴定考评项目等，以工作内容和工作过程为导向进行课程建设。

（4）课程内容引进企业实际案例和选用实际生产项目，充分体现职业岗位和职业能力培养的要求；课程实施理论与实践交互式教学，通过建立校内外实训基地，将钢铁生产企业的真实工作项目引入教学环节，把课堂逐渐推向企业的工作现场，使课程能力实现向社会服务的转化，充分体现课程的职业性、实践性和开放性。

二、实训的内容与要求

（1）收集认识实训所在工厂的安全生产要求及安全注意事项，实训期间应遵守所在实训单位的各种规章制度，服从带队指导老师和单位有关人员的领导，严格遵守工厂的《安全操作规程》。

（2）服从车间领导的安排，尊重工人师傅，勤学好问，虚心求教。

（3）收集实训所在工厂的主要生产产品、生产工艺流程、主要的生产设备结构及工作原理等相关资料。

（4）收集认识企业生产管理体系的架构、内容、要求。

（5）在班组实习期间，收集、记录、认识班组在设备维护管理中的具体内容、事项、要求，参与班组的相关工作，提高学生的动手能力和实训现场分析问题、解决问题的能力；建立和提高学生参与管理的意识，认识和体会生产及管理过程中的具体环节与问题；观察学习技术人员及工人师傅分析问题的方法和经验。

（6）结合自己已经学习到的知识，分析讨论所在实习工厂中发现的问题或不清楚的环节，甚至提出自己的意见和建议。

（7）听取所在实习单位为学生举行的就业择业、先进技术、设备维护及生产管理等方面的专题报告。

（8）每天编写实习记录，必要时在小组内或小组间开展实习心得与问题讨论。

三、实习报告的写法及基本要求

1. 实习报告的写法

实习报告一般由标题和正文两部分组成。标题可以采取规范化的标题格式，基本格式为，"关于××的实习报告"；正文一般分前言、主体和结尾三部分。

（1）前言：主要描述本次实习的目的意义、大纲的要求及接受实习任务等情况。

（2）主体：实习报告最主要的部分，详述实习的基本情况，包括项目、内容、安排、组织、做法，以及分析通过实习经历了哪些环节，接受了哪些实践锻炼，搜集到哪些资料，并从中得出一些具体认识、观点和基本结论。

（3）结尾：可写出自己的收获、感受、体会和建议，也可就发现的问题提出解决的方法、对策；或总结全文的主要观点，进一步深化主题；或提出问题，引发人们的进一步思考；或展望前景，发出鼓舞和号召等。

2. 实习报告的要求

（1）按照大纲要求在规定的时间完成实习报告，报告内容必须真实，不得抄袭。学生应结合自己所在工作岗位的工作实际写出本行业及本专业（或课程）有关的实习报告。

（2）校外实习报告字数要求：每周不少于1000字，累计实习3周及以上的不少于3000字。用A4纸书写或打印（正文使用小四号宋体、1.5倍行距，排版以美观整洁为准）。

（3）实习报告撰写过程中需接受指导教师的指导，学生应在实习结束之前将成稿交实习指导教师。

3. 实习考核的主要内容

（1）平时表现：实习出勤和实习纪律的遵守情况；实习现场的表现和实习笔记的记录情况、笔记的完整性。

（2）实习报告：实习报告的完整性和准确性；实习的收获和体会。

（3）答辩：在生产现场随机口试；实习结束时抽题口试。

目　录

实训项目 1 连铸常用耐火材料

1.1 识别连铸常用耐火材料

1.1.1 实训目的

能够根据外形及材质识别连铸用耐火材料，并根据连铸要求合理选用耐火材料。

1.1.2 操作步骤或技能实施

1.1.2.1 上下水口、上下滑板砖

外表黑色，质地较硬，易碎，表面比较光滑，上下滑板的接触面要符合精度的要求，一般为铝碳质材料。

1.1.2.2 长水口及浸入式水口

长水口主要用于钢包与中间包之间，其材质为熔融石英质或铝碳质。

浸入式水口材质与钢包长水口相同。

1.1.2.3 绝热板

外表黄色，较松软，是以石英砂和黏土粉为基础，加入少量的植物纤维（纸浆、废棉）和矿物纤维（石棉、矿渣棉等），用酚醛树脂，水玻璃或松香作黏结剂，压滤或抽滤成型，烘干后使用。

1.1.3 注意事项

必须根据工艺要求不同部位选用不同砖型、材质的耐火材料，切忌搞错。

1.1.4 知识点

1.1.4.1 钢包耐火衬

A 钢包耐火衬的结构

外层是隔热层，中间是保护层，内层是工作层。由于耐火衬各层的工作条件不同，因此耐火材料的选择及砌筑也不同。

（1）隔热层的作用是保温，以减少钢水的热量传到钢包外壳。

（2）保护层也叫非工作层，一般采用黏土砖或高铝砖砌筑，有时采用整体浇注成形。

保护层的作用是当工作层的厚度侵蚀的较薄时，防止钢水穿漏而烧坏外壳，造成事故。

（3）工作层直接与钢水、渣液接触，因此承受高温、化学侵蚀、机械冲刷与急冷急热影响，当损坏到一定程度时必须予以拆修、更换。工作层一般采用高铝砖、镁炭砖、铝镁砖或者采用铝镁材料整体浇注成形。为了增加钢包的有效容积和提高耐火衬的使用寿命，可将钢包的工作层砌筑成阶梯形，如图 1-1 所示。

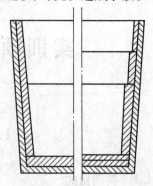

这样可增加包底工作层的厚度，以达到工作层各处均衡侵蚀的目的。

图 1-1 阶梯形工作层简图

B 钢包耐火材料的工作环境及其要求

钢包是承接钢水、进行连铸的必要设备。由于许多钢种需要在钢包内进行精炼处理，包括吹氩调温、合金成分微调、喷粉精炼和真空处理等，钢包内衬的工作条件越来越恶劣。

a 钢包耐火材料的工作环境

（1）承受的钢水温度比模铸钢包高。

（2）钢水在钢包内的停留时间延长。

（3）钢包内衬在高温真空下自身挥发和经受钢水的搅动作用。

（4）内衬在承接钢水时受到的冲击作用。

（5）熔渣对内衬的侵蚀。

b 对钢包耐火材料的要求

（1）耐高温，能经受高温钢水长时间作用而不熔融软化。

（2）耐热冲击，能反复承受钢水的装、出而不开裂剥落。

（3）耐熔渣的侵蚀，能承受熔渣和熔渣碱度变化对内衬的侵蚀作用。

（4）具有足够的高温机械强度，能承受钢水的搅动和冲刷作用。

（5）内衬具有一定的膨胀性，在高温钢水作用下，内衬之间紧密接触成为一个整体。

C 常用的钢包耐火材料的选用条件及种类

a 钢包耐火材料的选用条件

（1）钢包的工作条件，如出钢温度、钢水停留时间、浇注钢种、是否进行精炼处理等。

（2）钢包耐火材料在钢包中的部位。

（3）熔渣的碱度。

（4）钢厂的砌钢包、拆钢包、烘烤钢包的工作条件和经济包龄。

（5）经济性。

b 常用的钢包耐火材料的种类

（1）黏土砖。黏土砖中 Al_2O_3 含量一般在 30%~50% 之间，价格低廉，主要用于钢包永久层和钢包底。

（2）高铝砖。砖中 Al_2O_3 含量在 50%~80% 之间，主要用于钢包的工作层。

（3）蜡石砖。该砖特点是 SiO_2 含量高。一般在 80% 以上，比黏土砖的抗侵蚀性和整体性好，且不挂渣，常用于钢包壁和包底。

（4）锆英石砖。该砖主要用于钢包渣线部位。砖中 ZrO_2 含量一般在 60% ~ 65% 之间。其特点是耐侵蚀好，但价格较高，一般不常使用。

（5）镁炭砖。该砖主要用于钢包渣线部位，特别适用于多炉连浇场合。砖中 MgO 含量一般在 76% 左右，碳含量在 15% ~ 20% 之间。其特点是对熔渣侵蚀性小，耐侵蚀、耐剥落性好。

（6）铝镁浇注料。该浇注料主要用于钢包体，其特点是在钢水作用下，浇注料中的 MgO 和 Al_2O_3 反应生成铝镁尖晶石，改善了内衬的抗渣性和抗热震性。

（7）铝镁炭砖。该砖在铝镁浇注料的基础上发展起来的钢包衬，使用寿命长。

（8）不烧砖。目前用于钢包的熔成砖的材料，几乎都能制成相对应的不烧砖。其特点是制作工艺相对简单，价格较低。砖本身具有一定的机械强度和耐侵蚀性，便于施工砌筑。

如果钢包本身还用于精炼，则还可以选择 $MgO\text{-}Cr_2O_3\text{-}Al_2O_3$ 系和 $MgO\text{-}CaO\text{-}C$ 系耐火材料，主要有：镁铬砖、镁铬铝砖、白云石砖等。

在使用含石墨材料的砖种作钢包内衬时，最好在其表面涂抹一层防氧化涂料，防止在烤包时，内衬表面氧化疏松，影响其使用寿命。

D　钢包耐火材料损坏原因及提高使用寿命的措施

a　钢包耐火材料损坏的原因

（1）化学作用：

1）钢水成分对耐火材料的侵蚀。

2）熔渣成分对耐火材料的侵蚀。

3）在高温作用下，耐火材料自身产生的反应所造成的损坏，如新矿物的生成所产生的相变化带来的体积效应和在真空作用下的挥发等原因。

（2）物理作用：

1）钢水对耐火材料的冲刷作用。

2）钢水反复作用于耐火材料上造成的热冲击，引起耐火材料的开裂和剥落。

3）耐火材料自身的热膨胀效应造成的损坏。

4）高温钢水对耐火材料的熔蚀作用。

（3）人为原因：

1）耐火材料的选择与搭配不恰当。

2）对耐火材料的使用不当。如砌筑方式、烘烤方式不适当。

3）钢包周转期太长造成冷包。

4）拆包不当，损坏钢包永久层。

5）没有采取修补措施。

b　提高钢包使用寿命的主要措施

（1）选择耐高温、耐侵蚀、耐热冲击的耐火材料作包衬。

（2）正确选择和搭配耐火材料，做到均衡砌包。

（3）了解所选用的耐火材料的性能，合理制订钢包的使用条件，如烘烤制度的制订等。

（4）尽可能加快钢包的使用周期，做到"红包"工作。

（5）对包衬耐火材料损坏部分，及时进行喷补处理。

1.1.4.2　中间包内衬

A　中间包内衬的结构

分永久层和工作层两部分。永久层有砖砌或整体浇注，材质通常有黏土质、高铝质、镁质。工作层通常用绝热板砌筑和镁质涂料。目前在国内常用的绝热板为硅质绝热板，其主要成分为 SiO_2，因此适用于浇注普碳钢，碳素结构钢和普通低合金钢。也有少量使用镁质绝热板，它用于浇注特殊钢和高质量钢种。它对钢水的污染比硅质板小。另外，国内大多数绝热板是采用树脂作结合剂制造的。在开浇时，树脂受热分解，产生的气体与钢水反应强烈，使前期浇注的铸坯上有皮下气孔产生，因此大部分钢厂在开浇前还是用小火烘烤，以减少铸坯出现质量问题。镁质绝热板一般都需要烘烤后使用。

国内广泛使用镁质涂料作为中间包工作层耐火材料时，涂层厚度为 15~30mm，可按照不同的使用部分涂上不同的厚度，即按照各部分同步侵蚀的原则进行施工，以降低耐火材料的消耗。镁质涂料在中间包内涂抹好后，用自然干燥或预烘干燥两种办法进行干燥。阴干时间应大于 3h，开始烘烤温度不能高，要求前 30min 不能超过 500℃，然后逐渐升温，烘烤 2.5h，达 1100℃时即可用于浇注。

B　中间包耐火材料的要求

中间包是承接、储存和分配钢包钢水的中间容器。目前中间包已逐渐发展成为一种有效的反应器，可以在中间包内完成钢水温度的控制、防止钢水的两次氧化和改善夹杂物的钙处理等，即所谓的中间包冶金。

由于中间包的容量和承受的钢水温度均与钢包有较大的差别，所用的耐火材料也有所不同，但不管是哪一种中间包类型，所用的耐火材料都要满足下列要求：

（1）要求内衬材料耐钢水和熔渣的侵蚀，使用寿命要足够长。

（2）要求内衬材料具有良好的抗热震性，在与钢水接触时不炸裂。

（3）要求内衬材料具有较低的热传导系数和微小的热膨胀性，使中间包衬有一定的保温性和良好的整体性。

（4）要求内衬材料在浇注过程中，对钢水污染性小，以保证钢水质量。

（5）要求内衬材料的形状和结构，要便于砌包和拆卸。

C　中间包衬的组成形式和耐火材料类型

a　中间包衬的组成形式

（1）保温层。该层紧挨着中间包钢壳，其材料通常是石棉板、保温砖或轻质浇注料。

（2）永久层。该层与保温层相接触，其材料一般为黏土砖。

（3）工作层。与钢水接触的一层。该层内衬材料主要有：高铝砖、碱性砖（如镁砖等）、硅质绝热板、镁质绝热板、镁橄榄石质绝热板和涂料，如镁质、镁铬质涂料等。目前也有用浇注料作中间包内衬的。

（4）座砖。镶嵌于中间包底，安装中间包水口用。其材料通常为高铝质。

（5）包底。中间包底，其材料基本与工作层相当。

（6）包盖。中间包盖，覆盖在中间包上，可起保温和防止钢水飞溅等作用，其材料通常采用黏土砖或浇注料制成。

(7) 挡渣墙。该墙砌于中间包内，可以是单墙的，也可以是双墙的。单墙的或双墙的挡渣墙，顾名思义，其目的就是用来控制钢水的流动和挡渣，以提高钢水的清洁度。在其上还可以设置钢水过滤器，进一步除去钢水中夹杂物。挡渣墙的材质通常是高铝质，可以用砖砌筑在中间包内，也可以制成预制块，安放在中间包内。

b 中间包类型

(1) 高温中间包。该中间包是为某一特定的冶金过程所设置的，包衬采用镁砖，预热到 1500℃ 左右。

(2) 热中间包。即目前钢厂常见的一种中间包，采用烧成砖、不烧砖或浇注料作包衬的中间包。在浇注前要预热到 800~1100℃。

(3) 冷中间包。采用绝热板作包衬，在浇注前不经预热即可使用。

至于选择哪一种形式的中间包和哪些材质作包衬为好，这取决于浇注的钢种、冶炼方式、烘烤条件和钢厂本身所具备的能力。

D 中间包涂料的种类、作用及性能

a 中间包涂料的种类

(1) 镁铬质涂料。在该涂料中，含 MgO 65%~75%，Cr_2O_3 6%~8%。

(2) 镁质涂料。在该涂料中，含 MgO 大于 88%。

(3) 高铝质涂料。在该涂料中，含 Al_2O_3 65% 左右，SiO_2 28%。

b 中间包涂料的作用

主要是用于工作层，它具备下列优点：

(1) 涂料耐钢水和熔渣的侵蚀，使用寿命长。

(2) 施工方便，更换迅速，可提高中间包作业率。

(3) 便于清理残剩的涂料层和钢渣，不损伤中间包砖砌层，相对延长了砖衬的使用寿命，降低耐火材料消耗。

(4) 可用普通耐火材料作砖衬，降低中间包造价。

c 中间包涂料必须具备的性能

(1) 具有良好的耐钢水和熔渣的侵蚀。

(2) 具有良好的涂抹性，便于施工。

(3) 在烘烤过程中不开裂，不剥落，耐热冲击性好。

(4) 用后残余涂层要容易从中间包永久层上脱离下来。

E 中间包使用绝热板的优点和要求

a 中间包使用绝热板的优点

(1) 使用绝热板作中间包衬后，中间包在浇注前可以不经烘烤使用，因此节能，据有关统计表明，吨钢可节省 3kg 标准煤。

(2) 提高中间包周转率，周转周期可由原 16h 降为 8h，节省备用中间包和中间包场。

(3) 提高连铸作业率。

(4) 提高中间包使用寿命，降低了永久层耐火材料消耗。

(5) 由于中间包绝热板保温性好，可降低出钢温度约 10℃，利于连铸生产管理。

b　钢厂对绝热板的要求

（1）耐钢水和熔渣的侵蚀性要好。

（2）材料的热导率要低，具有较好的绝热性能。

（3）绝热板的收缩率要小，以保证绝热板在使用时板与板之间的严密性，防止钢水渗入。

（4）绝热板内水分要低，以免在进入钢水后发生爆裂和钢水沸腾。

（5）绝热板应具有一定强度和韧性，以免在运输、装卸和安装过程中破损。

F　使用硅质和镁质绝热板应注意的问题

（1）绝热板从材质上可分为硅质的、镁质的或其他材质的。但从结合剂上分，可分为无机物结合的绝热板和有机物结合的绝热板。

如果使用无机物结合的绝热板，在使用前必须烘烤，一般需烘烤到1200℃左右，以便脱除作为结合剂的无机盐的结晶水。

如果使用有机物结合的绝热板，即目前国内大量使用的绝热板，就属此类绝热板。在使用前可不必烘烤，因为高温烘烤会使有机结合物大量分解氧化，使绝热板失去强度而塌落。如果一定要烘烤后使用，则可快速在短时间内升温至绝热板表面红热后即可使用。

（2）硅质绝热板的主要成分为SiO_2，因此，只适用于浇注普碳钢、碳素结构钢和普通低合金钢。镁质绝热板适用于浇注特殊钢和一些要求钢质量高的钢种。镁质绝热板对钢水的污染比硅质板小。

（3）绝热板具有绝热性能，但不是绝对的，因此在使用绝热板中间包时，要求钢水温度控制在一个合适的过热度内。

（4）绝热板便于砌包，但应在包底均匀地铺设一层15~30mm的填砂；在侧板与永久层之间留出15~30mm的间隙，并倒入填砂。砂子必须充分干燥，粒度合理，能自由流动，便于绝热板在使用过程中排气。

（5）绝热板的板缝连接，有一个膨胀和收缩问题存在，因此，在拼接时，要有适当的拼接缝，并用胶泥粘好。否则在使用过程中会发生板缝漏钢。

（6）由于绝热板中间包发热剂的应用，不烘烤使用，在第一包钢水进入中间包后，首先到达中间包水口碗部的钢水降温最大，在浇注时可能出现粘塞棒头和堵水口现象。因此，可以在浇注前在水口碗部放入发热剂，或提高第一包钢水的温度。

（7）滑动水口引流砂和中间包覆盖剂的选择。一般引流砂为海砂或河砂，其性质为酸性，中间包覆盖剂一般为炭化稻壳，其所含灰分呈酸性，主要缺点是不能吸收Al_2O_3，生产优质铝镇静钢时应采用碱性覆盖剂，因此，在使用镁质绝热板时，对板侵蚀严重，影响其使用寿命。在使用镁质绝热板时，应注意这个问题。

G　中间包烘烤应注意的问题

对于中间包的烘烤，总的要求是要在开浇前1~2h内，快速烘烤到1000~1100℃为好，这样可以节省能源，也便于使用。但往往由于调度或其他原因，烘烤时间太长，造成一些不良的隐患。

对于板坯连铸，中间包上已装有铝碳质整体塞棒或整体式铝碳质浸入式水口。如果长时间烘烤，制品强度降低；如果制品表面的防氧化涂层不良的话，制品还会被氧化疏松，不仅使制品强度再下降，而且使用寿命还会降低。已有的经验表明，对于浸入式水口来说，在其壁厚不能再增厚的条件下，要延长其使用寿命，主要看其表面是否被氧化了。

铝碳质制品在烘烤过程中，其强度变化规律为：随着烘烤温度的上升，制品强度下降，到 500~600℃ 之间，强度最低；当温度继续上升，制品强度增加，到 1300℃ 左右恢复到原状，再升高温度，则制品强度又下降。鉴于这个原因，要求快速烘烤达到预定的温度。

对于带有熔融石英质浸入式水口的中间包，对水口部分可以不烘烤或低温烘烤，因为石英质水口在高温下长期烘烤，会方石英化，使制品热稳定性下降，甚至会在水口内壁出现裂纹。在浇注过程中可能出现穿孔、断裂现象（当然，还与水口本身质量有关）。

对于小方坯连铸用中间包，大多数使用绝热板作内衬，中间包不烘烤，有的钢厂也只进行小火烘烤，只能起到干燥作用。在小方坯连铸的中间包上，通常装有 3~6 个锆质定径水口。对于这种水口，必须单独充分地进行烘烤，否则在使用中有炸裂的危险。因为锆质制品的热稳定性特别差，预热不良会开裂。

1.1.4.3　滑动水口

A　滑动水口的结构
滑动水口的结构主要有滑动水口的机械装置部分；驱动装置；耐火材料部分。

B　滑动水口的驱动装置
滑动水口的驱动装置主要有手动和液压驱动两种。其运动方式有以下 3 种：

（1）直线往复式，即滑板作直线往复运动，调节滑动板与固定板之间的流钢孔大小来控制钢流。这是目前国内最常使用的一种方式。

（2）旋转式，即滑动板作旋转运动，用以调节流钢孔大小来控制钢水流量。目前国内尚没有使用。

（3）单向直线式，主要用于 3 层式中间滑板的更换。目前国内尚没有使用。

C　滑动水口耐火材料部分的组成
滑动水口耐火材料部分的组成主要有以下几种形式：

（1）两层式滑动水口。这类滑动水口主要用于钢包滑动水口浇注，是国内最常使用的一种。其组成如图1-2 所示。包括上水口、上滑板（固定板）、下滑板（滑动板）、下水口（与下滑板相连接）。

（2）三层式滑动水口。这类滑动水口主要用于中间包滑动水口浇注，在国内已有使用。其组成如图1-3 所示。包括上水口、上滑板（固定板）、中间滑板（滑动板）、下滑板（固定板）、下水口（与下滑板相连，但不运动）。

（3）旋转滑动水口。这类滑动水口主要用于钢包滑动水口浇注，在国内未见使用。包

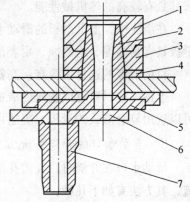

图 1-2　钢包滑动水口安装示意图
1—上部座砖；2—上水口砖；
3—中部座砖；4—下部座砖；
5—上滑板砖；6—下滑板砖；
7—下水口砖

括上水口、上滑板（圆盘、固定板）、下滑板（圆盘、旋转板）、下水口（与下滑板相连）。

（4）塞棒型滑动水口。这类滑动水口，在国外有人使用，其组成为：

1）可以旋转的长形塞棒，其头部为曲面，并开有流钢孔。

2）与塞棒头部相配的，相当于中间包水口的固定部分，其头部与塞棒头部的曲面紧密接触，也开有流钢孔。

D　对滑动水口耐火材料的要求

滑动水口主要安装在钢包底部，其使用条件与塞棒相比得到很大的改善。其耐火材料部分，不像塞棒那样长时间浸泡在钢水中。但对滑动水口来说，滑板部分是关键部件，它的好坏直接影响到滑动水口的使用寿命。

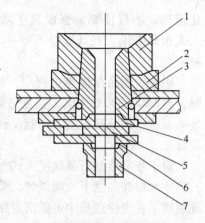

图1-3　中间包滑动水口结构示意图
1—下部座砖；2—上部座砖；
3—上水口砖；4—上滑板砖；
5—中滑板砖；6—下滑板砖；
7—下水口砖

滑动水口的上水口和下水口，只起一个流钢水的作用，但要求上水口材质耐高温、耐钢水侵蚀和耐冲刷，与钢包座砖寿命同步。下水口一般只是一次性使用，与上水口相比，对其要求要相对低一些。

上下滑板在工作中，承受紧固压力，而且还能滑动，在浇注过程中还要保证滑板间不漏钢水。因此，要对上下滑板的滑动面进行精加工，保证有极高的平行度和光滑度，还要求其具有较高的热机械性能。

在浇注中，上下滑板的滑动面和流钢孔承受高温钢水的侵蚀和冲刷作用。因此，要求滑板具有耐高温、耐侵蚀、耐剥落、耐热震性和耐磨性的性能。

目前滑板的选材主要有：高铝质、镁质、铝碳化硅质、铝铬质、铝碳质和铝锆碳质。

上述一些材质可以制成烧成的或不烧的滑板砖。对于高材质的滑板，由于价格较高，可以选用复合形式的滑板，更适用，更经济。

E　滑动水口的开浇引流方式

滑动水口在开浇时，其铸孔能否自动流出钢水至关重要。滑动水口的开浇需人工引流，其方法有如下几种：

（1）引流砂法。在出钢前，在钢包座砖窝子内放入引流砂，阻止钢水进入。在浇注时再将引流砂放出，达到自动开浇的目的。由于各个钢厂的钢包容量不一样，使用的引流砂也不尽相同，因此，在使用镁质绝热板时，对板侵蚀严重，影响其使用寿命。因此自动开浇的效果也大不一样。引流砂的种类有海砂、河砂、废耐火砖粒和铬矿砂等。用引流砂时，必须使用经过干燥过的引流砂，以免发生事故。

（2）吹气法。此法是通过上水口或下滑板上的透气塞或3层式的中间滑板向钢包内吹入惰性气体，产生钢水环流，从而达到自动开浇的目的。用此法的自动开浇率极高，几乎达到 100%。

（3）烧氧法。在上述情况下不能自动开浇者，为了保证顺利开浇，要使用氧气管子将水口烧开，达到开浇的目的。这种方法对耐火材料损毁严重，在浇注过程中易使钢流发散，加重钢水的两次氧化，影响钢水质量。此法应尽量避免采用。

（4）其他方法。据报道，有的厂家使用含铝水泥作填充，其原理是在高温作用下，含铝水泥熔化成铝液，开浇时自流，达到自动开浇的目的。

F　滑动水口的损坏原因及防止措施

a　滑动水口系统的上水口损坏原因及防止措施

滑动水口系统的上水口损坏原因：

（1）钢水和熔渣的化学侵蚀和冲刷作用，在操作不当时才会发生熔渣侵蚀现象。

（2）安装时造成的机械损伤。

防止滑动水口系统的上水口损坏应采取的措施：

（1）选用耐侵蚀、耐冲刷的材质制作上水口，如刚玉质上水口。

（2）选用机械强度大的制品。

（3）注意钢包浇注操作，避免放渣。

b　滑动水口的下水口的损坏原因及防止措施

滑动水口的下水口的损坏原因：

（1）钢水和熔渣的侵蚀和冲刷作用。

（2）由于温度急变引起的开裂或断裂。

（3）烧氧开浇造成的熔损。

防止滑动水口的下水口的损坏应采取的措施：

（1）选用耐侵蚀性好的材质制作下水口。如浇注普碳钢，可选用高铝质、熔融石英质下水口；浇注含锰较高的钢种时，可选用铝碳质、镁质等下水口。

（2）提高下水口的抗热震性，或将下水口安装在铁套内，防止下水口开裂。

（3）尽量避免烧氧开浇。

c　滑动水口的滑板损坏原因及应采取的措施

滑动水口的滑板损坏原因：

（1）钢水和熔渣的侵蚀和冲刷。

（2）滑板突然受钢产生的开裂。

（3）滑板多次滑动造成的磨损。

（4）滑板截流造成的冲蚀。

（5）安装、拆卸不良造成的机械损伤。

（6）由于滑板滑动面不平整，夹冷钢造成的损坏。

防止滑动水口的滑板损坏应采取的措施：

（1）选用高耐侵蚀的材质制作滑板，如镁质、铝锆碳质滑板等。

（2）提高滑板的抗热震性，用钢带打箍，防止滑板开裂。

（3）滑板间应涂润滑剂，减少摩擦损伤。

思 考 题

（1）如何识别各种铸钢用耐材？
（2）钢包耐火材料的要求？
（3）中间包耐火材料的要求？
（4）硅质和镁质绝热板的使用应注意的问题？
（5）对滑动水口耐火材料的要求？
（6）滑动水口的损坏原因及防止措施？

1.2　选用连铸常用耐火材料

1.2.1　实训目的

根据连铸要求合理选用浇注用耐火材料。

1.2.2　操作步骤或技能实施

1.2.2.1　钢包用

（1）浇注料。
（2）上下水口砖。
（3）上下滑板砖。
（4）耐火泥。
（5）引流砂。
（6）砖砌钢包用包衬砖、包底砖和渣线砖。

1.2.2.2　中间包用

（1）浇注料。
（2）上下水口砖。
（3）上中下滑板砖。
（4）耐火泥。
（5）引流砂。
（6）砖砌中间包用砖。

1.2.3　注意事项

（1）在使用前应检查其质量，有否缺棱角、裂纹、气孔等，凡有质量问题的耐火砖严禁使用。
（2）耐火材料使用前应保持干燥，并经完全烘烤干燥后方可使用。
（3）严格按照工艺要求砌筑，若砌筑不当，会引起耐材开裂或钢水从砖缝渗漏，造成严重漏钢事故。

1.2.4 知识点

详见本书实训项目1"连铸常用耐火材料"中1.1节。

 思 考 题

(1) 铸钢用耐材有哪些种类和作用?

(2) 如何选用浇注系统耐材?

实训项目 2　连铸常用其他材料

2.1　识别连铸常用材料

2.1.1　实训目的

（1）识别各种浇注保护渣料、发热剂和保温剂。

（2）识别各种引流砂和各种钢包与中间包保温材料。

2.1.2　操作步骤或技能实施

2.1.2.1　连铸用材料类型

（1）浇注用保护渣料。俗称固体渣，可分为石墨渣和固体发热渣。

（2）开浇用保温剂。常用的有发热剂和一般保温剂。

（3）充加引流砂。滑动水口充引流砂，滑动水口用耐火泥，中间包定径水口充引流砂。

（4）钢包和中间包用保温材料，即炭化稻壳。

2.1.2.2　各种连铸用材料的识别

（1）保护渣料的识别。呈粉状，外表多为灰色，若从颜色上无从区分时，可以从编号上加以识别。

（2）发热剂和保温剂的识别。外表呈灰黑色粉粒状，也可从编号类型上加以区分。

（3）充加引流砂。一般取自河海砂，经筛选干燥后使用。

（4）钢包和中间包保温材料。

1）钢包的保温材料。由石棉板或石棉泥构成。

2）中间包保温材料。通常是石棉板，保温砖或轻质浇注料。

2.1.3　注意事项

（1）浇注用材料使用前均要求干燥，特别是保护渣料使用前必须经过烘烤，不得使用受潮结块的保护渣料。

（2）由于粉状浇注用材料外形、颜色比较相似，因此必须注明编号，分类堆放，不得混用错用。

（3）充引流砂要注意使用期限，要及时补充或进行更换。

2.1.4　知识点

2.1.4.1　保护渣保护浇注

A　中间包保护渣

连铸工艺的发展，生产无缺陷铸坯的严格要求，使人们对中间包液面上的保护渣的研究与运用越来越重视。

中间包用保护渣的工艺功能是：隔热保温，减少钢液的散热损失；隔离空气减少钢液的网次氧化；吸收由钢液中上浮的夹杂物。根据中间包使用的内衬材质，中间包保护渣也可分为酸性保护渣或碱性保护渣。根据超低碳钢的要求，中间包保护渣还可以分为无碳和有碳保护渣。

中间包保护渣用弱酸性的硅酸盐渣系成本较低，有 $CaO\text{-}SiO\text{-}Al_2O_3$ 系、$CaO\text{-}SiO_2\text{-}MgO$ 系、$SiO_2\text{-}Al_2O_3\text{-}Na_2O$ 系等。碱度在 $0.75 \sim 1.0$ 左右，能形成 3 层渣结构，熔化温度比结晶器保护渣还高一些，黏度也大一些，熔化温度一般在 $1180 \sim 1210℃$，消耗量大致为 $2 \sim 5kg/t$ 钢。增大保护渣的碱度有利于吸收 Al_2O_3 夹杂，改善钢的质量。

B　结晶器保护渣

中间包到结晶器的保护浇注是由浸入式水口与保护渣浇注配合使用的。结晶器保护渣是一项高科技技术，它对铸坯的质量特别是表面质量有着至关重要的作用。在连铸时，如果没有浸入式水口及保护渣，是不可能得到合格铸坯的。因此，结晶器保护渣目前已发展为一项专门技术，它根据所浇钢种、铸坯断面及拉速，设计出各种专用配方供企业使用。

2.1.4.2　各种填充料的作用

主要为防止钢液在水口砖孔内冻结，提高钢包自动开浇率。

2.1.4.3　保温剂的使用

目前，国内中间包覆盖剂用得最多的是炭化稻壳。炭化稻壳是稻壳经充分炭化处理后的产品。炭化稻壳具有排列整齐、互不相通的蜂窝状组织结构，每一个蜂窝都是由 SiO_2 为骨架的植物纤维组成。因此，炭化稻壳具有密度小（$0.08 \sim 0.149g/cm^3$），导热性低的特点，从保温性能来说，炭化稻壳是很好的保温剂。炭化稻壳中灰分的主要成分是 SiO_2，并含有固定碳 $39\% \sim 50\%$，能很好地防止两次氧化。但是，对低碳或超低碳的钢种，它有增碳的可能性。所以浇注低碳或超低碳钢时，中间包覆盖渣一般采用低碳的矿物混合渣。

　思考题

（1）保护渣有何作用？
（2）各种填充料有何作用？
（3）发热剂和保温剂有何作用？

2.2　选用连铸常用材料

2.2.1　实训目的

（1）能根据钢种要求选用各种浇注保护渣料，发热剂和保温剂。
（2）能正确选用各种填充料及钢包和中间包保温材料。

2.2.2　操作步骤或技能实施

2.2.2.1　选用保护渣料、发热剂和保温剂

目前常用的保护渣料有石墨渣和固体发热渣两类。

石墨渣用于一般钢种的浇注，不适用于含铝较高的钢种和含钛、铬较高的不锈钢以及耐热钢等钢种的浇注。也可按钢种要求配制不同碳含量的石墨渣。

固体发热渣适用于低碳及超低碳不锈钢、耐热耐酸钢，以及无磁钢和其他含铝、钛结构钢的浇注。

对于发热剂和保温剂的选用，一般当铸坯较小、凝固时间较短时，宜采用燃烧较快和热效率较高的发热剂；反之，当铸坯较大和凝固时间较长时，则宜采用燃烧较慢的发热剂；当绝热板有良好的保温性能时，用保温剂即可。

2.2.2.2　选用填充料

滑动水口、中间包定径水口的填充料基本以干砂为主。

2.2.2.3　钢包及中间包保温材料的选用

钢包和中间包保温材料主要以低发热值保温剂为主，如焦炭粒、烟道灰、炭化稻壳和草灰等。

2.2.3　注意事项

（1）不同钢种和锭型应选择适宜的保护渣料、保温材料和发热剂，不得随意使用或错用。
（2）不得使用受潮或结块的保护渣料。

2.2.4　知识点

参见本书实训项目 2"连铸常用其他材料"中 2.1 节有关内容。

 思 考 题

（1）如何选用保护渣料？
（2）发热剂和保温剂如何选用？钢包和中间包使用哪些保温材料？
（3）目前生产中常用的填充料是什么？

实训项目 3 连铸设备的检查与使用

3.1 滑动装置及烘包装置

3.1.1 滑动水口的检查及使用

3.1.1.1 实训目的

学会检查滑动水口装置，保证滑动水口装置正常运行，实现自动开浇，使浇注时不跑钢、漏钢及失灵等。

3.1.1.2 操作步骤或技能实施

A 滑动水口的一般性检查及使用

(1) 检查滑动装置动力系统液压缸或机械电动机构（部分钢厂有用手动机械装置）是否正常。

(2) 液压皮管接头皮管或机械传动装置是否完好。

(3) 检查滑动机构是否有冷钢和杂物黏结。

(4) 滑动机构开启是否完好。

(5) 滑动机构的压紧弹簧是否在规定的使用次数要求范围内，重新使用的压紧弹簧必须在测压仪上测定符合要求后才能使用。

(6) 接上液压管快速接头后滑动是否正常，并反复试验几次。

(7) 确认滑动装置运行正常后，关闭液压系统，拔去快速接头待下次使用。

B 中间包水口控制机构的检查调整及使用

a 中间包滑动水口的检查调整及使用

在浇注结束后，中间包的滑动水口机构随中间包一起吊运到中间包维修区，在那里完成滑动水口机构的拆卸、解除滑板之间面压、更换滑板砖、施加面压组装并安装在中间包上等维修作业，然后随已修砌的中间包一起等待烘烤使用。此时连铸操作人员须对中间包的滑动水口机构做好以下例行检查、连接、调整等工作。

(1) 严格检查滑动水口机构的面压数值，如不合格切不可使用，并将该滑动水口机构随中间包退回中间包维修区重新进行拆卸，检查机构的整体安装问题、弹簧的预紧力或零部件变形、滑板砖厚度等。

(2) 滑动水口机构与中间包本体之间应正确安装、连接牢固，没有异常状况。

(3) 滑动水口机构与驱动液压缸之间应正确安装、连接牢固，液压缸及其液压管接头处无漏油现象。

（4）将滑动水口机构上的气冷、气封软管连接到位，并做通气检验，以确认压缩空气和氩气等供应到位，同时检查接头处，应无气体泄漏。

（5）操作滑动水口的操纵盘，使滑动水口的液压站卸压，然后通过快速接头将两根液压软管与液压缸对应连接到位；另外通过接插器，将液压缸位置检测器的电缆线与液压缸连接到位。

（6）操作滑动水口的操纵盘，反复使滑动水口机构做打开、关闭试验，以检查滑动水口机构动作的灵活、平稳性，检查有无异常的声响；同时通过开口度指示器确认水口打开与关闭的极限位置，并对液压缸的位置检测器作水口关闭时的零点位置确认操作。

（7）按下滑动水口操纵盘的"紧急关闭"电钮，并检查确认滑动水口机构关闭动作到位情况。

（8）使滑动水口液压站处于卸压，滑动水口机构恢复至全开状态。

待上述各项中间包滑动水口机构的检查、连接、调整工作全部结束，确认到位后，则可将该新砌的中间包进行烘烤，准备使用。

b　中间包塞棒机构的检查调整及使用

浇注结束后，中间包的塞棒机构随中间包一起吊运到中间包维修区，在那里完成塞棒与横梁之间的分离、拆卸，然后将预制的新塞棒部件重新安装在中间包塞棒机构横梁上，并完成塞棒与中间包水口位置的对中操作等维修作业，最后随已修砌的中间包一起等待烘烤使用，此时连铸操作人员须对中间包的塞棒机构做好以下例行检查、调整等工作：

（1）塞棒机构与中间包本体之间的连接、吊挂状况应稳固、可靠。

（2）塞棒机构各运动部件之间不能存在杂质、垃圾等妨碍动作的干涉物。

（3）检查塞棒机构各运动部件之间的润滑状况，以确认实际给脂量与到位情况。

（4）装上塞棒操作手柄，检查确认塞棒机构各运动部件之间的动作情况是否灵活。

（5）塞棒机构的横梁部件应平整、完好，不允许有弯曲、扭曲、开裂等现象；横梁与升降滑杆之间的连接必须紧固，定位准确。

（6）塞棒芯杆与横梁之间的连接调整，必须确实、紧固、连接到位。

（7）将横梁置于升降行程的下限位置，并检查确认横梁底面与中间包盖之间的距离是否满足安全距离。

（8）检查、确认塞棒部件上各袖砖的安装状况是否正确，是否存在着缺损、裂纹及松动等缺陷。

（9）对塞棒机构进行升降操作试验，检查塞棒在全开、全闭状态下的行程位移量是否满足设定要求，确认塞棒头部在开闭状态下没有任何异常现象；同时，检查操纵手柄的摆动角度、高低位置设置是否适宜。

（10）将塞棒设置在全开位置并予以锁定，把空冷管插入塞棒顶部芯杆内，然后将压缩空气软管与空冷管连接，并打开压缩空气阀。

待上述各项中间包塞棒机构的检查、调整工作全部结束、确认到位后，则可将该新砌的中间包进行烘烤，准备使用。

3.1.1.3　注意事项

严格遵照技术操作规程，注意安全，特别须注意液压皮管与接头的连接要可靠，避免脱落引起生产和安全事故。

3.1.1.4 知识点

滑动装置主要由滑动板和曲柄、曲柄支座、液压缸等组成，其原理及构造详如图 3-1 所示。

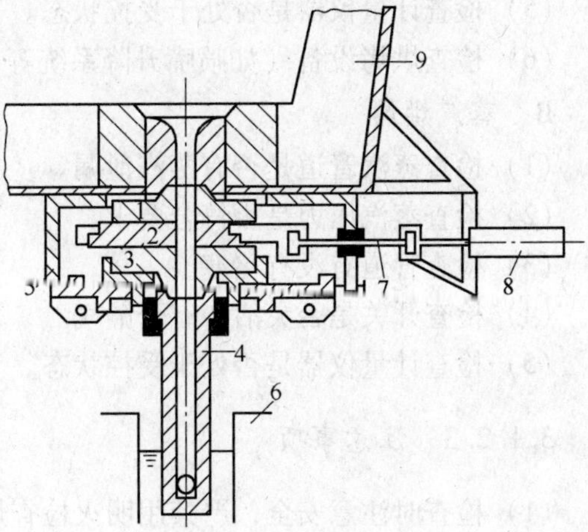

目前中间包水口国外广泛采用滑动水口装置。与塞棒水口浇注比较，滑动水口浇注有如下一些优点：

（1）滑动水口机构安装在中间包外底部，劳动条件得到改善。

（2）中间包可连续使用，不仅余热得到利用，而且有利于实现多炉连浇，中间包寿命也有提高。

（3）取消了塞棒及一系列准备工作，节省了劳力。

（4）滑动水口比塞棒安全可靠，能精确控制钢流，有利于实现自动控制。

图 3-1　往复式滑动水口

1—上固定滑板；2—活动滑板；3—下固定滑板；
4—浸入式口；5—滑动水口箱体；6—结晶器；
7—连杆；8—油缸；9—中间包

滑动水口在采用长水口进行保护浇注时，由于下水口太长，不便于移动，故连铸的滑动水口装置通常是做成 3 块滑板（见图 3-1）。上滑板固定不动，与长水口相连接的下滑板也固定不动，用中间一块活动滑板控制钢流。

国外还报道了插入式滑动水口装置。由于插入式滑动水口可以在浇注过程中更换滑板，比往复式滑动水口更适应中间包长期连续使用的要求，效果较好。

思考题

（1）检查滑动装置的目的是什么？
（2）对中间包滑动水口机构的检查、调整要求有哪些内容？
（3）对中间包塞棒机构的检查、调整要求有哪些内容？

3.1.2　各类烘烤装置的检查

3.1.2.1　实训目的

学会检查各类烘烤装置，确保使用安全及生产顺利进行，使被烘烤材料达到预定工艺要求。

3.1.2.2　操作步骤或技能实施

A　煤气烘烤

（1）检查煤气管道是否漏气，检查助燃风机是否正常。

（2）检查煤气压力是否正常。

（3）检查喷嘴有没有堵塞。

（4）检查煤气开关及空气开关开启关闭是否灵活、有无漏气。

（5）检查计量仪器是否处于受控状态。

（6）检查烘烤设备（如喷嘴升降系统等）能否按要求动作。

B　蒸汽烘烤

（1）检查蒸汽管道是否有蒸汽泄漏。

（2）检查蒸汽压力是否符合要求。

（3）检查管道有没有堵塞。

（4）检查开关是否灵活，有否漏气。

（5）检查计量仪器是否处于受控状态。

3.1.2.3　注意事项

（1）检查时注意安全，严禁用明火检查煤气管道，以防爆炸起火伤人。

（2）检查蒸汽管道时，注意不被烫伤。

3.1.2.4　知识点

A　烘烤钢包的操作步骤

（1）把钢包吊至烘包位置。

（2）点燃明火，并将明火放置于烘烤器的喷口处。

（3）缓慢开启煤气阀门使煤气点燃，随后调节煤气阀使火焰达到所需程度，再开空气进行助燃。

（4）待新钢包按要求进行烘烤完毕后，关闭烘烤器。关闭烘烤器时先关闭空气，随后关闭煤气阀，停止烘烤。

B　中间包及水口的烘烤操作步骤

（1）中间包准确定位，保证中间包烘烤孔、水口与烘烤嘴对中。

（2）若采用钢包长水口浇注，将钢包长水口放置于中间包内的烘烤位置。

（3）对中间包钢流控制机构检查后，打开塞杆或滑板烘烤。

（4）将水口烘烤炉对准中间包底部的水口或套住中间包长水口。

（5）打开燃料阀，点火烘烤，并根据烘烤要求调整燃气或燃油流量。

（6）中间包烘烤升温曲线分两个阶段，先是中火，后是大火升温，时间分配上大致各一半。

（7）一般中间包总烘烤时间控制在 60~90min，最终烘烤温度要求 $t \geq 1100\,^{\circ}\!C$。

（8）达到烘烤时间和烘烤温度后可根据生产安排停止烘烤，并立即进入待浇注状态。

（9）中间包烘烤情况：一是可从烘烤时间来判断，必须大于最短时间；二是从温度来判断。少数铸机由中间包连续测温来判断，大多数铸机用肉眼观察中间包内衬颜色来判断，必须达到亮红色。

（10）有些铸机采用冷中间包，但水口必须烘烤。

（11）分离式中间包长水口，另需长水口烘烤炉烘烤，在中间包开浇前取出装在中间包水口上。

 **思 考 题**

检查各类烘烤装置的目的是什么？

3.1.3 各类烘烤设备的使用

3.1.3.1 实训目的

根据工艺要求正确安全使用烘烤装置，确保生产顺利进行。

3.1.3.2 操作步骤或技能实施

A 使用煤气烘烤装置的操作步骤

（1）检查煤气烘烤装置是否有漏气以及其他装置、设备是否完好正常。

（2）将中间包或其他需要烘烤的容器开至煤气烘烤装置下方。

（3）先用点火装置点燃火源后，再开煤气，最后再缓慢开启空气阀门。

（4）待烘烤完毕后，首先关闭空气阀门，后关煤气，然后再将中间包或其他已烘烤过的容器开离煤气烘烤装置。

B 使用蒸汽烘烤装置的操作步骤

（1）检查蒸汽烘烤装置是否有蒸汽泄漏以及其他装置、设备是否完好正常。

（2）检查确认溢水器完好。

（3）打开蒸汽出气阀和进气阀顺序不得颠倒，先打开出气阀，后再打开进气阀。

3.1.3.3 注意事项

（1）煤气烘烤时，必须先开煤气，后开空气，烘烤结束时，必须先关空气后关煤气。

（2）严禁用明火检查煤气管道。

（3）防止煤气泄漏中毒及蒸汽烫伤。

（4）使用蒸汽时也须注意安全，尽量远离蒸汽阀门，以免脸、手被烫伤。

3.1.3.4 知识点

（1）操作时应特别注意管路和阀门的完好，不得有泄漏，从而影响烘烤的质量。

（2）使用蒸汽烘烤设备在开启蒸汽时，应注意安全严防烫伤。

（3）使用煤气烘烤器应注意煤气设备的完好，防止漏气，引起煤气中毒。

 **思 考 题**

生产中如何使用烘烤设备？

3.2　回转台及中间包车

3.2.1　钢包回转台的检查及使用

3.2.1.1　实训目的

掌握钢包回转台的检查和使用方法，能及时发现并处理发生的故障。

3.2.1.2　操作步骤或技能实施

（1）回转台可以正反 360°角任意旋转，但必须在钢包升到一定高度时，才能开始旋转。

（2）当回转台朝一个方向旋转未完全停止时，不允许反方向操作。

（3）在坐包时，应该小心操作，避免对回转台产生过大的冲击。为了避免冲击造成大传动比减速机内齿轮的损坏，坐包时电机与减速机之间的抱闸应处于打开状态。

（4）定期检查各润滑点的润滑是否正常，特别是回转环的多点润滑、柱销齿圈啮合点处的气雾脂润滑、球面推力轴承的润滑以及大传动比减速机的稀油循环润滑。

（5）不定期检查各钢结构，如叉臂旋转盘、塔座和回转环等，发现有开裂或变形等缺陷时，要及时处理。对主要焊缝应每年进行超声波或射线探伤，对有缺陷的焊缝应进行跟踪检查，密切注意其是否有扩展趋势。

（6）定期检查各紧固件的螺栓有无松动现象，特别是预应力地脚螺栓要每年进行抽检，发现问题及时处理。

（7）定期检查升降液压缸及液压接头是否漏油，动作是否正常，其球面推力轴承是否严重磨损和损坏。

（8）定期检查各传动部位以及各活动部位运作是否灵活正常，检查柱销齿轮的啮合是否良好。

（9）定期试运转事故驱动装置，检查气动马达的运转及气压等情况。

（10）要定期检查气动夹紧装置有无磨损、损坏现象，动作是否灵活、正常。

3.2.1.3　注意事项

（1）检查要做到细致、全面，发现问题及时处理。

（2）严禁超负荷运行，以免控制失灵。

3.2.1.4　知识点

钢包回转台设置在炼钢车间出钢跨与连铸浇注跨之间，其作用是存放、支撑钢包；浇注过程可通过转动，实现钢包之间交换、并转送至中间包的上方，为多炉连浇创造条件。它是现代连铸中应用较普遍的运载和浇注的设备。

A　钢包回转台的特点

（1）重载。钢包回转台承载几十吨到几百吨的钢包，当两个转臂都承托着盛满钢水的钢包时，所受的载荷为最大。

（2）偏载。钢包回转台承载的工况有五种：即两边满载，一满一空，一满一无，一空一无，两无，两空。最大偏载出现在一满一无的工况，此时钢包回转台会承受最大的倾翻力矩。

（3）冲击。由于钢包的安放、移去都是用起重机完成的，因此在安放移动钢包时产生冲击，这种冲击使回转台的零部件承受动载荷。

（4）高温。钢包中的高温钢水会对回转台产生热辐射，从而使钢包回转台承受附加的热应力；另外浇注时飞溅的钢水颗粒也会给回转台带来火灾隐患。

B 钢包回转台的主要参数

（1）承载能力。钢包回转台的承载能力是按转臂两端承载满包钢水的工况进行确定，例如一个300t钢包，满载时总重为440t，则回转台承载能力为$440 \times 2t$。另外，还应考虑承接钢包的一侧，在加载时的垂直冲击引起的动载荷系数。

（2）回转速度。钢包回转台的回转转速不宜过快，否则会造成钢包内的钢水液面波动，严重时会溢出钢包外、引发事故。一般钢包回转台的回转转速为1r/min。

（3）回转半径。钢包回转台的回转半径是指回转台中心到钢包中心之间的距离。回转半径一般根据钢包的起吊条件确定。

（4）钢包升降行程。钢包在回转台转臂上的升降行程，是为进行钢包长水口的装卸与浇注操作所需空间服务的，一般钢包都是在升降行程的低位进行浇注的，在高位进行旋转或受包、吊包；钢包在低位浇注可以降低钢水对中间包的冲击，但不能与中间包装置相碰撞。通常钢包升降行程为600~800mm。

（5）钢包升降速度。钢包回转台转臂的升降速度一般为1.2~1.8m/min。

C 钢包回转台的基本类型

钢包回转台按转臂形式可分整体直臂式和双臂单独式两类，如图3-2所示。整体直臂式钢包回转台的结构，这种形式回转台支撑两个钢包的转臂是一个刚性整体，故结构简单，维修方便，成本低，应用广。双臂单独式钢包回转台的结构，这种形式回转台支撑两个钢包的转臂是两个相互独立、且可分别作回转、升降运动，故操作灵活，但结构复杂，维修困难，成本高。

使用钢包回转台的主要优点是：

（1）钢包回转台能迅速、精确地实现钢包的快速交换，只要旋转半周就能将钢包更换到位；同时在等待与浇注过程中承载钢包，不占用起重机的作业时间。

（2）钢包回转台占用浇注平台的面积较小，也不影响浇注操作。

（3）操作安全可靠，易于定位和实现远距离操作。

D 钢包回转台的主要结构组成

钢包回转台主要由钢结构部分、回转驱动装置、回转夹紧装置、升降装置、称量装置、润滑装置及事故驱动装置等部件组成。

（1）钢结构部分。钢结构部分由叉型臂、旋转盘、上部轴承座、回转环和机座等组成。叉型臂是由钢板焊接而成，其上设置称量装置；上部轴承座内装配3列滚子轴承。

（2）回转驱动装置。回转驱动装置是由电动机、气动马达、减速器及小齿轮与大齿圈等部件组成。回转驱动装置固定在回转台的机座上，回转台的旋转运动是通过电动机、联轴器、制动器、减速器、小齿轮与大齿圈之间的传动来实现的。

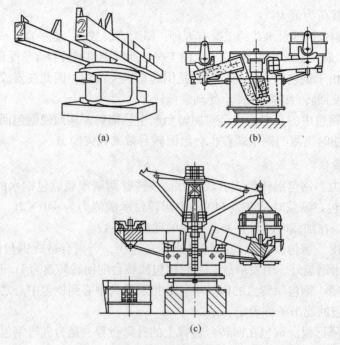

图 3-2　钢包回转台
（a）直臂式；（b）双壁单独升降式；（c）带钢水包加盖功能

（3）事故驱动装置。钢包回转台的事故驱动装置，主要在发生停电事故或其他紧急情况时才使用，它依靠气动马达驱动，将处于浇注位置的钢包旋转至安全位置停止。

（4）回转夹紧装置。回转夹紧装置的作用是使钢包在浇注过程中，转臂位置不发生移位，这样既保护了回转驱动装置，又能使回转台的转臂准确定位，保证钢包的浇注安全。

（5）升降装置。升降装置的作用是实现保护浇注，便于操作工用氧气加热水口及快速更换中间包。升降装置是由叉形臂、升降液压缸、两个球面推离轴承、导向连杆、支撑的钢结构等零部件构成。

（6）称量装置、润滑装置。称量装置的作用是称出钢包中钢水重量，且以数字显示出来。这样在多炉连浇时，能协调钢水的供应节奏及显示出浇注后钢包内的钢水剩余量，以防止钢渣流入中间包。润滑装置采用集中自动润滑方式，将润滑材料注入 3 列滚子轴承及大齿圈等部件内。

　思 考 题

（1）怎样检查及使用钢包回转台？
（2）钢包回转台的基本类型？

3.2.2　中间包车的检查及使用

3.2.2.1　实训目的

掌握中间包车的检查和使用方法，能及时发现并处理发生的故障。

3.2.2.2　操作步骤或技能实施

（1）坐中间包之前，中间包车应处于下降位。当用吊车往中间包车上放中间包时，不要直接放到位，应在放到离中间包车一定高度时，操作中间包车上升接住中间包。

（2）当中间包车朝一个方向运行未完全停车时，不允许反方向操作。

（3）对稀油润滑的部位，要定期检查油位高度及检验油质清洁度，如低于规定油位应及时补充，发现油质异常应及时更换。对于油润滑部位应定期加油。

（4）各运行部位的滚动轴承要定期检查，发现异常应及时更换或修理。特别是升降装置的止推轴承应定期更换。

（5）定期检查各传动部位连接处螺丝是否松动，如发现异常情况应及时拧紧或更换。

（6）定期检查升降装置的限位行程开关动作是否准确，如发现异常应及时调整或更换。

（7）检查长水口机械手各气动和液压元件及管线是否有泄漏、各活动部位是否有卡阻现象，连接部位有无螺栓松动现象，如发现异常应及时处理，要及时清洗气动过滤器。

3.2.2.3　注意事项

（1）中间包车的使用要注意及时清理轨道上的垃圾，以免开出或开进时无法运动。

（2）中间包车的检查要注意轴的润滑，要及时给油。

3.2.2.4　知识点

中间包车是支撑、运载中间包的车辆；它设置在连铸浇注平台上，可沿中间包的烘烤位和浇注位之间的轨道运行。开浇前，将中间包放置在中间包车上，进行烘烤；准备开浇时，中间包车将已烘烤的中间包运至结晶器的上方，并使其水口与结晶器对中；浇注完毕或遇故障停浇时，它会载着中间包迅速离开浇注位置。

 思 考 题

（1）如何检查及使用中间包车？
（2）检查及使用中间包车的注意事项？

3.3　结晶器及振动装置

3.3.1　结晶器装置的检查及维护

3.3.1.1　实训目的

掌握对结晶器装置的检查和维护操作，保证结晶器装置正常使用。

3.3.1.2　操作步骤或技能实施

A　工具准备

（1）足够长的带毫米刻度的钢皮直尺一把。

（2）与结晶器尺寸配套的千分卡尺一把。

（3）普通内、外卡规一副。

（4）锥度仪一套。

（5）塞尺一副。

（6）结晶器对中用的有足够长的弧度板、直板各一块。板度、直线必须经过校验。

（7）低压照明灯一套。

（8）水质分析仪一套。

B　结晶器检查

（1）结晶器内壁检查。

1）用肉眼检查结晶器内表面损坏情况，重点在于镀层（或铜板）的磨损、凹坑、裂纹等缺陷。

2）用卡规、千分卡尺、直尺检查结晶器上、下口断面尺寸。

3）用锥度仪检查结晶器侧面锥度。

4）对组合式结晶器，需用塞尺检查宽面和窄面铜板之间的缝隙。

（2）用弧度板、直板检查结晶器与二冷段的对中。

（3）结晶器冷却水开通后，检查结晶器装置是否有渗、漏水。

（4）检查结晶器进水温度、压力、流量，在浇注过程中观察结晶器进出水温差。

C　结晶器的维护

（1）使用中应避免各种不当操作对结晶器内壁的损坏。

（2）结晶器水槽应定期进行清理、除污，密封件应定期调换。

（3）定期、定时分析结晶器冷却水水质，保证符合要求。

（4）结晶器检修调换时，应对进出水管路进行冲洗。

D　结晶器锥度仪的使用

如果结晶器的锥度状态设置不正确或锥度状态锁定不住，将直接影响铸坯在边角部区域的坯形、铸坯质量、连浇炉数。因此连铸操作人员在日常的浇注作业过程中，必须定期地对结晶器的锥度状态实施测量、调整和锁定操作。

结晶器锥度仪的种类和形式较多，但一般常用的是手提数字显示电子锥度仪。

结晶器锥度仪的使用方法：

（1）检查、调整锥度仪的横搁杆长度，以确保能将锥度仪搁置在结晶器的上口处。

（2）将锥度仪杆身放入结晶器内，并通过其横搁杆使锥度仪搁置在结晶器的上口处。

（3）使锥度仪的垂直面3个支点与结晶器内铜板相接触，且保持以稳定、牢固、轻柔的压力接触。

（4）调整锥度仪表头的水平状态，使其的水平气泡位于中心部位。

（5）按下锥度仪的电源开关使锥度仪显示锥度数值，一般锥度仪显示的数值在初始的几秒钟内会不断地变换，然后稳定在一个数值上。

（6）锥度仪显示锥度数值约10min后会自动关闭电源，如果锥度测量尚未完成，这时可再次按下开关电钮，使锥度测量继续进行。

（7）如果锥度仪的电池能量已基本消耗，会在其表头显示器上出现报警信号，此时应立即更换新的电池。

（8）锥度仪是一种精密的检测仪器，在使用过程中应当小心轻放，避免磕碰、摔打，在不用时应当妥善存放，切不能将其放置在高温、潮湿的环境中。

（9）每隔半年时间，锥度仪应进行一次测量精度的校验与标定测试。

E　结晶器宽度及锥度的调整、锁定

对板坯连铸机进行结晶器宽度及锥度的调整、锁定是连铸操作人员经常从事的一项基本的操作内容。

板坯连铸机组合式结晶器的窄面板调宽和调锥度装置的形式可分在线停机调整和在线不停机调整两种类型。

结晶器在线调宽，调锥度装置的调整方式都是采用电动粗调、手动精调等操作，通常应遵循以下操作要点：

（1）结晶器在线停机调整、调锥度装置只能在停机后的准备模式状态下进行调宽、调锥度操作，在其他模式状态下不允许操作。

（2）在实施结晶器调宽、调锥度前，必须先将夹紧窄面板的宽面板松开，并检查和清除积在窄面板与宽面板缝隙内的粘渣、垃圾等异物，以避免划伤宽面板铜板的镀层。

（3）根据结晶器所需调整宽度的尺寸，分别启动结晶器左、右两侧的窄面板调宽、调锥度装置驱动电动机，使结晶器两侧的窄面板分别作整体向前或向后移动，结晶器窄面板在整体调宽移动过程中，其原始的锥度保持不变。

（4）以结晶器上口中心线为基准，使用直尺分别测量结晶器左右两侧窄面板上口的宽度尺寸，以检查结晶器的宽度尺寸是否达到要求。

（5）结晶器宽度尺寸进行电动粗调后，接着进行手动精调的调锥度、调宽操作。

（6）使用结晶器锥度仪对结晶器窄面板的锥度状态进行测量，然后根据设定的锥度值与实际测量数值的差值，通过手动调节手轮进行微调，并使之达到设定的锥度位置状态。

（7）结晶器左右两侧窄面板的锥度状态经手动调整到位后，需对结晶器上口的宽度尺寸作复测和调整。

（8）结晶器窄面板的手动调锥、调宽等调整操作全部结束后，可将手动调节手轮拔下、回收。

（9）最后将处于松开状态的结晶器宽面板重新收紧，以夹住窄面板使其锁定。

3.3.1.3　注意事项

（1）结晶器组装前应对铜板厚度、表面粗糙度、弯曲不平衡度进行测定并需符合要求。小方坯用的管式结晶器在浇注间隙也要定期对内壁磨损程度进行检测，作好记录。

（2）结晶器内壁上下部位使用条件不一样，需加强上端 50~200mm 处的检查。

（3）检查后，若不符合要求就不应继续使用。

3.3.1.4　知识点

A　结晶器的作用及特点

结晶器是连铸机的关键部件，其作用是使钢液在结晶器内得到均匀冷却，出结晶器下口时形成所需要的形状和尺寸、并有足够的坯壳厚度的铸坯。根据其工作特点，要求结晶器内壁要有良好的导热性，足够的刚性，较小的热膨胀系数，以及高的硬度。

B　结晶器检查内容对铸坯质量的影响

a　结晶器锥度的影响

结晶器锥度应适合铸坯在结晶器内运行过程中的收缩，使铸坯坯壳紧贴结晶器内壁，减少坯壳与内壁之间因铸坯收缩产生的气隙。实验证明，气隙热阻对结晶器传热过程起到决定性作用，气隙过大会阻碍铸坯热量向外的传递。因此倒锥度是一个非常重要的参数，倒锥度过小，势必造成坯壳过早脱离铜壁产生气隙，使坯壳冷却不均产生铸坯表面裂纹或坯壳厚度不够产生拉漏事故。但倒锥度过大，会导致坯壳与结晶器内壁之间挤压力增加，同样影响到铸坯质量，并加剧内壁磨损。

b　内壁表面状况的影响

结晶器内壁表面不良状况会导致坯壳局部冷却不均或增加铸坯运行阻力。如内壁凹坑、裂纹、镀层剥落等会使铸坯与内壁接触不良，造成局部冷却不良；内壁表面粗糙、表面不平会增加铸坯与内壁之间的摩擦力；在离上端 50～200mm 处是钢液弯月面和初生坯壳刚形成的地方，内壁的缺陷对质量影响最大；更为严重的是铸坯坯壳在结晶器内受内壁表面状况不良影响容易破裂，当无法愈合时会造成漏钢事故。

c　断面尺寸的影响

轧制工序对连铸坯的尺寸公差有一定的要求，不然会造成轧制废品或增加轧制难度。因此，结晶器断面尺寸也会有一个公差范围。对于方坯和矩形坯，除边长尺寸外，应测定对角线误差，避免铸坯脱方；对于板坯，内外弧边长差有一定要求。另外上下口结晶器断面尺寸的测定也是结晶器倒锥度测定的一种方法。

d　结晶器铜壁厚度

结晶器铜壁厚度包括水槽和承受温度梯度的有效厚度两部分。铜壁厚度影响到铜板的冷面水槽温度和热面工作温度，铜壁过薄将影响到铜壁的强度产生变形；铜壁过厚会使铜壁热面超过铜板的结晶温度产生永久性变形。为保证铸坯得到均匀冷却，铜板间的相对误差也有要求。

e　结晶器进出水温度差、压力、流量的影响

在结晶器材质、水槽面积确定后，结晶器内的冷却水流速是影响冷却强度的最主要因素。冷却水压力越高，流量就越大，流速也越大。压力越高，对结晶器要求也越高。一般认为结晶器冷却水流速超过 6m/s 时，冷却效果增加不大。通常，水流速控制在 6～10m/s，进水压力取 0.4～0.6MPa。相反水的流速过低时，即水的压力、流量达不到要求时，会影响到结晶器的冷却强度。

结晶器进水温度一般要求 t 不大于 40℃，进出水温差 Δt 不大于 10℃。

f　冷却水水质

结晶器冷却水必须使用工业清水或软水，这是因为铜板冷面温度在大热量的传递过程中很可能超过 100℃使水产生沸腾，引起水垢沉积。水垢的热导率很小，导致热阻增加，热流下降，铜板温度升高而变形。不均匀的水垢还造成冷却不均。板坯结晶器常用软水。

 思 考 题

(1) 结晶器检查主要包括哪些内容?

(2) 请简述结晶器倒锥度、表面缺陷及水质对铸坯的影响。

(3) 使用结晶器锥度仪应当遵循哪些操作步骤及注意事项?

(4) 结晶器在线调宽、调锥度装置应当采用怎样操作方式进行调整作业?

(5) 结晶器在线调宽、调锥度装置进行调宽、调锥、锁定作业时,应当遵循哪些操作要点?

3.3.2 结晶器振动装置的检查及维护

3.3.2.1 实训目的

掌握结晶器振动装置的检查和维护,保证其正常运行。

3.3.2.2 操作步骤或技能实施

A 振动装置的检查

(1) 检查振动装置的润滑系统,确保运行正常。

(2) 解除振动和拉矫机的电气控制连锁,开动振动机构,把振动频率调到与最高工作拉速相配的最高工作频率。

(3) 观察和倾听振动机构的整个传动过程,确保没有异声。

(4) 用秒表或手表,检查振频,确保在工艺要求误差范围内 ($\pm 1min^{-1}$)。

(5) 用直尺检查振幅,确保在工艺要求的误差范围内 ($\pm 0.5mm$)。

(6) 观察振动装置的平衡性,如有异常,应要求钳工做进一步的检查。

(7) 把振频调到与平均工作拉速相匹配的工作频率,然后进行上述 (3) ~ (6) 项的检查,确保正常。

(8) 把振频调到与最低工作拉速相匹配的工作频率,再做上述 (3) ~ (6) 项的检查,确保正常。

(9) 振频不变的铸机可作单一频率的振动检查。

B 振动装置的维护

(1) 浇注结束,必须清除结晶器、振动装置、与振动装置同步振动的结晶器辊等设备周围的保护渣、钢渣等垃圾,保证清洁。

(2) 浇注结束,检查集中润滑装置,保证系统正常。特别要注意铜液压管和接头连接正常。

(3) 需人工加油的润滑点,按工艺要求的间隔时间做人工加油。

(4) 按点检要求,按时检查保养振动装置所附属的防护装置(用于防止钢液飞溅),确保正常。

3.3.2.3 注意事项

(1) 振动平衡性通常以经验观察,对大型连铸机可用相位仪测定。

（2）发现振动装置异常应及时调整或检修。

3.3.2.4　知识点

A　振动装置的作用及要求

振动装置的作用是防止铸坯在凝固过程中与结晶器内壁发生粘连而拉裂。对其要求是：

（1）振动参数合理，有利于改善铸坯表面质量并防止拉漏事故。

（2）结晶器能准确按要求轨迹运行，即振动装置应当严格按照所需求的振动曲线运动，整个振动框架的 4 个角部位置，均应同时上升到达上止点或同时下降到达下止点，在振动时整个振动框架不允许出现前后、左右方向的偏移与晃动现象。

（3）振动装置在振动时应保持平稳、柔和、有弹性，不应产生冲击、抖动、僵硬现象。

（4）结构简单，安装方便。

B　结晶器的振动方式

按结晶器振动速度特征可分为 3 种：同步振动、负滑脱振动及正弦振动。其振动曲线如图 3-3 所示。

a　同步振动

同步振动的主要特点是：结晶器下降时与拉坯速度相同，上升时为 3 倍的拉坯速度。

b　负滑脱振动

负滑脱振动是同步振动的改进形式，它的主要特点是：结晶器下降时下降速度大于拉速。

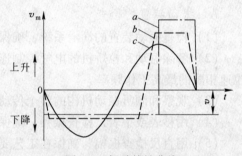

图 3-3　振动特性曲线
a—同步振动；b—负滑脱振动；c—正弦振动

$$v_{下} = v \times (1 + \varepsilon)$$

式中　$v_{下}$——下降速度，m/min；

　　　　v——拉坯速度，m/min；

　　　　ε——负滑脱量，%。

c　正弦振动

正弦振动的特点是振动速度按正弦规律变化。正弦振动在小振幅高频率振动中得到广泛应用，它有如下优点：

（1）速度变化平稳，冲击力小。

（2）更有利于防止黏结和有效实现负滑脱。

（3）结构简单，易于制造和维修。

d　非正弦振动

（1）非正弦振动的特点。近几年在连铸领域，结晶器新型振动——非正弦振动技术得到应用。非正弦振动和正弦振动的位移波形和速度波形如图 3-4 和图 3-5 所示。非正弦振动具有如下特点：负滑脱时间短、正滑脱时间长，结晶器向上运动速度与铸坯运动速度差较小。因此，非正弦振动具有增加保护渣用量、改善结晶器润滑、减轻铸坯表面振痕、减小坯壳的拉应力、减小黏结性漏钢等优点。

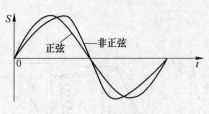 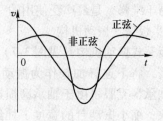

图 3-4　振动位移波形　　　　　　图 3-5　振动速度波形

（2）非正弦振动的效果。

1）铸坯表面质量变化不大。理论和实践均表明，在一定范围内，结晶器振动的负滑脱时间越短，铸坯表面振痕就越浅。在相同拉速下，非正弦振动的负滑脱时间较正弦振动短，但变化较小，因此铸坯表面质量没有大的变化。

2）拉漏率降低。非正弦振动的正滑动时间较改前有明显增加，可增大保护渣消耗改善结晶器润滑，有助于减少黏结漏钢与提高铸机拉速。采用非正弦振动的拉漏率有明显降低。

3）设备运行平稳故障率低。表明非正弦振动所产生的加速度没有引起过大的冲击力，缓冲弹簧刚度的设计适当。

C　振动装置的结构形式及特点

（1）导轨式振动机构。它是通过导轮或滑块沿着导轨运动来实现振动的。其结构简单，但导轮或滑块与导轨调整困难，且易磨损，长时间使用会使结晶器产生横向晃动。

（2）长臂式振动机构。这种机构是通过一根长臂来实现结晶器弧线运动的，长臂一端作摆动的支点，另一端安装上结晶器，长臂的工作长度等于铸机半径。理论上这种机构能准确实现弧线运动，但长臂在高温作用下会影响运动轨迹。另外，长臂在二冷区正上方，影响铸机维修。

（3）四偏心轮式振动机构。这种机构是通过两对偏心距不同的偏心轮及连杆机构来实现弧线运动的。该装置振动平稳但结构复杂。

a　差动齿轮振动机构

它是通过两个半径不同的扇形齿轮来实现弧形振动的。其优点能准确地实现弧形振动，但安装精度不易保证且结构复杂。

b　四连杆式振动机构

这种机构（见图 3-6），结晶器固定在振动框架上，振动框架铰接在两连杆上的一端，

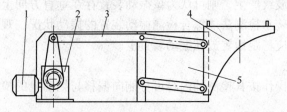

图 3-6　四连杆式振动机构

1—电机；2—减速机；3—振动臂；4—振动台；5—箱体图

在驱动杆的带动下，结晶器以另一端为支点做往复摆动。其优点运动轨迹正确，机构结构简单，易于维修，是最广泛使用的一种振动机构。

　　c　半板簧式振动机构

　　半板簧式振动机构（见图3-7），上连杆为宽体板簧，将下连杆加长作为振动臂，减少4个关节轴承，克服了由于轴承磨损造成的振动偏摆现象；缩小振动台的宽度，杜绝卡渣球现象，提高振动台的运行精度，降低了因振动不平稳铸坯产生裂纹而导致漏钢事故的概率；振动方式改为高振频、低振幅（±4.5mm），振幅在线可调，并且采用交流变频调速技术，使拉速与振频相匹配；同时，为了减轻各铰接点轴承的磨损，设计稀油润滑系统，定期集中加油。

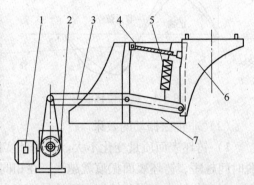

图3-7　半板簧式振动机构

1—电动机；2—减速机；3—振动臂；4—板簧连杆；
5—平衡弹簧；6—振动台；7—箱体

　　D　结晶器振动参数

　　结晶器振动的主要参数包括振幅、振频及负滑脱率和负滑脱时间。振动参数对铸坯表面质量有较大影响：振幅小，振频高，铸坯振痕浅；负滑脱时间长，振痕深。

　　E　结晶器振动装置在线振动状况的检测方法

　　a　硬币检测法

　　硬币检测法的操作方法是将2分、5分或1角硬币垂直放置在结晶器振动装置上，或放在振动框架的4个角部位置或结晶器内、外弧水平面的位置上，如果分币能较长时间随振动装置一起振动而不移动或倒下，则可认为该振动装置的振动状态是比较好的，能满足连铸浇注的振动精度要求。硬币检测法能综合检测振动装置的前后、左右、垂直等方向的偏移、晃动、冲击、颤动现象，硬币的置放表面应光滑、清洁无油污，且在无风状态下操作。

　　b　一碗水检测法

　　一碗水检测法的操作方法是将一只装有大半碗水的平底碗放置在结晶器的内弧侧水箱或外弧侧水箱上，观察这碗水中液面的波动及波纹的变化情况，来判定结晶器振动装置振动状况的优、劣水平。如果检测用水碗液面的波动是基本静止的，没有明显的前后、左右等方向晃动，则可认为该振动装置在振动时的偏移与晃动量是基本受控的；如果其液面的波动有明显的晃动，则说明该振动装置的振动状态是比较差的。如果其液面在振动过程中基本保持平静、没有明显的波纹产生，则可认为该振动装置的振动状况是比较好的；如果其液面有明显的向心波纹产生，则可认为该振动装置存在垂直方向上的冲击或颤动，其振动状况是较差的。一碗水检测法能综合检测振动装置的振动状况，观察简易直观，效果明显，检测用的平底碗应稳定地置放在振动装置上。

　　c　百分表检测法

　　百分表检测法的操作按其检测的内容可分侧向偏移与晃动量的检测及垂直方向的振动状态检测等。

　　（1）侧向偏移与晃动量的检测。侧向偏移与晃动量检测的操作方法是将百分表的表座稳定吸附在振动装置吊板或浇注平台框架等固定物件上，然后将百分表安装在表座上，将其测头垂直贴靠在振动框架前后偏移测量点的加工平面上，或左右偏移测量点的加工平面上，并做好百分表零点位置的调整，接着启动振动装置并测量百分表指针的摆动数值。对于垂直振动的结晶器振动装置的前后偏移量不大于 ±0.2mm，左右偏移量不大于 ±0.15mm；如果经百分表的检测，振动框架的侧向偏移量在上述标准范围内，则可认为该振动装置的振动侧向偏移状况比较好，能够满足连铸的振动精度要求，否则可认为该振动装置的振动侧向偏移状况比较差。

（2）垂直方向的振动状态检测。垂直方向振动状态检测的操作方法是将百分表表座稳定吸附在振动装置吊板或浇注平台框架等固定物件上，然后将百分表安装在表座上，将其测头垂直贴靠在振动框架4个角部位置振幅、波形测量点加工平面上，并做好百分表零点位置的调整，接着启动振动装置并测量百分表指针的摆动变化数值。如果百分表指针的摆动变化随着振动框架的振动起伏而连续、有节律的进行，则认为这一测量点的垂直振动状态是比较好的；如果百分表指针的摆动变化出现不连续、没有节律的状态，则说明这一测量点的垂直振动状态是比较差的。百分表检测法能精确检测振动装置的侧向偏移与晃动量以及垂直方向振动状况。

F 结晶器液压振动技术

采用液压系统作为振动源，具有控制精度高、调整灵活、在线设备体积小、重量轻、维护简单等特点。它不仅能满足高频振动的要求，消除电动机、减速器传动中由于冲击负荷造成电动机烧损和减速器损坏等问题，更主要的是它可以根据工艺要求任意改变振动波形，控制负滑脱速度和负滑脱时间，改善结晶器与连铸坯之间的润滑与脱模，减少黏结性漏钢事故；同时降低了高拉速条件下的振动频率，减少机构磨损。目前国外如奥钢联已有液面伺服振动台。

 思 考 题

（1）结晶器振动装置的检查内容是什么？
（2）振动装置的作用、要求及振动方式是什么？
（3）正弦振动有哪些优点？
（4）结晶器振动装置振动运动基本要求是什么？
（5）结晶器振动装置进行在线振动状况检测的方法有哪些？
（6）如何运用硬币检测法对结晶器振动装置进行振动状况的综合检测？
（7）如何运用一碗水检测法对结晶器振动装置进行振动状况的综合检测？
（8）如何运用百分表检测法对结晶器振动装置进行振动状况的检测？

3.3.3 结晶器液面控制装置的检查

3.3.3.1 实训目的

掌握检查结晶器液面控制装置的操作步骤，能及时发现并处理发生的故障。

3.3.3.2 操作步骤或技能实施

（1）用样坯校正最低和最高液位，一般最高液位距结晶器铜管上沿 50mm，最低液位距铜管上沿 200mm。

（2）校正结束，用样坯模拟液面波动 1~3min，对照计算机趋势图曲线，确认液位显示是否正常，如有异常再检查接收器和连接电缆，做相应处理。

（3）切换手动控制，进行手动操作，机构运行灵活，松开能自动关闭；手操器操作时，旋转旋扭进行开关，机构能随之动作。

（4）切换自动控制，机构缓慢打开至最大位置，短时间保持。查看计算机趋势图，显示塞棒开度为一条斜直线后成水平直线，取消自动，趋势图塞棒曲线显示开度回零。

（5）检查各部位紧固良好，机构上下运行无卡阻。

3.3.3.3　注意事项

（1）检查过程要仔细认真，自动与手动转换时，机构要缓慢打开至最大位置。
（2）凡检查出紧固处松动要及时拧紧。

3.3.3.4　知识点

A　结晶器内钢液面高度测定与控制的意义

为了保证坯壳出结晶器时有一定的厚度，钢液在结晶器内应保持一定的高度，如钢液面过高，会造成溢钢故障；如钢液面过低，会造成坯壳拉漏故障，所以结晶器内钢液面高度必须测定与控制。

B　结晶器内钢液面高度测定与控制的方法

结晶器内钢液面高度的控制是靠操作人员观察，或自动控制系统做出调节拉坯速度和钢水流量判断来实现。其中自动控制系统有 Co-60-γ、Cs-137 射线法、热电偶法等 3 种。Co-60-γ 射线法是用 Co-60 作为发射源，放置在结晶器的内弧侧，通过 γ 射线探测到钢液面高度，由联动装置连续控制中间包水口的开口度及连铸机的拉坯速度，以保持钢液面高度的设定值。此法能使结晶器钢液面高度和拉坯速度恒定，但 γ 射线对人体有害，需采取严格的保护措施。结晶器放射源的安装如图 3-8 所示。

热电偶法是用装在结晶器上部的热电偶输出信号，通过图像由钢液面指示器自动控制拉坯速度，使结晶器钢液面高度保持一定。

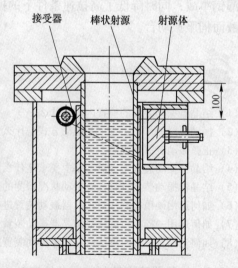

图 3-8　结晶器放射源的安装

结晶器钢液面高度的自动控制系统，包括钢液面检测装置、控制器及操作执行装置等。

C　中间包液面自动控制技术

塞棒自动控制系统由 Cs-137 钢水液面检测单元，全数字伺服装置，PLC 控制器及中间包塞棒操作机构等组成，可以减少拉速的频繁波动。

（1）如何检查结晶器液面控制装置？

（2）结晶器液面控制装置如何控制？

（3）结晶器液面控制的意义？

3.3.4 结晶器液面控制装置的使用

3.3.4.1 实训目的

掌握结晶器液面控制装置的使用方法。

3.3.4.2 操作步骤或技能实施

A 烘烤

（1）必要的机构冷却措施。

（2）控制线、插盒、插座与热源的隔离。

（3）机构打到全开，锁住机构。

B 开机

（1）中间包温度达到开浇要求，手动或打开手操盒，塞棒给流开浇。

（2）开浇正常后，缓慢控制结晶器液面与设定液面持平，切换自动控制，正常浇钢。

3.3.4.3 注意事项

（1）中间包液面的扰动、中间包渣在塞棒周围结壳、拉矫机是否正常运行以及机构本身的阻力和钢水的流动性、塞棒水口状况都会对液面稳定控制造成影响，且有可能造成断浇。

（2）设定合适的液位波动超出报警范围，用以提示浇注人员。

（3）发现液位波动超出，应立即取消自动，降低拉速处理。处理正常后，再按上述方法按自动操作。

（4）停机后，应立即把机构和中间包分离，以防机构温度高造成损。

（5）自动浇钢状态拉速变化不宜过大，以免影响液面控制的稳定。

（6）停用自动包，做好插头和插座的防尘。

3.3.4.4 知识点

连铸机的结晶器液面自动控制方式有手动控制和自动控制。在红外、电磁、涡流、γ射线等几种类型的液面自动控制中，γ射线的控制系统因其可靠性高、安装方便、射源剂量小得到广泛的应用。其随着用户对钢材产品质量要求的不断提高，越来越多的钢厂在中间包到结晶器采用浸入式水口、保护渣工艺，以减少钢液的吸氧量。在敞开浇注、润滑油条件下，结晶器内的钢液面一般控制在距铜管上口 100mm 处，其位置的适度变化不会对产品质量造成不良后果。在浸入式水口、保护渣浇注条件下，为避免保护渣的 3 层结构遭到破坏而产生卷渣，浸入式水口的浸入深度应大于 70mm，在手动控制液面或中间包车具备升降功能的条件下易于实现。

思 考 题

（1）怎样使用结晶器液面控制装置？
（2）使用结晶器液面控制装置注意哪些问题？

3.4　二冷、拉矫及辊缝测量装置

3.4.1　连铸二冷装置的检查和使用

3.4.1.1　实训目的

掌握二冷装置检查内容（二冷支撑、导向装置），保证二冷装置符合工艺要求。

3.4.1.2　操作步骤或技能实施

（1）使用对弧样板检查二冷弧度。
（2）使用内分卡检查二冷夹辊开口度。
（3）检查二冷辊转动情况。
（4）若使用辊缝测量仪进行以上 3 个检查内容，则可通过辊缝测量仪操作来完成。
（5）用直尺或锥度仪检查结晶器与二冷侧面辊的对中。
（6）开启设备冷却水，检查二冷设备冷却的漏水情况。
（7）检查二冷辊润滑状况，确保集中润滑到位，或手动润滑加油到位。
（8）检查二冷喷水系统。

3.4.1.3　注意事项

（1）二冷段分段组装，在上机前对弧度、开口度、辊子转动、机冷水、喷淋水等情况必须进行检查并应符合要求。
（2）在线的（机上）二冷开口度、弧度和辊子转动率可根据不同使用情况定期检查（按点检制度）。
（3）凡检查发现不符合工艺要求时应停机检修。

3.4.1.4　知识点

A　二冷装置的作用及工艺要求
二冷装置的作用是对铸坯进行支撑和导向，防止铸坯变形。同时送引锭时，对引锭杆起导向和支撑的作用。
工艺对二冷装置要求是在高温铸坯作用下应有足够的刚度和强度；还要求结构简单，调整、维修方便。
B　二冷装置的类型和结构
弧形连铸机的二冷装置基本分为箱式结构和房式结构两种。箱式结构是所有的支撑导向部件和冷却水喷嘴都装在封闭的箱体内，封闭的箱体内部是相通的，一个箱体成为二冷区中的一段。箱式结构刚性较好且排蒸汽容易，但结构复杂。目前常见的是房式结构，房式机架是敞开式的，整个二次冷却区封闭在一个封闭罩内。

由于小方坯连铸机和板坯连铸机的特点不同，其在二冷区结构上有很大的不同。小方坯连铸机浇注的铸坯断面小，不易产生鼓肚变形，二冷区主要起支撑作用，结构比较简单，扇形区设置较少的夹辊，便于漏钢事故处理；板坯连铸机，铸坯的鼓肚在二冷区始终存在，因此在结构上比较复杂，为严格限制铸坯的鼓肚量，夹辊密排于整个二冷区内，有时板坯连铸机夹辊开口度和扇形段弧度都比小方坯连铸机有更高的要求。一般小方坯连铸机开口度和弧度误差在 ±（1~2）mm 之内，而板坯连铸机要求控制在 ±0.5mm 之内。由于铸坯在二冷区的断面仍在不断地收缩，板坯二冷区夹辊开口度从上到下有逐段的收缩量。

对于板坯连铸机二冷段的密集结构，在线处理困难，从而影响铸机作业率。为此正广泛采用快速更换、离线检修技术。尤其是结晶器下口第一段（常称零段），因事故等原因调换较频繁，现在常把结晶振动装置和0号段组装在一起，整体更换，称为快速换台（QC 台）。

C 二冷支撑、导向装置的主要参数

二冷支撑、导向装置的主要工艺参数是夹辊辊径和辊距，对其计算称为辊列计算。

a 辊距

坯壳的鼓肚变形的计算公式为：

$$Y = 3PL^4 / (50E\delta^3)$$

式中 Y——坯壳的鼓肚变形；

P——钢液的静压力；

L——辊间距；

δ——坯壳厚度；

E——铸坯弹性模量。

铸坯坯壳鼓肚变形量有一个允许值，以此可计算出各点要求的夹辊辊距 L。从上述公式可以看到，当辊距一定时，鼓肚变形 Y 与 P 成正比，与 δ 的 3 次方成反比，即在结晶器出口处鼓肚变形量最大时，随着坯壳变厚，鼓肚变形量变小。为此，二冷区夹辊辊距由上至下逐步变大。

b 辊径

辊径计算依据是在辊距确定后，留出喷嘴的空位，同时满足夹辊要求的挠度，即可确定夹辊辊径。夹辊挠度 f 计算公式为：

$$f = rBL_r^3 R_1 \sin\alpha (8 - 4k^2 - 3k^3) / (384EJ)$$

式中 B——铸坯厚度；

L_r——夹辊轴承中心距；

R_1——夹辊中心处曲径半径；

E——夹辊弹性模量；

J——夹辊的断面惯性矩；

k——比例常数；

α——该夹辊所处半径与圆弧水平线夹角。

对于夹辊要求的挠度无法满足时，在设备上要对材质进行改进，在结构上可采用短夹辊或分节夹辊。

 思 考 题

（1）对二冷支撑、导向装置的主要检查内容是什么？

（2）小方坯和板坯连铸机在二冷装置上有何区别？

3.4.2　二冷喷嘴状态的检查

3.4.2.1　实训目的

掌握对二冷喷嘴的检查技术，保证二冷喷嘴位置正确，出水畅通。

3.4.2.2　操作步骤或技能实施

（1）喷嘴安装前的检查：

1）旧喷嘴要保证外形完整无损。

2）旧喷嘴要定期清除结垢，保证外形尺寸和喷淋效果。有时需在微酸溶液中清洗后，经清水漂洗后才能使用。

3）新喷嘴要用卡尺、塞尺或专门量具等对部分喷嘴外形尺寸抽查，保证符合图纸尺寸。特别要注意喷嘴喷射口和喷射角大小的检查。

4）在喷淋试验台上抽查部分喷嘴，确保喷嘴的冷态特性（流量、水密度分布、水雾直径、速度、喷射面积等）。

（2）喷嘴安装后的检查：

1）检查喷嘴是否安装牢固和密封。

2）检查喷嘴本身安装的角度是否正确，确保喷嘴的喷射面积不落到二冷辊上。

3）检查喷嘴射流方向是否与铸坯表面垂直。

4）检查喷嘴与喷嘴之间的距离是否符合工艺要求。

5）检查喷嘴与铸坯之间的距离是否正确。

6）检查喷嘴型号是否与该二冷区要求的型号一致。

7）上述检查可以在线（机上）检查，也可离线（在扇形段调试台上）检查。

（3）检查二冷供水系统，保证冷、热水池水位。对水质进行抽查，开启水泵确保水泵正常运转等（按点检条例进行检查）。

（4）开启水泵，调节二冷各项控制阀门（根据浇注要求模拟手动或自动），确保压力和流量正常。

（5）在通水的情况下，检查二冷控制室、机上、机旁喷淋管路系统的渗漏情况。

（6）在通水的情况下，检查铸机排水状态是否正常。

3.4.2.3　注意事项

（1）在安装喷嘴前，应先对管路进行冲洗，以防垃圾堵塞喷嘴。

（2）采用离线安装的喷嘴，上机前必须符合工艺要求。

（3）喷淋状态不符合要求，不得进行浇注。

3.4.2.4 知识点

A 二冷区的冷却要求

（1）铸坯在冷却过程中，表面温度分布要均匀变化，防止温度突变。

（2）铸坯质量不会因二次冷却原因引起表面和内部缺陷。

（3）根据要求，铸坯在最后一对夹持辊前全部凝固或在矫直前全部凝固。

（4）高的冷却效果。

B 二冷制度及控制方式

a 二冷制度

就是二冷配水制度，二冷配水通常根据传热条件和铸坯质量要求建立数学模型，从中计算出要求的铸坯表面温度分布曲线，然后通过传热系数与水量的关系计算出二冷区水量分布。水量分布以段为单元。在决定二冷区各段水量分布后，为提高传热效率、均匀冷却铸坯，必须选择合适的喷嘴、喷嘴分布及相应水压等。

铸坯在冷却收缩过程中，若坯壳所受温差过大会使坯壳产生裂纹并造成铸坯内部柱状晶发达，甚至形成"搭桥"现象。因此二冷水的强度和分布是相当重要的。铸机的二冷强度一般以每千克钢消耗多少升二冷喷淋水来表示。

b 二冷控制方式

二冷控制就是对制订的二冷配水制度加以实施，二冷控制方式主要有以下3种：

（1）人工控制。由配水工根据钢种要求，对铸坯表面温度观察，凭经验调节阀门，控制二冷水量。

（2）仪表控制。根据不同要求，设定好各段水量，由仪表进行控制。每段的水量可用调节器进行调节。这种方法用于钢种、断面单一的连铸机上比较合适，因为设定值的调节比较麻烦。

（3）目标温度控制。由于铸坯过程温度测定受到的影响因素过多，且难以正确反映铸坯的实际温度。因此，根据铸坯凝固传导教学模型，近似的得出铸坯温度，并根据实际测得值及现场生产的修正，得出铸坯温度曲线，通过计算机系统自动控制二冷区各段水量，使铸坯表面温度接近理论目标值。

C 喷嘴类型和特性

a 喷嘴类型

可分成两大类：水喷嘴和水—气喷嘴。

水喷嘴又称压力喷嘴，是靠水本身的压力作为能量使水充分雾化，压力喷嘴按喷出的雾化形状可分为扇形喷嘴和锥形喷嘴，锥形喷嘴中又可分为空心喷嘴和实心喷嘴。

水—气喷嘴主要是靠气体压力使水雾化，在水—气喷嘴中，水和气分别从两个管路进入水—气喷嘴，水和气在水—气喷嘴内或喷嘴外混合雾化形成非常细小的水雾。水—气喷嘴与水喷嘴相比有调节范围大、冷却效率高、冷却均匀稳定、不易堵塞等优点，但管路结构比较复杂。

b　喷嘴特性

为获得良好的冷却效果，合适的喷嘴很重要。选择喷嘴时主要考虑喷嘴的冷态特性：

（1）流量特性。不同供水压力下喷嘴的水流量。

（2）水流密度。单位时间内喷嘴垂直喷射到单位面积上的水量。水流密度增加，传热加快。

（3）水雾直径。水滴直径越小，雾化越好，越有利于铸坯均匀冷却和传热效率的提高。

（4）水滴速度。水滴速度快，容易穿透汽膜，传热效率就高。

（5）喷射面积。保证一定的锥底面积并在整个面积上水量分布均匀，保证均匀冷却。

D　喷嘴状况对铸坯质量的影响

喷嘴状况对铸坯质量的影响主要是由状态不好造成铸坯局部冷却不均匀而产生的铸坯缺陷。这些缺陷包括表面裂纹，内部裂纹以及形状缺陷。喷嘴状况不良最常见的有：

（1）喷嘴尺寸不符合要求。主要与制造质量有关，安装前应严格把关。

（2）喷嘴堵塞。主要与水质有关。在改善水质的同时，对喷嘴应定期进行检查。

（3）喷嘴安装位置不准。主要与喷淋架有关，对扁平形喷嘴还应注意水槽安装位置。

（4）喷嘴掉落。主要与安装质量有关，安装时喷嘴必须拧紧。

 思　考　题

（1）对二冷喷嘴的检查内容是什么？

（2）喷嘴状况对铸坯质量有何影响？

（3）喷嘴的冷态特性包括哪些内容？

3.4.3　拉矫机的检查

3.4.3.1　实训目的

掌握对拉矫机的检查操作，确保拉矫机正常运行。

3.4.3.2　操作步骤或技能实施

（1）对拉矫机的检查包括电动机、减速机、齿轮传动座、万向接轴、液压缸、主动辊、被动辊、冷却水管、润滑液压管、油接头、紧固螺母等，确保完整。拉矫机周围和机内要求清洁无任何障碍物。

（2）启动润滑油泵或手动油泵，要求润滑到位，无渗漏。

（3）检查拉矫机液压系统，开动油泵，保证油箱油位、蓄热器和油泵工作状态良好（保证压力，无渗漏）。

（4）升降压下辊，确保运动正常。

（5）解除与振动连锁，启动拉矫机，从最小拉速逐步调到最高拉速，确保运行正常；停车、拉矫机换向，重新启动拉矫机以送引锭方向开动，保证在送引锭速度下运行正常。

（6）在拉矫机运行时，观察设备运行，应无异声和其他异常。在运行时开启冷却水闸门，检查水冷却是否处于正常状态。

（7）拉矫机停车，换向开关复零位，恢复与振动连锁（某些铸机），待完成其他浇注前准备操作。

3.4.3.3 注意事项

（1）压下装置中最常见的为液压装置，应根据液压使用要求严格检查。

（2）对铸坯实际拉速应定期校验。

3.4.3.4 知识点

A 拉坯矫直装置的作用

（1）将铸坯从二次冷却段内拉出。在拉坯过程中，拉坯速度将根据不同条件（钢种、浇注温度、断面等）的要求在一定范围内进行调节，可以满足快速送引锭，并有足够大的拉坯力，以克服铸坯可能遇到的最大拉坯阻力。

（2）将弧形铸坯经过一次或多次矫直，使其成为水平铸坯。矫直时，对不同的钢种和断面以及带液芯的铸坯，都应能避免裂纹等缺陷的产生，并能适应特殊情况下低温矫直铸坯。

（3）对于没有采用专门的上引锭杆装置的连铸机，在浇注前将引锭杆送入结晶器的底部。

（4）在处理事故时（如冻坯），可以先将结晶器盖板打开吊出结晶器，通过引锭杆上顶冻坯，再用吊车吊走事故坯。

（5）对于板坯连铸机，在引锭杆上装辊缝测量仪，通过拉矫机的牵引检测二冷段的装配及工作状态。

综上所述，拉矫机的作用可简单归结为"拉坯、矫直、送引锭、处理事故和检测二冷段状态"等。

B 拉坯矫直的类型

a 单点矫直

若通过一次矫直铸坯，称单点矫直。小方坯弧形铸坯就是在完全凝固后的一点矫直。一点矫直是由内弧2个辊和外弧1个辊共3个辊完成的。

b 多点矫直

对弧形连铸机，从二次冷却段出来的铸坯是弯曲的，必须矫直。若通过两次以上的矫直称多点矫直。

对大断面铸坯来说，则应采用多点矫直，如图3-9所示（其中只画出矫直辊，支撑辊未画）。每3个辊为一组，每组辊为1个矫直点，以此类推；一般矫直点取3至5点。采用多点矫直可以把集中1点的应变量分散到多个点完成，从而消除铸坯产生内裂的可能性，可以实现铸坯带液芯矫直。

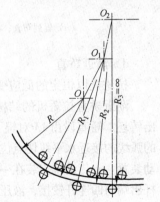

图3-9 多点矫直配辊方式

c 连续矫直

多点矫直虽然能使铸坯的矫直分散到多个点进行，降低了铸坯每个矫直点的应变力；

但每次变形都是在矫直辊处瞬间完成的，应变率仍然较高，因而铸坯的变形是断续进行的，对某些钢种还是有影响的。

连续矫直是在多点矫直基础上发展起来的一项技术。基本原理是使铸坯在矫直区内应变连续进行，那么应变率就是一个常量，这对改善铸坯质量非常有利。

连续矫直辊的配置及铸坯应变如图 3-10 所示。图 3-10 中 A、B、C、D 是 4 个矫直辊，铸坯从 B 点到 C 点之间承受恒定的弯曲力矩，在近 2m 的矫直区内铸坯两相区界面的应变值是均匀的。这种受力状态对进一步改善铸坯质量极为有利。

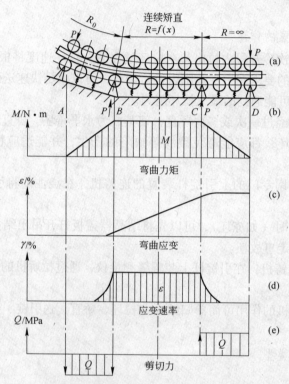

图 3-10　连续矫直辊列布置及铸坯应变
(a) 辊列布置；(b) 矫直力矩；(c) 矫直应变；(d) 应变速率；(e) 剪应力分布

d　渐近矫直

拉矫机以恒定的低应变速率矫直铸坯的技术叫渐近矫直技术。

渐近矫直拉矫机的结构分矫直段和水平段，矫直段将铸坯矫直，水平段协同矫直段拉出铸坯。矫直段由 13 对辊子和机架组成，其中，前后两辊为传动辊，后传动辊设在连铸机的弧线的接近水平线切点位置。传动辊的出轴与传动装置的万向接杆相连，上下辊都设有传动装置。上传动辊安装在一个特殊的四连杆机构上，四连杆机构由液压缸操纵，液压缸活塞杆出端与四连杆铰接，液压缸的下端与机架铰接。活塞杆升起与降落，使四连杆机构带动上传动辊压紧铸坯或引锭杆，达到拉坯或上引锭杆的目的。下传动辊用螺栓固定在外弧架上。

水平段的结构与拉矫段基本相同，水平段设有 13 对辊，前后两对辊为传动辊。

e　压缩浇注

压缩浇注的基本原理是：在矫直点前面有一组驱动辊给铸坯一定推力，在矫直点后面布置一组制动辊给铸坯一定的反推力。图3-11为铸坯在处于受压状态下矫直的情形，反映了驱动辊列与制动辊在铸坯中产生的压应力、矫直应力和合成应力。从图可以看出，铸坯的内弧中拉应力减小。通过控制对铸坯的压应力可使内弧中拉应力减小甚至为零。能够实现对带液芯铸坯的矫直，达到铸机高拉速，提高铸机生产能力的目的。

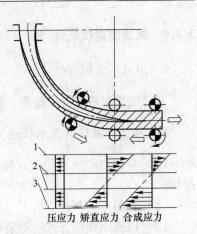

图3-11　压缩浇注及坯壳应力图
1—内弧表面；2—两相界面；
3—外弧表面

C　拉矫机的主要工艺参数

a　矫直力

$$F = BH^2\sigma_S/4L$$

式中　F——矫直力，N；

B——铸坯宽度，mm；

H——铸坯厚度，mm；

L——拉矫辊距，mm；

σ_S——铸坯在矫直温度下的屈服极限，N/mm^2。

b　拉坯力

$$F_T = F_1 + F_2 + F_3 + F_4 - F_5$$

式中　F_T——拉坯力，N；

F_1——铸坯在结晶器内的阻力，N；

F_2——铸坯在二冷装置内的阻力，N；

F_3——铸坯通过矫直辊的阻力，N；

F_4——铸坯通过切割设备时的阻力，N；

F_5——铸坯自重的下滑力，N。

c　矫直半径

矫直半径主要是根据铸坯的伸长率来确定的，当矫直变形率大于铸坯允许变形率时，将产生表面或内部裂纹。因此必须保证铸坯在矫直时的伸长率不超过允许值。单点矫直时，铸机的圆弧半径确定了矫直半径，由于单点矫直一次变形率较大，不能用来矫直带液芯的铸坯。在采用带液芯多点矫直技术中，必须考虑到两相区界面处坯壳强度和允许变形率，以防矫直时产生内裂或表面裂纹。

D　拉矫辊压下量对铸坯质量的影响

在矫直力、拉坯力和矫直半径确定后，作用于铸坯上的压力还受拉矫辊压下量即开口度的影响。过大的压下量会造成铸坯变形，对液芯铸坯更容易产生内裂；压下量过小则容易引起拉坯力不够。因此，连铸拉矫辊压下量也是一个比较重要的参数，在薄板坯生产和轻压下技术中，压下量属于特殊控制的量来保证并用来改进铸坯质量。

思　考　题

（1）拉矫机有哪些检查内容？

（2）为什么带液相矫直必须用多点或连续矫直？

3.4.4　辊缝测量仪记录

3.4.4.1　实训目的

了解辊缝测量仪操作过程，掌握连铸机运行状态。

3.4.4.2　操作步骤或技能实施

（1）采用自动或手动方式输送引锭杆，确认输送过程正常后，才能进行辊缝测量仪操作。

（2）在吊车的帮助下拆下引锭头，装上辊缝测量仪。

（3）以送引锭杆方式输送装有辊缝测量仪的引锭杆，将测量仪送至结晶器内。

（4）开启辊缝测量仪工作开关，以规定拉速拉出引锭杆。

（5）当辊缝测量仪出二冷段后，用接收器接收测量数据。

（6）确认测量后，在吊车帮助下拆下测量仪，装上引锭头。

（7）将接受数据输入计算机后，显示并打印。

（8）分析计算机打印出的报表，确认铸机状态。

（9）根据测定结果对连铸机进行调整、检修或确认可进入浇注准备，铸机待浇。

3.4.4.3　注意事项

（1）辊缝测量仪是昂贵的精密仪器，必须严格按操作说明正确使用。

（2）待铸机充分冷却后才能进行测量仪操作。

（3）视不同铸机结构决定结晶器铜板是否要打开。

（4）装有辊缝测量仪的引锭杆输送过程与引锭杆输送操作相同。

（5）拆装辊缝测量仪要小心、缓慢，慎防撞坏。

3.4.4.4　知识点

辊缝测量仪可对连铸机的弧度、夹辊开口度、辊子不转动率、辊子不圆度及二冷喷水状态进行测定。辊缝测量仪的测定内容可根据需要设计，并不是每台辊缝测量仪都具有测定上述内容的功能。由于板坯连铸机二冷段结构复杂，精度要求更高，大多备有辊缝测量设备。

小方坯连铸机因夹辊很少，一般不用辊缝测量仪。

A　弧度测定

一般在辊缝测量仪两边各设置一个弧度测定点。因此，可收集两组数据。

B　夹辊开口度测定

为较准确地反映辊子开口度，通常设置 3 个以上的测定点对每对夹辊的边部、中央进行测定。弧度、开口度测定可有数据和图形两种显示，图形显示中又可分为单测量点的显示和各测定点的组合显示。组合显示中仅显示铸机某个位置各测量值中的最大值和最小值，弧度测量图示显示如图 3-12 和图 3-13 所示，开口度图示显示如图 3-14 和图 3-15 所示。

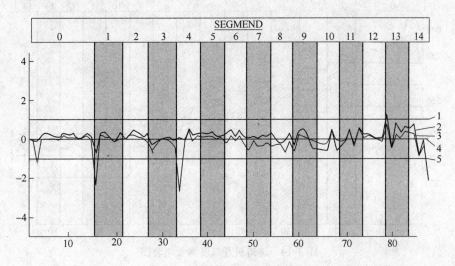

图 3-12　连铸机弧度测量组合图
1—最大允许值；2—实测最大值；3—实测最小值；4—设定值；5—最小允许值

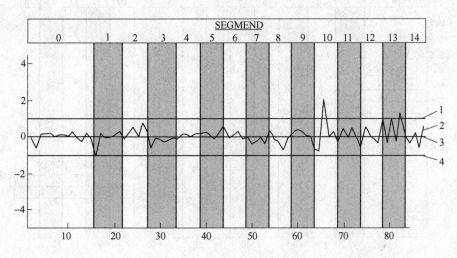

图 3-13　连铸机弧度单点测量值
1—最大允许值；2—实测值；3—设定值；4—最小允许值

　　通常对辊缝测量仪测量结果分析首先看组合图以了解总体情况，确定几号辊子不符合要求，然后看单点显示图，以确定具体点位，最后通过数据显示更精确地确定偏差数据。

　　C　辊子不转动率

　　通过辊子不转动率来反映辊子转动情况。当一般不转动率不小于60%时，认为辊子为"死辊"；当不转动率为0%时，辊子转动良好。

　　D　辊子不圆度

　　辊子不圆度，可反映辊子不均匀磨损状况。

　　E　二冷喷射状态

　　可以确定二冷水量分布，及时反馈二冷喷嘴不良状况。

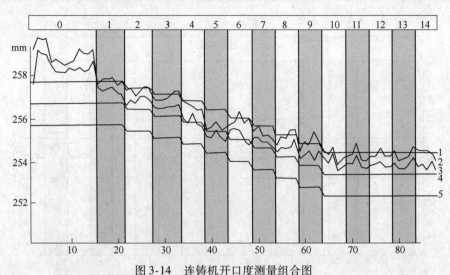

图 3-14　连铸机开口度测量组合图

1—最大允许值；2—实测最大值；3—实测最小值；4—设定值；5—最小允许值

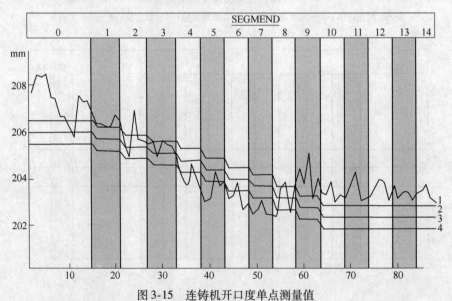

图 3-15　连铸机开口度单点测量值

1—某点实测值；2—最大允许值；3—设定值；4—最小允许值

 思 考 题

（1）简述连铸辊缝测量仪操作过程。

（2）连铸辊缝测量仪可测定哪些内容？

（3）使用辊缝测量仪应注意哪些问题？

3.4.5　铸机运行记录

3.4.5.1　实训目的

熟悉铸机运行记录，正确分析运行数据。

3.4.5.2 操作步骤或技能实施

(1) 了解铸机运行记录的各项内容及其作用。

(2) 熟悉铸机各类运行数据的标准范围。

(3) 在铸机进入准备的同时，打开仪器、仪表进行数据采集。铸机完全停止运行，仪器、仪表才可关闭。

(4) 打开计算机控制系统，将数据输入、储存，并在显示屏上显示，或按记录制度对仪表显示数据进行人工记录。

(5) 根据显示屏显示和人工记录与标准比较，掌握铸机运行状况。

(6) 根据比较后的运行状况，按工艺要求对铸机运行给予调整。

(7) 事后通过记录分析铸机运行过程，并按一定的控制时间间隔进行分析小结（按每一中间包、每班、每天、每周、某一钢种、断面等）。

3.4.5.3 注意事项

(1) 必须初步掌握计算机画面控制的基本操作。

(2) 注意计算机对过程数据的有效储存时间。

(3) 人工记录表和计算机打印表按要求保存、备查。

3.4.5.4 知识点

A 连铸机运行模拟显示

随着计算机在工业生产的广泛应用，计算机在连铸技术上也发挥着越来越大的作用，过去许多通过仪表显示的参数都可以在计算机荧屏上显示，计算机不仅可以对连铸过程进行数据记录，而且可以进行操作控制。铸机运行模拟显示可直观的反映出铸坯浇注或引锭杆输送过程中的运行位置和相应设备的动作，便于对过程进行观察并及时处理各类故障。但是，还是有一些浇注参数必须通过人工记录或人工输入计算机。没有配置计算机运行记录的铸机在操作中必须进行人工记录。

B 浇注温度记录

连铸上对钢包内钢液温度和中间包内钢液温度均进行测定。中间包内钢液浇注温度直接决定着铸机的拉速控制并影响到铸坯质量。即使是浇注同一炉钢液，中间包内钢液温度也是波动的。因此，对中间包要多次测温，一般每炉钢液分前、中、后期进行测温。中间包钢液温度主要由钢包钢液温度决定，在钢包开浇前对钢包钢液要测温。当钢包钢液温度超出标准范围时，可实行钢液返回或采取其他相应的措施。

C 拉坯速度记录

拉坯速度是连铸机的主要参数，也是操作控制的最主要内容。拉坯速度越高，连铸机的生产能力也越大，但拉坯速度的提高受诸多因素的影响。实际操作中，不同的铸坯断面、浇注钢种和浇注温度都规定有对应的铸坯拉速，过快或过慢的拉速均视为异常情况，易发生各类生产或质量事故。

D　称量记录

连铸钢液称量记录有钢包称量和中间包称量，两者分别表示钢包内钢液和中间包内钢液的多少。准确的钢包和中间包称量便于两者的余钢控制，提高铸坯的收得率，防止渣子进入中间包和结晶器。采用铸坯在线称量装置时，称量装置设置在切割机后，可以对每块定尺铸坯进行称量，通过在铸坯上喷印，便于铸坯管理。

E　结晶器锥度记录

对采用可变锥度的结晶器，必须对结晶器锥度进行测定；对在线浇注可调锥度时，必须有锥度连续测定装置。锥度是结晶器控制的一个工艺参数，其影响到铸坯在结晶器内的冷却效果。

F　冷却水进水压力和温度记录

连铸对铸坯冷却分结晶器冷却和二次冷却，为确保冷却过程的顺利进行，对进水压力和进水温度都有标准，一般结晶器冷却水进水压力在 $0.4 \sim 0.6$ MPa 以上，进水温度 t 不大于 $40℃$，二冷水进水压力在 $0.6 \sim 0.8$ MPa 以上，进水温度 t 不大于 $45℃$。当进水压力和温度不符合要求时，立即查明原因，排除故障，否则应停止浇注。

G　结晶器冷却水流量和温差记录

结晶器内冷却水流量影响着结晶器内铸坯的冷却强度，冷却水流量越大，冷却强度也越大。对于流量要求，主要由铸坯的断面和钢种而定。流量过低，造成铸坯冷却不够，易产生漏钢事故；流量过大，易使铸坯表面产生裂纹，并可能损坏结晶器设备。结晶器冷却水温差指冷却水进结晶器前与出结晶器后的温度差值。冷却水进结晶器与铸坯进行热交换后，温度会升高，当温度差值（一般要求小于 $10℃$）超过要求值时，说明结晶器内有异常情况发生，应及时作降速处理。

H　二冷水流量记录

二冷水流量由冷却区而不是以单个扇形段来划分，一个冷却区可能有几个扇形段。二冷水的作用就是使铸坯在二冷区内按铸坯表面目标温度曲线进行冷却。每个冷却区的流量都有设定值，这个设定值一般随拉速变化而变化。由于控制方式的差异，这种变化可以是间断的或是连续的。当某个冷却区的流量达不到设定值范围时，铸坯表面温度难以按工艺要求冷却，将会影响到铸坯内、外部质量。

I　压缩空气压力和流量记录

对采用气—水喷嘴冷却的连铸机来说，压缩空气的压力，以及流量非常重要，因为其影响着气—水冷却效果。当管路设定后，压力和流量有 1 个对应关系，压力增大，流量就增大。当压力或流量过大时，气—水喷嘴出口受阻；当压力和流量过小时，雾化变差。

J　结晶器液面显示

采用结晶器液面自动控制装置时，结晶器液面波动情况可以加以显示。结晶器液面自动控制系统的精度决定了结晶器液面的稳定性，一般自动控制精度可在 ± 5 mm 内。稳定的结晶器钢液面可以形成稳定的弯月面，有利于铸坯表面质量的改善。

K　连铸机设备故障显示

采用连铸机设备故障诊断装置时，连铸机的设备故障可在计算机画面上显示，根据设备故障显示，便于对设备进行检查和维修。

思 考 题

（1）连铸机主要运行记录有哪些？

（2）工艺上对铸机运行记录如何处理和应用？

3.5 引锭、切割、输送及收集装置

3.5.1 铸坯引锭装置的检查和使用

3.5.1.1 实训目的

（1）掌握引锭装置的使用过程及引锭头的安装，确保不漏钢，不脱钩。

（2）能及时发现和处理设备故障，确保设备正常运行。

3.5.1.2 操作步骤或技能实施

（1）送引锭之前，必须确认结晶器已经打开。

（2）当引锭杆送入扇形段一定距离时，应确认相应的扇形段已经压下后，方可从引锭杆车上脱钩。

（3）定期检查系统钢结构有无变形损坏情况，并及时采取措施处理，特别是提升卷扬吊钩不得有结构开裂现象。

（4）定期检查系统各运动部位润滑情况是否良好，有无不正常响声或卡阻现象，磨损是否超规定。

（5）定期检查液压，润滑管路有无泄漏，压力是否正常。

（6）定期检查固定连接螺栓、螺母有无松动现象并及时紧固。

（7）定期检查钢丝绳是否有磨损超标和断丝，并注意加油保护；如有损坏超标要坚决予以更换。

（8）经常检查各制动器是否好用，闸片磨损是否严重，特别是引锭杆车链传动，提升卷扬制动器。

（9）经常检查行程极限是否准确。

（10）定期检查卷筒轴承声音、温度是否正常，并及时采取措施。

3.5.1.3 注意事项

（1）引锭杆进入结晶器之前必须人工观察并拨正方向，以免损坏结晶器下口。

（2）堵好引锭头之后，注意连锁好引锭杆，以免引锭头在结晶器内产生位移。

3.5.1.4 知识点

引锭装置是结晶器的"活底"；开浇前用它堵住结晶器下口；浇注开始后，结晶器内的钢液与引锭头凝结在一起；通过拉矫机的牵引，铸坯随引锭杆连续地从结晶器下口拉出，直到铸坯通过拉矫机与引锭杆脱钩为止，引锭装置完成任务，铸机进入正常拉坯状态。引锭杆运至存放处，待下次浇注时使用。

A　引锭装置的组成

引锭装置包括引锭杆（由引锭杆本体和引锭头两部分组成）、引锭杆存放装置、脱引锭装置。

a　引锭杆

（1）引锭杆本体：引锭杆本体的种类有柔性、刚性、半柔半刚性三种。

（2）引锭头：其作用主要是在开浇前将结晶器下口堵住，使钢液不会漏下，并使浇入的钢液有足够的时间在结晶器内凝固成坯头。同时，引锭头牢固地将铸坯坯头与引锭杆本体连接起来，以使铸坯能够连续不断地从结晶器里拉出来。根据引锭装置的作用，引锭头既要与铸坯连接牢固，又要易与铸坯脱开。结构形式有燕尾槽式和钩头式两种。

b　引锭杆存放装置

引锭杆存放装置与引锭杆的装入方式有关，引锭杆装入结晶器的方式有两种，即上装式和下装式。因此，引锭杆的存放装置也分为两大类。

上装引锭杆是引锭杆从结晶器上口装入。其引锭装置包括引锭杆、引锭杆车、引锭杆提升和卷扬、引锭杆防落装置、引锭杆导向装置和脱引锭杆装置等。在上一个浇次的尾坯离开结晶器一定距离后，就可以从结晶器上口送入引锭杆。装引锭杆与拉尾坯可以同时进行，大大缩短生产准备时间，提高了连铸机作业率。同时上装式引锭杆送入时不易跑偏。引锭杆车布置在浇注平台上，用来运送引锭杆到结晶器上口。铸坯脱钩后的引锭杆通过卷扬提升到浇注平台，存入引锭杆车待用。上装式引锭杆适用于板坯连铸机。

另一种是从结晶器下口装入引锭杆，通过拉坯辊反向运转输送引锭杆。其设备简单，但浇钢前的准备时间较长。

引锭杆存放装置的作用是在引锭杆与铸坯脱离后，及时把引锭杆收存起来，并在下一次浇注前，通过与铸机拉辊配合，把引锭杆送入结晶器内。引锭杆存放装置应满足的要求为：准备时间短；引锭杆插入结晶器时不跑偏；在检修铸机本体设备时有足够的空间；更换引锭头和宽度调整块时要有良好的作业环境。

c　脱锭装置

常用的引锭头主要是钩头式。引锭头可与拉矫机配合实现脱钩（见图 3-16）。在引锭头通过拉辊后，用上矫直辊压一下第一节引锭杆的尾部，便可使引锭头与铸坯脱开。

在现代板坯连铸机中，往往采用液压脱锭装置与小节距链式引锭杆和钩式引锭头配合使用。脱锭装置设置在拉矫机与切割设备之间，当引锭头通过最后一对夹持辊时，液压缸带动脱锭头上升，从而使引锭头与铸坯脱开。

脱锭装置一般由液压缸、脱锭头、导向框架组成。为了防止热辐射的影响，对靠近铸坯的部分应通

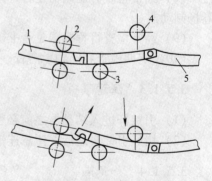

图 3-16　拉矫机脱锭示意图
1—铸坯；2—拉辊；3—下矫直辊；
4—上矫直辊；5—长节距引锭杆

水冷却。在各个铰链处进行强制集中干油润滑。

为了防止脱锭时铸坯与脱锭头相撞，以及脱锭头落下后引锭头又钩住铸坯，在引锭杆采用上装方式时除了升降液压缸外，还有一个移动液压缸。脱锭后移动液压缸快速动作，脱锭台架沿浇注方向运动，使引锭头与铸坯离开。

在设计脱引锭装置时，除了结构形式的选择外，主要就是确定脱锭力。在确定脱锭力时，一般不是根据计算，而是要考虑由于热变形、引锭头在使用一段时间后，会出现烧损、铸坯与引锭头粘连在一起，就需要很大的脱锭力。引锭杆链节之间如果卡死，也会增大脱锭力。因此在实际设计中，一般是根据铸坯规格和经验，取脱锭力 10~50t，即（1.0~5.0）×10^5N。很多连铸机在拉矫机上矫直辊前面、铸坯的下方安装一根液压驱动的顶杆，帮助铸坯与引锭头脱开。

B 脱引锭头的操作

引锭杆牵着铸坯通过拉矫机后，便完成了引坯任务，此时需要把引锭杆与铸坯分开，将引锭杆送入存放处，铸坯继续行进进入下道切割工序。这一操作就叫脱锭操作。具体操作步骤：

（1）在脱锭处准备好手动割枪、撬杠、钢丝绳等工具，以备机械脱锭失败紧急使用。

（2）密切注意铸机开浇后的引锭杆运动，排除任何运动障碍。

（3）启动气缸或油泵，顶动引锭头使引锭头与铸坯分开。

（4）启动气缸或油泵，顶动引锭杆的第一节链，使引锭杆与引锭头分开。

（5）采用拉矫机末辊运动脱锭的连铸机，按动按钮，压下拉矫机末辊，使引锭头与铸坯分开，然后再升起拉矫辊，待铸坯头部通过末辊后压下该拉矫辊（也可使引锭杆与引锭头分开）使引锭杆与铸坯分离。

（6）启动引锭运送装置，或启动铸机输送辊道，将引锭杆送入引锭存放装置。有些铸机还将运用吊车将引锭存放装置吊离铸机输送辊道区域。

（7）当采用自动脱锭装置时，脱锭、引锭杆回收都可自动操作，只要待引锭头到一定脱锭位置时，脱锭程序即会自动完成。

（8）某些小方坯连铸机，待引锭头进入脱锭区域，人工敲脱引锭杆与引锭头的连接销，即可达到引锭杆与引锭头的分离。也有些小方坯连铸机必须用手动割枪（或用铸坯切割装置），切割引锭头前的铸坯，将铸坯与引锭头分开。

（9）凡引锭头与引锭杆分离的脱锭方法，待铸坯切割、冷却后再拆卸引锭头。引锭头经清理、重整后，下一次浇注送引锭时装在引锭杆上。

 思考题

简述检查和使用铸坯引锭装置的操作步骤。

3.5.2 铸坯切割装置的检查和使用

3.5.2.1 实训目的

（1）掌握铸坯火焰切割装置的使用方法。

（2）能及时发现和处理发生的故障。

3.5.2.2　操作步骤或技能实施

（1）在手动操作时，应先开预热火焰，后开切割氧气；关闭时，应先关切割氧气，后关预热火焰。

（2）由人工定期往蜗杆、滑板、导轨、轨道、丝杆、齿条、齿轮上涂抹干油，向走行轮注油孔注入干油。

（3）经常检查各冷却水管线有无渗漏现象，检查切割枪、大梁和夹臂的冷却情况。

（4）检查各传动结构有无卡阻现象，各关节部位是否灵活。

（5）经常检查边部检测器位置是否准确。

（6）定期清理能源管道及各类阀的过滤网。

（7）如果火焰分散、不集中，应检查切割枪的割嘴是否有堵塞；如果割缝过大，应更换割嘴；如果割缝不在一条线上，应调整两枪的位置。

（8）经常检查能源管道是否有泄漏现象、减压阀压力是否正常。定期检查橡胶管道是否有老化现象。

（9）检查压缩空气管路有无泄漏现象、气缸有无内外泄漏。

3.5.2.3　注意事项

（1）严格按煤气操作规程进行，割枪点火顺序切勿颠倒，以免造成危害。

（2）调整好火焰长度及切割辊道设备，切勿损坏辊道。

3.5.2.4　知识点

钢液经过水冷结晶器的一次冷却装置和二冷段的二次冷却装置两次冷却之后，已基本上凝固。经过拉矫机，拉出已经矫直的铸坯。这时需要对铸坯进行切割。经切割后的铸坯应满足下道工序的定尺要求，而且能够满足铸坯的输出和存放。只有这样，才能够保证连铸工艺过程的顺利进行。所以，连铸机中的切割装置应具有以下两点功能要求：

（1）切割装置能够比较准确地把矫直后的铸坯，按照用户或下步工序的要求切割成定尺或数倍定尺长的铸坯。

（2）与经拉矫机拉出的铸坯同步运动，并在与铸坯同步运动中完成切割，切割动作应具有一定的速度，以防止铸坯切割时出现弯曲和其他缺陷。

目前连铸机上常用的切割装置主要有火焰切割机、机械剪和液压剪三种。这里主要介绍火焰切割装置。火焰切割机利用预热氧气和可燃气（乙炔、丙烷、天然气、焦炉煤气、氢气等）混合燃烧的火焰，将切缝处的金属熔化，同时用高压氧气把熔化的金属吹掉，直至把铸坯切断。火焰切割装置的优点是：设备轻，加工制造容易；切缝质量好，且不受铸坯温度和断面大小的限制；设备的外形尺寸较小，对多流连铸机尤为适合。缺点是切割时间长、切缝宽、材料损失大，切割时产生的烟雾和熔渣污染环境，需要繁重的清渣工作。金属损失大，约为铸坯重的1%~1.5%；切割速度较慢；在切割时产生氧化铁、废气和热量，需必要的运渣设备和除尘设施；当切割短定尺时需要增加二次切割；消耗大量的氧和燃气。

火焰切割原则上用于切割各种断面和温度的铸坯，但是就经济性而言，铸坯越厚，相应成本费用越低。因此，目前火焰切割广泛用于切割大断面铸坯。通常对坯厚在200mm以上的铸坯，几乎都采用火焰切割法切割。火焰切割机由车架及车体走行装置、同步机构、切割枪横移装置、切割枪、边部检测器等组成（见图3-17）。

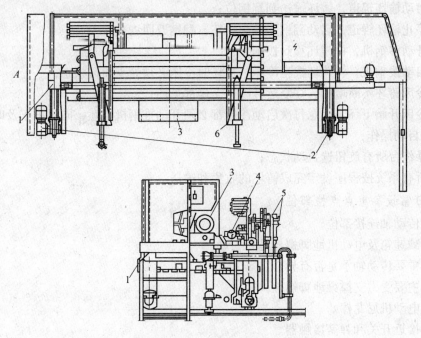

图 3-17 火焰切割机

1—车架；2—车体走行装置；3—同步机构；

4—切割机横移装置；5—切割枪；6—边部检测器

 思 考 题

简述检查和使用铸坯的切割装置的操作步骤。

3.5.3 铸坯输送及收集装置的检查和使用

3.5.3.1 实训目的

掌握铸坯输送及收集装置的检查和使用方法，能及时发现并排除发生的隐患。

3.5.3.2 操作步骤或技能实施

A 检查铸坯输送及收集装置

（1）启动输坯辊道，观察辊子有无偏摆、跳动、异响。

（2）接地检查弹簧接触器、限位等是否良好（选自动状态）。

（3）试运行翻钢机、移钢机、拨钢机是否有卡阻，有无漏油、气现象。

（4）开动步进冷床上下前后往复运转，观察是否平稳到位，有无异响。

（5）启动推钢，观察有无卡阻，原限位和前限位是否起作用。

B　使用铸坯输送和收集装置

（1）手动操作：

1）操作台选手动操作；

2）启动输坯辊道，铸坯输送到翻钢位；

3）停止输坯辊道，启动翻钢，翻起铸坯，翻钢返回；

4）开动移钢机，把铸坯移到拨钢位；

5）启动拨钢机，将铸坯拨至冷床，拨坯时冷床必须处于前行状态；

6）冷床铸坯不断增加，往复运转冷床至尾部下坯；

7）冷床开始下坯，注意每次启动冷床都必须开动推钢机推坯，同时吊车及时吊坯。

（2）自动操作：

1）操作台所有旋钮选自动状态；

2）所有系统按程序设定完成铸坯的收集和输送。

C　日常设备重点点检部位

（1）传动轴连接部位。

（2）减速箱及电动机地脚螺栓是否松动。

（3）主要传动轴承是否有异音。

（4）主要受力支撑梁地脚螺栓。

（5）电动机尼龙棒。

（6）接近开关和弹簧接触器。

（7）冷床传动轴铜套磨损。

3.5.3.3　注意事项

（1）所有接近开关完好（检查试车时发现并处理）。

（2）接触器完好，无接地可能，否则将因设备误动作造成生产和设备事故。

3.5.3.4　知识点

连铸坯经切割成定尺长度后，需要进行输送，这样才能保证连铸机的连续生产。铸坯输出装置的作用是把切成定尺的铸坯输送到精整跨进行打印、冷却、精整、出坯。铸坯输出装置主要包括输送辊道、铸坯的横移设备、冷却设备及铸坯表面清理设备等。

A　铸坯输送辊道

在连铸主体设备中，铸坯辊道输送的任务是准确而平稳地输送铸坯。

输送辊道所用的辊子形状，一般为圆柱形光面，或圆柱形凹凸面或盘形等。输送辊道的结构如图3-18所示。输送辊道的辊面标高，一般与拉矫机的下工作辊辊面相同，呈水平布置。

在火焰切割区的辊道大多采用浮动式。当割炬运动到辊子处时，辊子会自动下移，避开切割火焰，当割炬复位后，辊子又自动回升到原来的位置。

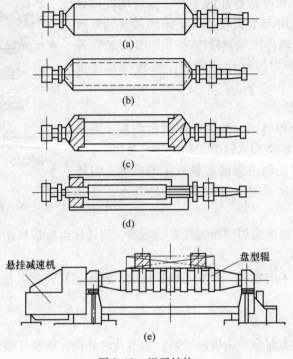

图 3-18 辊子结构

（a）实心铸辊；（b）锻造轴端的空心辊；

（c）焊接轴端的空心辊；（d）凸铸铁辊；（e）花面辊道

B 铸坯横移设备

铸坯的横移设备是用来横向移动铸坯并达到所需要求。它主要包括推钢机和拉钢机等。

a 推钢机

推钢机的类型有液压传动和电气传动两种。液压推钢机的特点是动作平稳，但不便于维护，易泄漏，造成污染。电动推钢机特点是易于维护，但设备体积大。推钢机由推头中间包车、摆杆同步轴和液压缸等部分组成。液压缸布置在负荷和支撑之间，在行程上起放大作用。推头的行程可以通过行程开关来控制。

b 拉钢机

拉钢机的类型有钢绳传动和链传动等两种。其结构如图 3-19 所示。它由电动机、减速器、钢绳和拨爪等部分组成。拨爪安装在钢绳上，通过电动机，带动减速器和滚筒，使缠绕在滚筒上的钢绳和拨爪牵引铸坯运动。调节相邻两拨爪之间的距离可以改变一次拉出铸坯的个数。

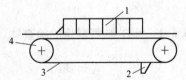

图 3-19 拉钢机简图

1—铸坯；2—拨爪；

3—钢绳；4—滚筒

C 冷却设备

冷却设备是用来冷却铸坯。它主要包括冷床和强制冷却装置等。

a 冷床

冷床是一个收集和冷却铸坯的平台。当铸坯冷却到一定程度时，就可以用起重机和吊具把铸坯吊装到堆放处。冷床的类型有滑轨冷床和翻转冷床（见图3-20）等两种。翻转冷床能够均匀地冷却铸坯，而且冷却速度较快。

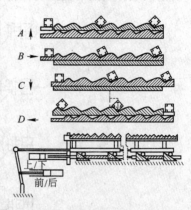

图 3-20 翻转冷床式步进冷床

b 强制冷却装置

为减少铸坯的冷却时间，减少冷床所占面积，可采用强制冷却装置。它的类型有辊道式和链带式两种。

辊道式冷却装置的辊道周围布置较多的喷嘴，当铸坯由辊道输送时，能接受辊道周围喷出的冷却水，使铸坯得到快速冷却。

链带式冷却装置的链带周围布置较多的喷嘴，当铸坯由链带输送时，并受到链带周围喷出的冷却水的冷却。

随着连铸生产技术的发展，开发了热装热送，连铸连轧等新工艺。因此连铸坯的冷却设备将逐渐减少。

D 铸坯表面清理设备

连铸生产的铸坯有时会产生表面缺陷，如不及时处理，则在轧制过程中会造成钢材的表面缺陷。常用的铸坯清理装置有火焰清理机、氧—乙炔手工割炬、手提砂轮机及风铲等类型。

思考题

（1）如何检查铸坯输送及收集装置？
（2）怎样使用铸坯输送及收集装置？
（3）连铸坯输出装置的作用？
（4）输送辊道的任务？

3.6 其他工具的检查和使用

3.6.1 手工氧气割炬的检查

3.6.1.1 实训目的

学会检查手工氧气割炬，确保使用安全。

3.6.1.2 操作步骤或技能实施

（1）烧割前详细检查氧气阀、皮管、割刀器具是否畅通，有无堵塞，有关氧气和乙炔气（丙烷等）的管路上不得有漏气现象及粘有油污，割刀要有抽力（包括熄火中断），应远离明火，并在发生器上标有"火不可尽"。

（2）氧气、乙炔气皮带在距割炬 2m 内不得有结扎连接，防止火星飞溅及连接的皮管应紧密、不可漏气。必须使用规范的夹头连接割炬、皮管。

（3）使用前必须先开少量乙炔，然后点燃火源，最后再调整火焰至最佳状态。

（4）使用完毕后，必须先关闭乙炔气阀，然后再关闭氧气阀门，最后还须将氧气割炬收起并远离明火。

3.6.1.3 注意事项

（1）检查漏气时，切勿用明火进行检查。

（2）穿氧气皮管、乙炔皮管时，应注意车辆来往，暴露在马路及车辆经过的地方，应做好保护措施，防止挤轧。

3.6.1.4 知识点

手工氧气割炬主要是用来切割铸坯，还可切割钢板等。

检查手工氧气割炬的目的：一是防止割炬有泄漏现象，以防使用时伤人伤己；二是一旦发现不能正常切割，应及时修复或调换。

检查手工割炬时应注意：不得带有明火检查。因为如果割炬有泄漏，明火易燃，易烫伤人。检查时还必须做好防范措施，如戴墨镜、电皮手套等等。

思 考 题

检查手工氧气割炬要注意哪些问题？

3.6.2 手工氧气割炬的使用

3.6.2.1 实训目的

能正确、安全使用手工氧气割炬，确保生产顺利进行。

3.6.2.2 操作步骤或技能实施

（1）检查并确认手工氧气割炬是否符合使用要求。防护用品是否齐备或穿戴整齐。

（2）先开乙炔，点燃后逐步开启慢风阀。

（3）点火。

（4）调整慢风阀和乙炔阀将火焰调整至最佳状态。

（5）对准切割对象边缘，进行预热。

（6）当表面红热氧化，再开快风阀进行切割（起步时稍慢，待打穿后再开始进刀）。

（7）切割完毕，先关乙炔气阀，再关闭氧气阀。

（8）清理手工氧气割炬，以备后用。

3.6.2.3 注意事项

（1）发生割炬回火，应立即关闭慢风阀和乙炔气阀，再关闭氧气阀，检查回火原因，排除故障，方可使用。

（2）烧割废钢或其他物件时，应注意落物伤人，高空烧割时，要用缆绳扣牢物件，防止跌落，发生意外。

3.6.2.4　知识点

A　手工氧气割炬的作用与特点

手工氧气割炬是一种通过手工操作来调节介质气体流量的火焰清理、切割工具。手工氧气割炬的原理是利用预热氧气和乙炔燃气介质的混合气体，在喷嘴口点火燃烧产生高热量的火焰来熔化局部金属，同时由喷嘴口喷出高压、高速的切割氧气把熔化的金属氧化并吹掉，从而实现对铸坯的火焰清理与火焰切割。手工氧气割炬具有结构简单、使用轻便、操作灵活、适用面广、作业场合较少限制等优点，但也存在操作条件差、污染严重、金属切损量较大等缺点。

B　手工氧气割炬的主要结构、组成与类型

手工氧气割炬主要由喷嘴、枪头、氧气输送管、燃气输送管、枪体、手柄、氧气流量调节阀、燃气流量调节阀、介质软管接头等部件组成。如图3-21所示。

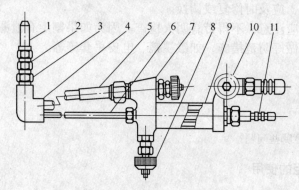

图3-21　手工氧气割炬结构简图

1—喷嘴头；2—锁紧螺母；3—喷嘴本体；4—枪头；5—燃气输送管；6—氧气输送管；
7—枪体；8—氧气流量调节阀；9—手柄；10—旋塞；11—介质软管接头

a　喷嘴

喷嘴是手工氧气割炬中的重要部件，它直接关系到手工氧气割炬的火焰清理，火焰切割的作业效率与工作质量。喷嘴结构形式如图3-22所示。一般手工氧气割炬的喷嘴为内混式喷嘴，即预热氧气和燃气介质在喷嘴内部混合、在喷出喷嘴后点火燃烧，当喷嘴接近铸坯表面时才能进行火焰清理与火焰切割。

制造喷嘴的材料一般为铜合金，因为它具有耐高温、导热性好，在高温下不氧化且不与铁发生化学反应等特性。

b　枪头

枪头的作用是连接喷嘴和氧气输送管及燃气输送管，并使不同的介质气体通过输气分配管道与喷嘴上相应的介质气体通道相通。在枪头内的输气分配管道中，氧气管道分为预热氧气和切割氧气两路气流，并分别满足手工氧气割炬的火焰清理与切割要求。

按手工氧气割炬的不同用途，枪头的形状有直角弯曲形和直形两种类型。

c 氧气输送管、燃气输送管

氧气输送管和燃气输送管的作用是分别输送氧气与乙炔燃气，连接枪头和枪体。

按手工氧气割炬的不同用途，氧气输送管和燃气输送管长度有普通型、加长型和特长型等类型。

d 枪体

枪体内部设置氧气和燃气输气管道，主要用于连接氧气输送管、燃气输送管和手柄，并安装氧气流量调节阀、燃气流量调节阀。

枪体与手柄、氧气输送管、燃气输送管、枪头等部件构成手工氧气割炬的主体结构。

e 手柄

手柄内部也设置氧气和燃气输气管道，用于连接枪体和氧气、燃气软管接头，并作为手工操作把持部分。

f 氧气流量调节阀

氧气流量调节阀的作用是调节进入枪体内的切割氧气流量大小，以满足火焰清理和火焰切割作业时，对切割氧气流量大小的需要。氧气流量调节阀设置在枪体顶部。

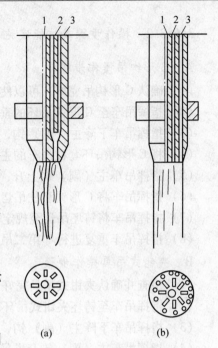

图 3-22 喷嘴结构简图
（a）内混式；（b）外混式
1—切割氧气入口；2—预热用氧气入口；
3—预热用乙炔燃气入口

g 燃气流量调节阀

燃气流量调节阀的作用是调节、设定进入枪体内的乙炔燃气流量大小，以满足火焰清理和火焰切割作业时，对乙炔燃气流量大小的需要。燃气流量调节阀设置在枪体后侧部。

h 介质软管接头

介质软管接头包括氧气软管接头和乙炔燃气软管接头两部分，它们的一端设置在手柄的介质输入端，另一端分别与氧气供应橡胶软管和乙炔燃气供应橡胶软管相连接。

手工氧气割炬主要有普通型弯曲枪头割炬、加长型直形枪头割炬及特长型弯曲枪头割炬等类型。

 思考题

（1）如何正确使用手工氧气割炬？
（2）手工氧气割炬有什么作用，其原理是什么？
（3）手工氧气割炬有哪些主要特点？

3.6.3 各类吊具的检查和使用

3.6.3.1 实训目的

掌握现场各类吊具的使用方法，安全使用各类吊具，避免误操作。

3.6.3.2　操作步骤或技能实施

A　C 形钩吊操作步骤

(1) 确认 C 形钩吊完好，可以使用。

(2) 指挥吊车至 C 形钩吊环的垂直上方。

(3) 指挥吊车下降主（副）钩，至合适高度。

(4) 将 C 形钩吊环套在吊车的主（副）钩上。

(5) 指挥吊车主（副）钩上升，并指挥吊车开至吊运区域。

(6) 指挥吊车将 C 形钩套住吊运铸坯（注意吊物的重心位置）。

(7) 指挥吊车将铸坯吊运至规定位置，一根拉杆脱钩，放下铸坯，移出 C 形钩。

(8) 指挥吊车重复进行"第二吊"的起吊工作。

B　夹钳式吊具操作步骤

(1) 检查并确认夹钳式吊具完好、可以使用。

(2) 指挥吊车至铸坯夹钳式吊环垂直上方。

(3) 指挥吊车下降主（副）钩，至合适高度。

(4) 指挥吊车主（副）钩套进吊环中。

(5) 指挥吊车主（副）钩上升，并指挥吊车开至吊运区域。

(6) 指挥吊车将夹钳夹住需吊运的铸坯。

(7) 指挥吊车将铸坯吊运至规定位置，指挥吊车主（副）钩下降，一根拉杆脱离夹钳，下放铸坯，移出夹钳。

(8) 指挥吊车重复进行"第二吊"的起吊工作。

C　电磁吸盘操作步骤

(1) 检查电磁吸盘是否完好（由吊车驾驶员负责）。

(2) 指挥吊车开至吊运区域。

(3) 指挥吊车主（副）钩下降至铸坯上面。

(4) 开始起吊（由吊车驾驶员负责接通电源，电磁吸盘通电）。

(5) 指挥吊车将铸坯吊运至所需位置。

(6) 指挥吊车将所吊铸坯下放至规定场地，并切断吸盘电源。

(7) 指挥吊车主（副）钩上升（连同电磁盘一起上升）。

(8) 指挥吊车重复进行"第二吊"的起吊工作。

3.6.3.3　注意事项

(1) 使用前必须严格检查各类吊索具，如有损伤应及时更换。

(2) 注意吊车吊具与起吊物体之间位置关系，原则上应处在垂直的位置。

(3) 吊运物体注意物体的重心，注意人站立的位置和周围环境，确保意外时，人有避让退路。

(4) 吊车起吊时，如需用手拉住链条或吊环，应注意手握位置，以防夹住或被物体压伤。

（5）吊运的铸坯下面，严禁人员站立或走动。

3.6.3.4 知识点

铸坯吊具主要用于铸坯的吊运。常用的铸坯吊具有C形钩吊、夹钳式吊具和电磁吸盘三种。

A C形钩吊

C形钩吊如图3-23所示。它是由C形钩和拉杆组成。吊动时，C形钩从铸坯垂直方向进入铸坯底部，通过吊车带动拉杆，将铸坯抬起，然后将一根拉杆脱钩，完成卸坯动作。C形钩吊结构简单，但操作不方便，通常只用于小方坯吊运。

B 夹钳式吊具

夹钳式吊具如图3-24所示。它是由支撑爪、下横梁、立杆、拉杆、上横梁、钟乳形挡块和锥形滑块等组成。吊运时，支撑爪张开，将铸坯卡在中间，然后支撑爪闭合，实现吊运操作。卸坯时支撑爪张开即可。夹钳吊操作方便，使用广泛。

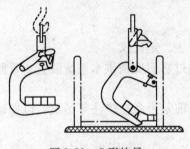 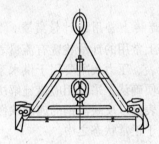

图3-23 C形钩吊　　　　　　　　　　图3-24 夹钳式吊具

C 电磁吸盘

电磁吸盘是利用通电时磁盘产生的吸引力把铸坯吊起，然后利用断电时吸引力消失把铸坯卸下。电磁吸盘吊具灵活方便，且不受铸坯高度限制，但起吊铸坯的温度不宜过高，否则会损坏磁盘，通常铸坯温度应小于450℃。

 思 考 题

如何检查和使用各类吊具?

3.6.4 计量装置的检查和使用

3.6.4.1 实训目的

掌握各类计量装置的使用方法。

3.6.4.2 操作步骤或技能实施

A 检查计量装置的操作步骤

（1）使用的计量装置是否在有效期内，是否定期进行校验。

（2）计量装置所读的数值是否正常，出现异常时要分析原因。

（3）计量装置的运行是否正常。

（4）需点检的计量装置是否进行过点检。

B　使用计量装置的操作步骤

（1）确认计量装置完好，可以使用。

（2）根据工艺需要，调节或控制有关参数至最佳值。

（3）按规程规定，定期记录有关参数值。

（4）必要时，对计量数据进行分析。

3.6.4.3　注意事项

（1）计量装置必须处于受控状态。

（2）计量数据出现异常时，要及时分析，找出原因，采取相应措施解决。

3.6.4.4　知识点

A　连铸上常用的计量装置

连铸上常用的计量装置有流量表、压力表、拉速表，定尺仪。

流量表、压力表主要用于供水系统，浇注中，通过它们反映供水系统装置、管路是否漏水，以便确认，采取相应措施解决。

拉速表可以反映浇钢的速度快慢、是否平稳及目前是否尚在浇注等情况，以便确认生产是否处于正常状态之中。

而定尺仪（m）则是反映所浇出的铸坯长度多少（m），实际生产中，一般允许存在一定的正负误差值。如：浇注长度为12m的铸坯时，一般铸坯如在11.95～12.05m范围内，均作合格坯料。

B　检查计量装置的目的

检查计量装置的目的是为了确保其完好，使其准确记录数值，反映生产实际情况。一旦出现异常应立即予以解决。

C　计量装置处于受控状态的原因

数值计量在实际生产中起着很大作用，计量装置处于受控状态，是为了确保其完好正常。如果一旦出现故障，可以马上采取措施，及时解决问题。同时，准确记录的数值可以为有关部门作定量分析和定性分析参考。

 思考题

如何检查与使用计量装置？

3.6.5　检测器具的检查和使用

3.6.5.1　实训目的

掌握各类检测器具的使用方法。

3.6.5.2　操作步骤或技能实施

A　检查检测器具的操作步骤

(1) 使用的检测器具是否在有效期内，是否定期进行校验。

(2) 检测器具所标的数值是否正常、准确。

(3) 检测器具的连接处是否灵活方便。

B　使用检测器具的操作步骤

(1) 确认检测器具完好，可以使用。

(2) 根据工艺需要，调节或控制有关数值全最佳值。

(3) 按规程规定，定期记录有关参数值。

(4) 必要时，对检测数据进行分析。

3.6.5.3　注意事项

(1) 检测器具必须处于受控状态。

(2) 检测器具出现异常时，要及时分析，找出原因，并采取相应措施加以解决。

3.6.5.4　知识点

A　连铸上常用的检测器具

连铸常用的检测器具主要有：测温仪、液面自动检测仪、卡尺、水平尺等。

测温仪主要用于对钢包、中间包内的钢水温度进行测定，根据所检测的数值确定浇注速度。

液面自动检测仪主要用于对浇注中的结晶器钢液面进行控制，使之始终自动控制在允许正常范围内，根据所检测的数值可以提供铸坯质量信息。

卡尺一般用于检测结晶器断面尺寸是否出现变形。水平尺一般用于检验振动台、拉矫、二冷托辊是否水平。

B　检查检测器具的目的

检查检测器具的目的是为了确认其完好，能满足工艺需要，反映生产实际情况，根据所检测的数值，必要时可做定性分析。

C　检测器具处于受控状态的原因

检测器具的准确使用在实际工作中起很重要的作用，使其处于受控状态，是为了确保其完好正常，以便正常记录所测数值，为必要时进行定性分析提供依据。

对于其出现的故障和损坏，一经发现，应及时修复和更换。

思 考 题

如何检查与使用检测器具？

实训项目4 连铸自动控制

4.1 检查计算机

4.1.1 实训目的

学会检查计算机是否完好，确保生产顺利进行。

4.1.2 操作步骤或技能实施

（1）接通电源，开启计算机，按开机程序进行基本操作，确认计算机运行良好。

（2）根据连铸生产过程所使用的画面逐幅察看计算机画面是否正常，各种数据是否准确。

4.1.3 注意事项

操作时要仔细小心，避免误操作导致计算机数据丢失或损坏。

4.1.4 知识点

连铸采用计算机控制目的主要有以下几个方面：

（1）管理级计算机采集数据便于打印报表及分析现场生产状况，同时可以进行铸坯质量跟踪，控制铸坯的质量，可减少管理人员及提高生产水平。

（2）控制级计算机（包括 PLC）主要用于连铸的自动控制，如中间包液面自动控制，结晶器液面自动控制，二次冷却水量自动控制，自动定尺控制，最佳原坯数量的优化控制等。对提高铸坯质量提高钢水收得率起到重要作用。

（3）改善工作条件和节省人力。

连铸采用计算机按用途可分为哪两级，各起什么作用？

4.2 使用计算机及计算器具

4.2.1 实训目的

能正确使用计算机和计算器具对数据进行准确记录、计算和分析，并加以必要的处理。

4.2.2 操作步骤或技能实施

(1) 确认计算机和计算器具完好可用。

(2) 根据工艺卡所规定的数据及作业计划正确地输入所浇钢种及铸坯断面尺寸等相应数据。

(3) 数据输入后，计算机会根据生产情况自动控制调整各种技术参数，操作人员可根据各种不同的画面监察计算机运行状况。

4.2.3 注意事项

数据输入一定要按生产指令所规定的操作规程或工艺卡准确输送到位。

思 考 题

连铸计算机自动控制的操作内容有哪几项？

4.3 计算机仿真连铸操作

4.3.1 实训目的

掌握计算机仿真连铸操作，熟悉连铸操作全过程。

4.3.2 操作步骤或技能实施

(1) 启动计算机，打开连铸操作程序。

(2) 启动程序，进入准备模式。

(3) 确认插入条件满足后，将连铸操作进入插入模式。

(4) 完成引锭杆送、塞操作后，将连铸操作进入保持式。

(5) 确认开浇条件满足后，将连铸操作进入铸造模式。

(6) 铸坯尾部出结晶器后，将连铸操作进入引拔模式。

(7) 在尾坯经切割进入冷床后，整个连铸操作程序结束，关闭计算机。

4.3.3 注意事项

(1) 操作模式转化时，必须确认可转化条件。

(2) 模式转化须按顺序进行，每一模式只能做特定的工作。

4.3.4 知识点

4.3.4.1 连铸工艺基本流程

连铸工艺基本流程为：钢包（钢包回转台）→中间包（中间包车）→结晶器（结晶器振动装置）→二次冷却支导装置（水喷淋）→拉矫装置→切割装置→出坯装置。

4.3.4.2　连铸岗位及主要工作内容

根据连铸工艺流程，连铸岗位有：钢包准备、中间包准备、钢包操作、连铸浇钢操作、加渣操作、二冷操作、切割操作、出坯操作、主控操作、主电操作和精整操作。

各岗位主要工作内容如下：

(1) 钢包准备。负责钢包砌筑、烘烤、清理、拆包及滑板、水口、透气塞等安装。

(2) 中间包准备。负责中间包砌筑、烘烤、拆衬及滑板、塞棒等安装。

(3) 钢包操作。负责钢包回转台操作，钢包钢流控制及长水口安装等。

(4) 连铸浇钢操作。负责中间包车操作，结晶器液面控制、连铸机拉速控制等。

(5) 加渣操作。负责结晶器保护渣加入及液面清理。

(6) 二冷操作。负责检查二次冷却状况，确保二冷喷嘴位置正确，喷水畅通，铸坯冷却正常。

(7) 切割操作。负责切割中间包车的操作，按定尺要求对铸坯进行切割。

(8) 出坯操作。负责输送辊道、推钢机等操作，将铸坯送出连铸机。

(9) 主控操作。负责对连铸机运行过程中各运行参数的设定、监察和记录。

(10) 主电操作。负责对连铸电气设备运行的监视和处理。

(11) 精整操作。负责按铸坯质量标准对铸坯进行检查和精整。

(12) 机长。负责整台铸机运行的协调和指挥。

4.3.4.3　连铸机运行模式

连铸机运行通常可分为五个模式：准备模式、插入模式、保持模式、浇注模式和引拔模式（见图 4-1）。关系图中的箭头表示转化顺序，各模式运行含义如下：

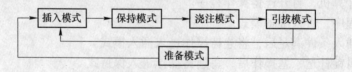

图 4-1　连铸机运行模式示意图

A　准备模式

连铸机在准备模式状态下，全部设备都能进行单独运转，并保持安全运转所需要的保护联锁装置，设备之间的联动关系均被解除。在准备模式状态下，连铸设备可以进行维修和调整，为连铸机进入以后各阶段的运转模式做好准备；向连铸机提供稳定的能源、介质供应，准备模式只能在尾坯输出模式完成后进行。

B　插入模式（送引锭模式）

连铸机在送引锭模式状态下，能进行安装引锭杆的作业，将引锭头装入结晶器内规定的位置上。用上装式引锭杆的连铸机，送引锭模式可在准备模式完成、送引锭条件满足、确认后进行；用上装式引锭杆的连铸机，送引锭模式也可在尾坯输出模式尚在进行中进行（即铸坯末端通过某一特定驱动辊之后），从而充分发挥上装式引锭杆的优势，提高连铸机的作业率。

C 保持模式

连铸机在保持模式状态下,处于一种等待浇注的锁定状态,它可在送引锭模式完成、确认后进行。此时引锭头在结晶器内的规定位置上不允许移动;压紧引锭杆的驱动辊处于制动状态;结晶器振动装置、拉矫驱动装置等不允许进行操作;此时应对结晶器内引锭头进行密封、铺设铁屑及冷却块等工艺操作。

D 浇注模式

连铸机在浇注模式状态下能进行浇注作业,并使引锭杆完成引锭循环、自动回收的过程。它可在保持模式完成、浇注条件满足、确认后进行。在浇注模式状态下,钢水通过钢包滑动水口控制装置进入中间包;当中间包内的钢水重量达到规定的开浇重量时,中间包的塞棒或滑动水口打开,控制钢水注入结晶器;当结晶器内钢液面高度达到设定值时,由机长发出起步操作命令,使连铸机拉矫驱动装置开始拉坯运行、结晶器振动装置自动启动、二次冷却装置自动开始喷水。拉矫驱动装置的拉坯速度通过拉速设定器手动给定,同时铸坯跟踪控制系统会自动开始工作,连续检测引锭杆的尾部和头部等位置,控制拉矫驱动辊的升降、液压传动的压力切换及两次冷动装置中各喷嘴的喷水顺序等,并使引锭杆和铸坯能顺利通过辊列。当完成脱锭后,引锭杆将被安放在回收装置上,实现整个引锭循环过程。在浇注模式状态下,连铸机可以实施钢包交换、中间包更换等多炉连浇作业。

E 引拔模式(尾坯输出模式含重拉坯模式)

连铸机在尾坯输出模式状态下,能进行浇注结束时的尾坯输出作业。当连铸机发生浇注故障或事故时,连铸操作人员应立即切断和撤出钢水源,防止钢水继续泄出、扩大事故,要尽快清理辊列内的红热残坯,因为残坯凝塞在辊列内会给事故的处理增加难度。如辊列内的尾坯无法用正常的尾坯输出模式拉出,就应选择重拉坯模式,将尾坯强行拉出。尾坯输出模式可在钢包和中间包内钢水相继浇注完毕、结晶器内钢液面完成封顶工艺操作后进行。此时尾坯跟踪控制系统会自动开始工作,连续检测尾坯的移动位置、控制结晶器振动装置自动停止振动、相继抬起有关的拉矫驱动辊、各组拉矫驱动装置停止运转、二次冷却装置中各喷嘴关闭等。尾坯输出模式自动结束后,连铸设备的运转状态又自动转换到准备模式,完成一个周期的循环。

4.3.4.4 连铸设备运转模式转换的周期性、方向性、顺序性

连铸机运转模式的转换具有周期性、方向性、顺序性等3大特点。

A 周期性

连铸机运转模式的转换是一个呈周期性变换的封闭循环过程,有外环和内环两条路径,外环路径在尾坯输出模式后要通过准备模式才能进入送引锭模式,而内环路径在尾坯输出方式后可直接进入送引锭模式。

B 方向性

连铸机运转模式的转换是有方向性的,它只能顺着运转模式相互关联框图的箭头方向进行转换,而不能逆向转换;因此在连铸作业的操作过程中,对设备运转模式的转换操作必须慎重,在转换之前必须检查、确认下一个运转方式的运转条件及有关设备的运行位置,待合格后才能实施运转方式的转换操作。

C 顺序性

连铸机运转方式的转换和传递必须按照先后顺序进行。连铸操作人员只有按照每次运转方式规定的操作完成后，才可选择下一种运转方式。

4.3.4.5 连铸设备运转程序

连铸设备的运转程序是指连铸机在不同运转模式状态下，各设备运转的先后顺序，一般通过自动控制及手动操作来实现。

下面以上装式引锭杆的板坯连铸机为例，说明连铸设备的运转程序。

A 准备模式设备运转程序

当尾坯输出模式完成后连铸机会自动转换为准备模式状态，连铸操作人员要全面检查、确认连铸机各系统设备是否正常、完好，及时处理设备问题和故障，并进行调整检修或更换；在准备模式完成前，还必须做好与确认送引锭的插入条件，并对连铸机的电控系统进行总复位及清零处理。

B 送引锭模式设备运转程序

当进入送引锭模式时，连铸操作人员必须观察操作监视画面，待显示"插入准备完"信号后，才能进行引锭杆的插入作业。送引锭模式的运转程序为：

（1）引锭杆车从提升侧运行到插入侧位置，会自动停车。

（2）引锭杆车的输送链反向运转，使输送链的插入挂钩与引锭头的钩轮钩住，然后输送链正向运转，输送引锭杆到结晶器内，同时安装在输送链传动装置的脉冲计数器开始计数。当引锭杆尾部接近结晶器上口位置时，连铸操作人员应确认引锭杆是否在结晶器的中央位置，并进行对中操作，使引锭杆继续以低速运行。

（3）当引锭杆尾部通过结晶器后，连铸操作人员应再次确认引锭杆是否在结晶器的中央位置，如果偏离则进行对中操作。当引锭头到达插入挂钩脱钩位置后，输送链运转自动停止。在驱动辊压紧引锭杆以后，再启动输送链运转，实现引锭头与输送链之间脱钩；然后输送链运转到脱钩位置上自动停止。

（4）引锭杆车的输送链停止运转后，就可采取点动操作驱动辊使引锭杆继续插入，此时引锭杆跟踪系统进行初始化，安装在外弧驱动辊上的脉冲计数器开始计数；当引锭头顶面到达相距结晶器上口550mm位置时，停止对驱动辊的点动操作，此时整个引锭杆被压紧、锁定在连铸机的辊列中，送引锭过程确认结束。

（5）开始烘烤中间包，当中间包车到达烘烤位置后，将中间包由高位下降到低位，然后使中间包的滑动水口伸入到水口烘烤炉内进行烘烤，连铸操作人员将中间包烘烤装置的燃气供给系统打开、点燃并放下烘烤臂，使烘烤臂上的烧嘴对准中间包盖上的烘烤孔并进行烘烤，烘烤臂的放下角度可用手动操作调节。

C 保持模式设备运转程序

连铸机的保持模式必须在送引锭操作全部结束、确认后才允许选择，保持模式的时间一般不大于1h。保持模式的运转程序为：

（1）连铸操作人员首先完成引锭头在结晶器内的引流砂密封、涂胶密封、铺设铁屑及冷却块、结晶器壁涂油等工艺操作。

（2）当钢水到位开始浇注前，停止烘烤中间包，并关闭中间包烘烤装置各烧嘴的火焰燃气供给系统，抬起烘烤臂，将中间包由低位上升到高位，此时中间包的滑动水口应伸出水口烘烤炉盖外。

（3）将中间包车从烘烤位快速运行到浇注位置停车后，将中间包下降到低位，使中间包的滑动水口伸入到结晶器内，然后进行左右、前后方向的对中操作。

（4）钢包回转台在出钢跨受包、称量，并进行加盖操作，然后钢包回转台开始旋转，钢包到达浇注位置后停止，夹紧装置将钢包回转台锁定。此时连铸操作人员进行钢包滑动水口液压缸的安装及钢包长水口的安装；最后将钢包回转台的转臂由高位降至低位。

D　注模式设备运转程序

连铸机的浇注模式必须在保持模式以后、所有浇注条件都已满足、确认后才允许选择。连铸操作人员必须观察浇注侧的悬挂操作箱，待出现"浇注准备完"信号才能进行开浇作业。浇注模式的运转程序为：

（1）打开钢包滑动水口，钢水经长水口流入中间包并进行称量，在中间包内钢水重量达到规定的开浇重量后，打开中间包的塞棒，控制钢水的流量注入结晶器，当结晶器内的钢水液位上升到距结晶器上口约 100mm 时，由连铸操作人员按下"浇注起步"电钮。按所设定的拉坯初速度开浇，此时拉矫驱动装置各驱动辊按拉坯方向自动转动，结晶器振动装置自动振动，铸坯跟踪装置开始工作，二次冷却一区、二区的冷却水阀自动打开，开浇后的拉坯速度按工艺操作要求增加。当中间包、结晶器内钢液面高度稳定、拉速正常时，即可投入和切换中间包钢水重量及结晶器钢液面高度自动控制设施。

（2）铸坯跟踪装置自动投入后，即对引锭杆尾部和头部位置进行连续的跟踪、检测，当引锭头在拉坯过程中接近二冷段某一冷却区时，该区冷却水、气等阀即自动打开，并由仪表集散系统控制冷却水的流量。

（3）当引锭杆尾部到达提升位置时，光电管发出信号，引锭杆开始提升并钩住引锭杆尾部两侧的钩轮。当引锭头到达脱锭位置时，光电管发出信号，自动完成脱锭过程，将引锭头与铸坯分离。当发生引锭杆提升或脱锭失败时，连铸操作人员必须采取手动操作进行强制干预，以确保运转成功。

（4）引锭杆被提升到位时，引锭杆车输送链会自动正向运转，使输送链的提升挂钩钩住引锭杆尾部的钩轮，经光电管检测确认无误后，输送链自动将引锭杆卷上并拖拉到引锭杆车上回收，为下一个送引锭循环做准备。当发现自动运转过程出现故障时，应立即转换为手动操作。铸坯被连续拉出辊列后，被切割成定尺长度，再经去除毛刺、喷印后由推钢机、垛板台进行堆垛、冷却，等待精整处理。

E　尾坯输出模式设备运转程序

连铸机的尾坯输出模式必须在浇注模式以后，浇注全部结束、结晶器完成封顶工艺操作才允许选择。尾坯输出模式的运转程序为：

（1）当末包钢包、中间包浇注完毕时，中间包车快速将中间包向放渣位置运行，并由浇注跨吊车将其吊离下线。此时拉坯速度已降至最低，连铸操作人员仍在结晶器内进行封顶工艺操作，待封顶完成，拉坯速度开始提升后，就可将浇注模式转换到尾坯输出模式。

（2）连铸机进入尾坯输出模式时，铸坯跟踪系统会自动进行连续的跟踪、检测，安装在内弧工作辊上的脉冲计数器开始计数。当尾坯通过结晶器、二次冷却装置时，结晶器振动装置会自动停止振动；各冷却区的冷却水、气阀会自动关闭，并按尾坯冲洗程序自动进行冲洗；当尾坯通过最后一对工作辊时，尾坯输出模式自动结束，连铸机的运转模式又自动转换到准备模式。当尾坯已通过夹辊，但还未通过最后拉辊时，如果连铸机已做好送引锭准备，连铸操作人员可将连铸机运转模式状态切换到送引锭模式状态上，这时连铸机的运转模式状态就可以跳过准备模式状态，直接由尾坯输出模式状态进入送引锭模式状态，将引锭杆重新插入连铸机辊列，开始新的引锭、浇注循环。

4.3.4.6　连铸设备运转相关条件

连铸设备的运转相关条件是指连铸机在不同运转模式下必须具备的保障条件，它由连铸控制室的操作监视画面上显示。

下面以上装式引锭杆的板坯连铸机为例，说明连铸设备的运转相关条件。

A　送引锭模式应具备的运转相关条件

（1）电气、仪表系统电源供应正常，各系统的可编程序控制器（PLC）运行状态正常，各远程操作台、盘、箱状态正常。

（2）液压站供应连铸机主体设备的各机组运行正常，各级液压压力到位，蓄能器的压力正常。

（3）集中润滑站的各机组运行正常。

（4）设备的冷却水供应到位、压力正常。

（5）各驱动辊已处在运转状态，各制动器状态正常。

（6）快速更换台已处在浇注位置。

（7）结晶器的振动装置处在停止状态。

（8）各工作辊的运转、升降等操作选择自动模式。

（9）引锭杆车在浇注侧位置，传动装置与操作系统状态正常，引锭杆车的运行、输送链传动等操作选择自动模式，引锭杆车的止挡板处在下限位置。

（10）引锭杆处在引锭杆车的对中与起始位置。

（11）紧急停车信号已复位。

（12）各扇形段的框架夹紧状态正常。

（13）引锭杆的提升装置状态正常。

（14）各工作辊不允许一起抬起等。

当条件全部满足，且选择进入送引锭模式后，在连铸控制室操作监视画面上会出现"插入准备完"的信号显示。

B　浇注模式应具备的运转相关条件

浇注模式需具备送引锭模式的运转相关条件外，还需满足下列条件：

（1）结晶器的冷却水、二次冷却水供应到位，压力正常。

（2）压缩空气供气到位，压力正常。

（3）各驱动辊已处在浇注状态。

（4）结晶器振动装置的操作选择自动模式。

（5）结晶器的排烟风机运行正常。

（6）引锭杆车在提升侧位置。

（7）引锭杆的提升装置操作选择自动模式。

（8）引锭杆的脱锭升降缸在低位位置、移动缸在原始位置，脱锭操作选择自动模式。

（9）选择正常的尾坯输出模式。

（10）引锭杆的提升钩处于低位。

（11）引锭杆两侧导向板应直立。

（12）引锭杆的提升压辊处在低位位置。

（13）引锭杆的防滑落装置处在打开位置。

（14）挂钩的退回装置处在提升位置。

（15）引锭杆的宽度导向板处在打开位置。

（16）事故水箱的水位处在高位。

（17）各浇注的联锁条件不允许解除。

（18）后部辊道设备的传动装置状态正常等。

当浇注条件全部满足，且选择进入浇注方式后，在连铸控制室操作监视画面上会出现"浇注准备完"的信号显示。

 思 考 题

（1）简述连铸操作过程及各岗位的职责是什么？

（2）连铸有哪些运行模式，是何关系？

实训项目 5 连铸开浇前的准备

5.1 修 砌 钢 包

5.1.1 实训目的

学会修砌钢包，提高钢包的使用寿命。

5.1.2 操作步骤或技能实施

5.1.2.1 拆包

将钢包内残衬拆除，清理干净。

5.1.2.2 钢包准备

（1）安放好钢包座砖。
（2）在模芯上涂一层牛油。
（3）将各种泥料吊运好。
（4）将钢包吊至包坑、摆正、摆平。

5.1.2.3 拌泥料

（1）操作程序：
1）开动搅拌机；
2）加料搅拌 3～5min；
3）加结合剂和水；
4）搅拌 3～5min；
5）加入溶于水的促凝剂；
6）搅拌 3～5min；
7）出料浇注。
（2）浇注料中的含水量不宜过多，水量的控制以浇注料呈黏稠状，在重力作用下缓慢蠕动为佳。
（3）促凝剂加入不宜过早，应于最后加入，搅拌 2～3min 即可出料浇注。

5.1.2.4 浇注包底

（1）先清理包内所有杂物，然后安放固定注口模芯，或以座砖代替，注口模芯的表面应涂一层黄油，以便脱模。

(2) 包底内衬浇注厚度以浇注层上表面与注口模芯上端相平为准。

(3) 包底投入浇注料后必须用振动棒振动。

5.1.2.5 包壁浇注

(1) 整体模芯的放置要求对准中心，以确保浇注衬厚度均匀。

(2) 浇注料灌入后，应立即开动振动器，并根据包壁的浇注高度逐步增加振动器开动的数量，浇至一定高度后，应开动全部振动器。

(3) 包壁浇满后应继续使内模振动 5～10min。

5.1.2.6 脱模芯

(1) 钢包浇注完毕，模芯应接通蒸汽进行烘烤，时间控制在 4～8h。

(2) 浇注层硬化，脱模时间的控制。

模芯通蒸汽烘烤时间：4～8h；自然硬化时间：2～4h；若模内不通蒸汽加热，采用自然硬化方法，则浇注完毕需 6～12h 方可脱模，大容量的钢包需适当延长。

5.1.3 注意事项

(1) 拆包时应保持包壳设备完整。

(2) 在搅拌过程中不得随意停机。

(3) 包底浇注完毕，应待其凝固坚硬后方可浇注包壁。

(4) 钢包浇注完毕应将搅拌机清洗干净。

(5) 脱模芯后应吊出座砖模具，并清理座砖内孔，然后在座砖上盖一块保险砖，以防烘烤时烧坏滑动水口机构。

5.1.4 知识点

钢包是盛装和运载钢水的浇注设备。随着冶金技术的进步，钢包的结构和功能已经发生了很大的变化，除作为盛装钢水容器外，还具备对钢水进行调温、精炼处理等功能。

5.1.4.1 钢包的作用、功能

钢包主要用于盛装和运载钢水及部分熔渣，在浇注过程中可通过开启水口大小来控制钢流。钢包还可作为精炼炉的重要组成部分，即在钢包中配置电极加热、合金加料、吹氩搅拌、喂丝合金化、真空脱气等各种精炼设备，通过钢包精炼处理可使钢水的温度调整精度、成分控制命中率及钢水纯净度进一步提高，以满足浇注生产对钢水供应质量的需要。

钢包的结构除具有盛装、运载、精炼、浇注钢水等功能外，还应具有倾翻、倒渣和落地放置的功能。

5.1.4.2 钢包容量与形状确定

A 钢包容量

钢包容量是根据炼钢炉的出钢量或者出钢跨起重机的起重量来确定。一般钢包容量的确定应满足以下要求：

（1）钢包能容纳炼钢炉的额定钢水量。

（2）钢包还能容纳 10% 的超装量（其中包括一定量的渣液）。

（3）当钢包盛装钢水后，其渣液面到钢包上沿应留有 100～200mm 的安全空间。

（4）精炼用的钢包应根据两次精炼的需要来设计。

B　钢包形状

钢包是一个具有圆形截面的桶状容器，其形状与尺寸的确定应满足以下要求：

（1）钢包的直径与高度之比。钢包容量一定时，为了减少钢包的散热损失，应使钢包的内表面面积缩小，因此钢包的平均内径与高度之比，一般选择 0.9～1.1。

（2）锥度。为了便于钢水浇注后能从钢包内倒出残钢、残渣以及取出包底凝块，一般钢包内部制成上大下小，并具有一定的锥度。

（3）钢包外形。为了便于钢水中气体和非金属夹杂物的上浮和排除，并降低开浇时的钢流冲击力，要求钢包的外形不能做成细高形状。

钢包的主要系列数据见表 5-1。

表 5-1　钢包主要系列数据

容量 /t	容积 /m³	金属部分重量 /t	包称重量 /t	总重 /t	上部直径 /mm	直径与高度之比	锥度 /%	耳轴中心距/mm	包壁钢板厚度 /mm	包底钢板厚度 /mm	钢包高度 /mm
5	1.05	1.98	2.21	4.19	1400	1.03	10.0	1700	12	16	1350
10	1.97	3.32	3.34	6.66	1680	1.02	10.0	2000	16	16	1640
25	4.65	6.64	4.89	11.53	2140	0.98	10.0	2600	18	22	2316
50	9.16	15.47	6.75	22.22	2695	1.01	10.0	3150	22	26	2652
90	15.32	18.69	16.40	35.09	3110	0.96	10.0	3620	24	32	3228
130	20.50	29.00	16.50	15.50	3484	0.956	7.5	4150	26	34	3860
200	30.80	40.60	29.00	69.60	3934	0.845	8.2	4050	28	38	4659

5.1.4.3　钢包的主要结构、组成

钢包主要由钢包本体、耐火衬和水口启闭控制机构等装置组成。

A　钢包本体

钢包本体由外壳、加强箍、耳轴、溢渣口、注钢口、透气口、倾翻装置部件组成。

a　外壳

外壳是钢包的主体构架，由钢板焊接而成，在外壳钢板上加工一定数量的排气孔，这样能排放耐火衬中的湿气。外壳还包括支座和氩气配管等。

b　加强箍

为了保证钢包的坚固性和刚度、防止钢包变形，必须在钢包外壳焊加强箍和加强筋。例如大、中型钢包可在中上部、中下部各焊接一条加强箍，小型钢包在腰部焊接一条加强箍。

c　耳轴

在钢包的两侧各装一个耳轴，可用于吊运钢包。耳轴位置一般比钢包满载时的重心高350~400mm，这样可使钢包在吊运、浇注过程中保持稳定。

d　溢渣口

设置溢渣口，可使出钢时钢包内的炉渣流入已备好的渣包内。溢渣口的高度比钢包上沿低100~200mm，其位置应与耳轴错开，以免干扰钢包的吊运。

e　注钢口

在钢包底部一侧设置一个注钢口，它可使钢水流出，所以又称钢包水口。在其周围安装水口砖。钢包水口有普通水口和滑动水口两种形式。如图5-1所示。它是通过两块带水口孔的上、下滑板砖之间相对移动，从而达到开闭、调节钢水流量大小的目的。

两滑板式滑动水口机构根据其滑板滑动方式可分为推拉式滑动水口机构和旋转式滑动水口机构两种形式。推拉式滑动水口机构只有一个下水口，下滑板砖在滑动时作直线往复移动；旋转式滑动水口机构设有2~3个不同孔径的下水口，钢流大小的调节可以通过更换下水口的方式来实现，下滑板砖在滑动时作圆周正、反向转动。

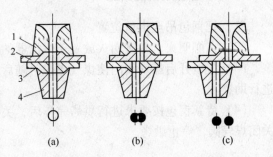

图 5-1　滑动水口控制原理示意图
(a) 全开；(b) 半开；(c) 全闭
1—上水口；2—上滑板；3—下滑板；4—下水口

f　透气口

在钢包底部可根据需要设置1~2个透气口，主要用于安装吹氩搅拌用的透气砖。

g　倾翻装置

倾翻装置可将钢包翻转180°，完成倒渣和倒钢作业。它由连杆机构和吊环装置组成。

h　支座

在钢包底部一般设置3个支座，它既可保持钢包的平稳放置，又能保护钢包底部的倾翻装置以及滑动水口机构。

i　氩气配管

具有透气口的钢包可在钢包外壳设置氩气配管和快速接头，以便操作人员接插或者拔除氩气输送管路。

B　钢包耐火衬

详见本书实训项目1"连铸常用耐火材料"中1.1.4节。

 思 考 题

(1) 钢包有何作用，对其有何要求？

(2) 如何修砌钢包？

(3) 钢包容量与形状怎样确定？

(4) 钢包的主要结构、组成如何？

5.2　烘烤钢包

5.2.1　实训目的

学会烘新钢包，保证钢包使用寿命，不穿包及提高钢的质量。

5.2.2　操作步骤或技能实施

（1）把钢包吊至烘包位置。

（2）点燃明火，并将明火放置于烘烤器的喷口处。

（3）缓慢开启煤气阀门使煤气点燃，随后调节煤气阀使火焰达到所需程度，再开空气进行助燃。

（4）待新钢包按要求进行烘烤完毕后，关闭烘烤器。关闭烘烤器时先关闭空气，随后关闭煤气阀，停止烘烤。

5.2.3　注意事项

（1）严格控制煤气和热空气阀开启度，使温度缓慢上升，火焰温度适宜，防止包衬开裂剥落。

（2）烘烤要求：

火势	火焰与包底距离	时间
小火	600mm	8h
中火	200~300mm	8h
大火	火焰直射包底后反弹到钢包壁	20h

（3）煤气使用开启时要先开，关闭时要后关。用重油做燃料时，应注意重油是否充分雾化，燃料与空气的混合要合理，使重油充分燃烧为宜。

5.2.4　知识点

5.2.4.1　钢包烘烤装置的作用与类型

（1）钢包在受钢前必须在钢包烘烤装置的工位上，按规定的钢包烘烤制度进行烘烤作业。通过烘烤处理，既能够去除钢包耐火衬中的水分，提高耐火衬的耐冲刷、耐侵蚀性能；又能够提高钢包耐火衬的使用温度，减少耐火衬的破损，减少钢包的钢水温降。

（2）钢包烘烤装置的形式有立式钢包烘烤装置和卧式钢包烘烤装置两种。

A　立式钢包烘烤装置

立式钢包烘烤装置烘烤时，钢包以直立状态落地放置，烘烤火焰是从钢包口中心处向下喷射钢包内部。它的特点是烘烤温度比较均匀，钢包耐火衬易烧结成一个整体，有利于耐火衬中水分的挥发，烘烤操作也比较方便；但烘烤火焰产生的热量没有被充分的利用，钢包需要较长时间的烘烤，造成烘烤介质的浪费。另外为方便钢包的吊装，要求有较大的使用环境空间。

B 卧式钢包烘烤装置

卧式钢包烘烤装置烘烤时，钢包以横卧状态翻转放置，烘烤火焰是从钢包口中心处以水平横向喷射钢包内部。它的特点是烘烤火焰燃烧比较充分，烘烤热量利用率较高，钢包烘烤时间减少，烘烤介质消耗可以减少，对使用环境空间的要求也减小。但由于横向喷出的火焰会向上窜动，致使钢包的烘烤温度不均匀，造成钢包耐火衬局部烘烤不足，钢包在翻转时会造成新砌耐火衬的松动和局部塌落等问题，因此新砌耐火衬的钢包应在立式钢包烘烤装置上进行烘烤。

5.2.4.2 烘烤介质

烘烤介质是指供应钢包烘烤装置火焰燃烧，所需要的燃料介质及助燃介质。

A 燃料介质

燃料介质主要有燃油类燃料介质和燃气类燃料介质。

a 燃油类燃料介质

燃油类燃料介质主要有重油和轻柴油两种燃油介质。

（1）重油的烘烤特点是燃烧发热值大，烘烤效果好，烘烤时间短，但需设置储存与预热重油的设施，重油在燃烧时烟雾较大，需注意安全操作。

（2）轻柴油的烘烤特点是燃烧发热值大，烘烤效果好，烘烤时间短，操作使用简便，适用于快速烘烤的需要；需设置储油设施，燃油成本较高，不适宜烘烤耐急冷急热性差的耐火材料，但需注意安全操作。

b 燃气类燃料介质

燃气类燃料介质主要有煤气和天然气两种燃气介质。

（1）煤气的烘烤特点是成本低，操作使用简便，燃烧的火焰比较清洁，但燃烧发热值较低，烘烤所需时间较长，需注意安全操作。

（2）天然气的烘烤特点是燃烧发热值比煤气大，成本低，操作使用简便，燃烧的火焰比较清洁，需注意安全操作。

B 助燃介质

助燃介质主要有压缩空气、鼓风气以及氧气。

a 压缩空气

压缩空气可使燃油类燃料介质喷射时具有一定的动能，且雾化成细小的颗粒状态，从而使烘烤火焰具有一定的喷射速度，且为燃油类介质的充分燃烧创造条件。

b 鼓风气

鼓风气可使燃油类介质或燃气类介质得到鼓风气流中氧气的助燃，使烘烤火焰得到充分的燃烧，鼓风气由鼓风机供给。

c 氧气

氧气可通过管道将其掺入鼓风气流中，使烘烤火焰得到完全、充分的燃烧。

5.2.4.3　钢包烘烤装置的主要结构、组成

钢包烘烤装置由烘烤烧嘴、烘烤盖板、鼓风机、烘烤介质管道、管道调节阀、计量仪表等零部件组成，如图 5-2 所示。立式钢包烘烤装置还设置烘烤装置支架、烘烤盖支架及升降回转机构、钢包放置支架等零部件。卧式钢包烘烤装置还设置排气烟囱、烘烤盖板移动底座及传动机构、轨道、钢包放置支架等部件，如图 5-3 所示。

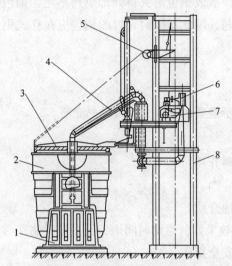 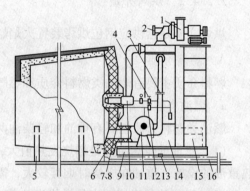

图 5-2　立式钢包烘烤装置结构简图
1—钢包放置支架；2—钢包；
3—烘烤盖板；4—烘烤介质管道；
5—烘烤盖板支架及升降、回转机构；
6—管道调节阀；7—鼓风机；
8—烘烤装置支架

图 5-3　卧式钢包烘烤装置结构简图
1—引风机（喷射排烟器）；
2—撑烟温度调节闸板（排烟压缩空气阀）；
3—主进风调节闸板；4—主燃气（油）阀；
5—钢包放置支架；6—烘烤盖板；
7—保焰烧嘴；8—点火电极；
9—烘烤盖板移动底座；10—烧嘴；
11—鼓风机；12—保焰燃烧阀；
13—推车撬杠支杆；14—换热器；
15—电气控制箱；16—轨道及底板

A　烘烤烧嘴

烘烤烧嘴的作用是汇集和混合各种烘烤介质并喷射出烘烤火焰。烘烤烧嘴可分为燃油烧嘴和燃气烧嘴及组合烘烤烧嘴。燃油烧嘴需接入燃油介质管道，燃油的雾化是靠压缩空气介质管道及鼓风气介质管道实现；燃气烧嘴需接入燃气介质管道及鼓风气介质管道；组合烘烤烧嘴则需接入燃油介质管道、燃气介质管道、燃油雾化所用压缩空气介质管道及鼓风气介质管道。

B　烘烤盖板

烘烤盖板的作用是使钢包保温，减少烘烤热量的散失。烘烤盖板分立式钢包烘烤盖板和卧式钢包烘烤盖板两种类型，它们均由钢板焊接外壳和耐火衬组成。

（1）立式钢包烘烤盖板的形状为圆形结构，其面积稍大于钢包口的面积，烘烤盖固定在烘烤盖支架上，且可作升降或回转移动，在烘烤盖中心开设烘烤烧嘴安

装孔。

（2）卧式钢包烘烤盖板的形状为方形结构，其面积稍大于钢包口的面积，烘烤盖板以竖立状态放置，其底部固定在烘烤盖板移动底座上，且随移动底座一起移动，在烘烤盖板上加工两个孔，其中一孔为排烟孔，另一个孔为烘烤烧嘴的安装孔。

C 鼓风机

鼓风机的作用是向烘烤烧嘴提供鼓风气助燃介质，并使烘烤火焰具有一定的喷射速度。在立式钢包烘烤装置中鼓风机设置在烘烤装置支架上，在卧式钢包烘烤装置中鼓风机设置在烘烤盖板移动底座上。

D 烘烤介质管道

烘烤介质管道是将各种燃料介质及助燃介质从介质供应接口处输送、汇集到烘烤烧嘴接口处的管道设施。其中，燃气介质管道和鼓风气介质管道因流量较大，故管径较粗；燃油介质管道和压缩空气介质管道因流量较小管径较细。

思　考　题

（1）钢包烘烤装置有什么作用，它有哪几种类型？
（2）什么是烘烤介质，它有哪些种类？
（3）钢包烘烤装置主要由哪些零部件组成？
（4）立式和卧式钢包烘烤装置各有哪些烘烤特点？
（5）各种燃料介质有哪些特点，助燃介质各有哪些作用？
（6）烘烤烧嘴有什么作用，可分为哪几种类型，它们各自需接入哪些种类的烘烤介质？
（7）烘烤盖板有什么作用，可以分为哪几种类型？
（8）新钢包如何进行烘烤？
（9）新钢包烘烤目的是什么？
（10）怎样减少烘烤钢包所消耗的燃料？

5.3　清理钢包维护包衬

5.3.1　实训目的

学会清理及维护钢包的方法，确保下炉钢水顺利浇注，避免残钢、残渣影响下一炉钢水质量，提高钢包的使用寿命。

5.3.2　操作步骤或技能实施

（1）上一炉浇注完毕，尽快将钢包内余钢、残渣倒清。
（2）及时清理包口冷钢、残渣。
（3）若包底有冷钢则必须将钢包横卧，用氧气将冷钢进行熔化清除。
（4）检查钢包渣线、包底、包壁、座砖损坏情况，及时进行修补及维护。
（5）将钢包吊至烘烤位置进行烘烤或待用。

5.3.3　注意事项

（1）包内残钢、残渣必须彻底清除干净。

（2）清除残钢、残渣时，注意不要损坏包壳等设备。

5.3.4　知识点

清除钢包残钢、残渣的作用和目的是使用过的钢包内的残钢、残渣彻底清除，否则将严重影响下一炉钢的质量要求，具体表现如下：

（1）降低钢液温度。包底凝钢和残渣熔化时，要从钢液中吸收大量的热量，这对小容量钢包尤为突出。

（2）钢液被残渣污染。残渣被钢液逐渐熔化，如不能全部上浮，就成为钢中夹杂物，同时，炉渣中的氧化铁会使钢中含氧量和合金元素氧化损失增加。

（3）包底凝钢过多，还会造成低温钢的重大事故。对合金钢来说，还会造成下炉钢水成分变化过大甚至成分出格报废。

清除残钢、残渣后，应修补侵蚀严重的部位。由于砌筑或衬砖质量上的原因，钢包在使用过程中会造成局部的破损。为了提高钢包的使用寿命及防止漏钢，应该及时进行热修，如热灌砖缝，热补孔洞，热补座砖等。有较大面积侵蚀时，也可用耐火砖进行热补。修补前应将该处的残钢、残渣清理干净。

热灌砖缝法是用调的较稀的火砖粉—水玻璃浆（或其他耐火粉料加黏结剂调和后）灌入砖缝内，由于水玻璃遇热起泡，故而往往要连续补几次。

热补孔洞法是用较稠的火砖粉—水玻璃膏（或其他耐火粉料加黏结剂调和后）投补，并适当拍打。

热补座砖法同热补孔洞法。修补应在安装水口以后进行，并用相当于水口砖外径的铁盖将水口挡住，防止泥料掉在水口上。

思　考　题

（1）为何要倒尽余钢清理钢包、维护包衬？

（2）钢包修补的目的与方法？

5.4　判断钢包的可用性

5.4.1　实训目的

学会判断钢包能否继续使用，经济使用钢包，不发生穿包事故。

5.4.2　操作步骤或技能实施

（1）上炉浇钢完毕，倒尽余钢、残渣。

（2）观察钢包外壳四周及底部有无发红部分。

（3）观察钢包内衬有否局部空洞及严重蚀损处。

（4）采用目测或简易测量工具探测空洞及蚀损处的深度和直径。

（5）与钢包停用标准相对照，进行综合判断，决定热补、冷补或停用。

5.4.3 注意事项

（1）正确掌握钢包停用标准，做到判断准确无误。

（2）不得冒险使用该停用的钢包。

5.4.4 知识点

钢包判断停用的标准，钢包用到后期是否停用，必须经过综合判断。通常采用敲击法和观察包壳发红程度来估计侵蚀后的包衬厚度，对不同容量的钢包应确定相应的安全残衬厚度，同时应检查渣线、下部工作层、包底及座砖的砖缝，然后根据其中一个或几个部位的侵蚀情况来决定。

5.4.4.1 渣线

如果发现渣线部位部分或全部的工作层已侵蚀完，或接近非工作层，就应停用。

5.4.4.2 工作层

发现工作层部分或全部侵蚀完，以及工作层被侵蚀成锯齿形，且孔洞较深，或已穿透工作层至非工作层，则应停用。

5.4.4.3 包底砖

发现包底砖缝较深，或砖断裂严重（特别是钢液冲击部位），则应停用。

另外包底砖与衬砖相接的圆周之间，砖缝很大而且很深时，也应停用。

5.4.4.4 座砖

座砖开裂严重，并见到冷钢在砖缝穿透较深（达砖厚 1/2），加之座砖已侵蚀得较薄了（达原厚度 1/2）时，则应停用。

除此之外，在不均匀侵蚀的情况下，某些部位侵蚀严重，也应视具体情况而停用。

准确判断钢包是否停用，除了能避免不必要的漏钢事故和人身安全事故外，在一定程度上还能节省钢包及耐材消耗量，降低成本，取得良好的经济效益。

 思 考 题

如何正确判断钢包能否继续使用？

5.5 塞棒的砌筑与烘烤

5.5.1 实训目的

学会砌筑塞棒并进行烘烤，确保浇注过程塞棒不断裂，保证正常浇注。

5.5.2　操作步骤或技能实施

5.5.2.1　回收铁芯

先退出螺帽、垫圈，检查铁芯是否有弯曲、裂纹，螺纹是否完整，并铲除黏附杂物，不能使用的要及时报废，补充新的铁芯。

5.5.2.2　压杆

弯曲的铁芯须经压杆机压直方可使用。

5.5.2.3　装塞头砖

压直杆芯后装上完整的塞头砖，装时先用双手将塞头旋紧，再用链条扳紧。

5.5.2.4　装配袖砖

在袖砖雌口面上均匀地抹一圈火泥。套袖砖时要小心轻放，上下配合，装配最后一节袖砖前将杆芯推至垂直位置，在袖砖与杆芯缝隙中灌砂，再用铁锤轻轻敲打杆芯，使砂震紧、震实，然后再套上最后一节袖砖，再灌砂敲紧，最后加垫圈旋紧螺帽。

5.5.2.5　烘烤

将做好的塞棒吊入烘房内烘烤，烘烤时间大于 36h，烘烤温度大于 80℃。

5.5.3　注意事项

（1）压杆机压杆时，人要远离杆芯，杆芯弯曲时应烘热扳直后再压。
（2）扳链条要用手掌压住，不能用手捏柄，以防打滑时压伤手指。
（3）袖砖使用前要经检查，有裂纹，缺棱角，雌雄口破损的都不能使用。
（4）套袖砖时，火泥涂抹必须均匀，不得漏涂且不准将袖砖从顶部直冲下落撞击下部袖砖，防止压伤手及撞坏袖砖。
（5）烘烤塞杆时，必须注意先后顺序，先做先用，不能混淆。
（6）使用前必须烘烤，温度 1000℃以上。
（7）安装时不要用力过猛，以防断裂。
（8）如果要重复使用塞棒，需将头部重新研磨后方能使用。

5.5.4　知识点

5.5.4.1　塞棒机构

塞棒机构一般通过人工操作的方法控制塞棒的升降运动，使塞棒的塞头开启和关闭水口，从而达到调节和控制钢流的目的。

塞棒机构主要由手柄、滑杆、上下滑座、横梁、塞棒、支架等零部件组成（如图 5-4 所示）。手柄是塞棒机构的控制开关，可调节钢水的流量。手柄通过拨杆驱动滑杆升降，并带动塞棒做升降运动。滑杆在上下滑座的支撑、导向作用下实现平稳的升降移动。在滑杆底部设置弹簧式锁定装置，其作用是在塞棒安装、调整后将弹簧压紧，从而防止滑杆松动，使塞棒的塞头关闭水口，以确保钢包在受钢或吊运过程中水口不会自动打开。横梁是连接滑杆与塞棒的构件，它通过斜楔装置和螺栓连接与滑杆、塞棒连接在一起。支架的作用是支撑手柄、安装上、下滑座，支架的一侧与钢包外壳相连接。中间包塞棒滑板控流系统如图5-4所示。

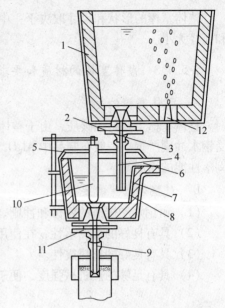

图5-4　中间包塞棒滑板控流系统图
1—钢包；2—钢包滑板；3—下水口；
4—长水口；5—中间包盖；6—溢流槽；
7—中间包；8—绝热板或涂料；
9—浸入式水口；10—塞棒；
11—中间包滑板；12—惰气搅拌

塞棒砌筑质量好坏对浇注有较大影响，严格涂抹火泥和灌砂紧实目的主要是为了使塞棒杆芯与袖砖配合密实，不松动，以防钢液渗入而导致断棒事故，对袖砖质量的严格要求也是为了这一点，同时也尽量减少由袖砖侵蚀剥落而导致钢中非金属夹杂物的增加。

5.5.4.2　整体塞棒的作用和类型

A　整体塞棒的作用

塞棒主要用于中间包，起开闭作用，控制塞棒头部至中间包水口的位置来调节进入结晶器的钢水流量，还可以通过整体塞棒的吹氩孔，向中间包水口吹氩，以防止水口堵塞。

使用整体塞棒可取得如下一些效果：

(1) 塞棒事故率降低。

(2) 减少水口堵塞事故。

(3) 塞棒吹氩后，铸坯内夹杂物总量大幅度下降，铸坯质量提高。

(4) 由于事故率下降，连铸机产量相对提高。

B　整体塞棒的类型

传统的塞棒为组合型，即由袖砖和塞头用钢管串联而成。这种塞棒由于连接缝多及安装原因，钢水和熔渣容易侵蚀到连接缝中，造成断棒或塞头脱落现象，事故率高。

所谓整体塞棒，即棒身与塞头直接连接在一起，没有连接缝。就整体塞棒而言，可分为：

(1) 头部为实心的整体塞棒。

(2) 头部带有吹氩孔的整体塞棒。

(3) 头部带有透气塞的整体塞棒。

整体塞棒上端与开闭装置的固定方式有以下3种：

(1) 用螺栓直接拧紧固定。

(2) 用螺栓套钢管串接固定。

(3) 用穿孔销子直接固定。

整体塞棒的形状和尺寸取决于：中间包容量、钢液面高度和中间包水口的喇叭口形状和孔径大小。

5.5.4.3　整体塞棒的材质和要求

A　整体塞棒的材质

整体塞棒主要是铝碳质，由于整体塞棒的使用条件与长水口和浸入式不同，塞棒头部受钢水冲刷严重。一般在制品中 Al_2O_3 含量较高，一般在 60% 左右，并加有能提高制品抗剥落性能的添加剂。

B　对整体塞棒的要求

(1) 耐钢水和熔渣的侵蚀和冲刷。
(2) 具有良好的抗剥落性，在使用中不掉片不崩裂。
(3) 具有良好的抗热震性。
(4) 具有足够的热机械强度，便于安装和使用操作。

思 考 题

(1) 塞棒如何进行砌筑？
(2) 砌筑塞棒注意哪些问题？
(3) 塞棒的作用和类型？
(4) 塞棒的材质和要求？

5.6　选水口砖并安装水口砖

5.6.1　实训目的

学会选水口砖并能熟练安装水口砖，避免浇注过程中发生水口砖漏钢事故。

5.6.2　操作步骤或技能实施

5.6.2.1　选水口砖

选水口砖时，要根据不同钢种和钢包吨位，按工艺规定选择不同材质、不同水口直径的水口砖。

5.6.2.2　磨砖

选好的水口砖在使用前要进行研磨（研磨与塞头砖接缝处），研磨痕迹不得宽于 3mm，符合要求，在内孔底部充一些湿砂。

5.6.2.3　检查座砖

装水口砖前要仔细检查座砖状况，有无裂纹，大小状况，座砖底部有无空隙（有空隙要用火泥嵌紧），座砖符合要求方能使用。

5.6.2.4　清理座砖内壁

把座砖孔内壁残余泥料或钢渣用铲子铲清。

5.6.2.5　水口砖外涂泥料

在水口砖外圆涂上泥料（配比：粒度小于 0.5mm 的生火泥 30%，石墨粉 70%，加适量水拌和）。

5.6.2.6　水口砖安装

中间包准备中较重要的是座砖的安放。特别是多流连铸机，流间距的控制是非常重要的。因此一般多流铸机在安装座砖时需要一个定位模子，以保证座砖定位间距的准确性。

水口的安装方法也是一个重要方面，特别是用绝热板砌筑的中间包（见图5-5）。安装过程中很容易因耐火材料设计不当而形成如图5-5（a）所示的装配方式，这样在塞头与水口的结合处将形成一个凹腔，此处很容易结冷钢而造成开浇失败。否则就要较大幅度地提高钢水的过热度，但这给开浇后的操作及铸坯质量带来了不利影响。正确的安装方法如图5-5（b）所示，这种安装方法的座砖实际上不与钢水接触，甚至可以使座砖多次使用，且塞头与水口的配合处在良好的状态下，这样对开浇操作影响最小。

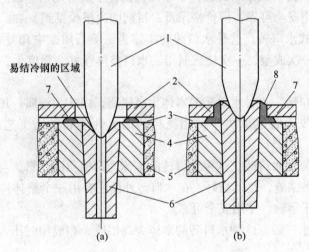

图 5-5　绝热板中间包水口的安装方法
（a）不正确的安装方法；（b）正确的安装方法
1—塞棒；2—绝热板；3—填砂；4—座砖；5—永久衬；
6—水口；7—黏结剂；8—捣打料

5.6.3　注意事项

（1）涂泥料要均匀，不要厚薄不均。

（2）装水口砖一定要做到平、正、紧密。

（3）水口的孔必须垂直于包底，不能装斜了，特别是定径水口更应注意，以免钢水冲到结晶器壁上。

（4）装水口前应将中间包内的杂物、垃圾打扫干净，避免这些杂物在开浇前掉在水口孔内造成水口堵塞事故。

5.6.4　知识点

水口砖安装一定要平、正、紧密，用泥料将水口砖底部周围抹平（稍露注口）。否则易造成注流不稳，偏移和漏钢事故，而且也易造成水口砖与塞棒塞头砖配合不严密，导致水口漏钢事故或中间包关不上，有时水口还会被堵塞。

A　水口砖的种类和对材质的要求

a　国内水口砖的种类

按化学成分分类：

（1）ZrO_2 含量为 60%。

（2）ZrO_2 含量为 65%。

（3）ZrO_2 含量为 75%。

（4）ZrO_2 含量为 85%。

（5）ZrO_2 含量为 95%。

按水口砖形式分类：

（1）全均质水口砖。该水口砖任何一个部位的化学成分均匀一致。这种水口砖的强度大，整体性好，使用安全可靠，但价格昂贵，目前国内很少见到。

（2）直接复合式水口砖。这种水口砖的本体为锆英石质，中孔复合部为含 ZrO_2 较高的材质组成，通过一次成型、一次烧成制得，水口整体性好，强度大，使用安全可靠，价格较低。

（3）镶嵌式水口砖。这种水口砖的本体为高铝质，内芯为锆质，用耐火泥粘合成为一个整体。它的使用安全程度取决于黏结泥料的耐火性能和黏结工艺。这种水口砖价格较低。

（4）振动成型复合水口砖。这种水口砖的本体为高铝质浇注料，与锆质内芯一次振动成型在一起，没有黏结缝，整体性好。在水口砖外面还有用一个整体冲压的外套包住，使水口外形规整，便于运输、使用安全可靠。

（5）烧成复合水口砖。这种水口砖的本体为高铝质，在成型时压入锆质内芯，再一起烧成。

b　对水口砖材质的要求

（1）对钢水和熔渣的耐侵蚀性好。一般采用纯度较高的锆英石、CaO 稳定的 ZrO_2 和工业氧化锆制作水口砖。

（2）抗热震性要好。锆英石在高温下要分解，ZrO_2 的热膨胀系数又很高，因比，要求制成的制品必须克服上述缺点，使其具有一定的抗热震性，在使用中不炸裂。

B　水口砖损坏的原因

a　水口砖扩径

水口砖主要用于钢包、中间包的浇注。浇注速度取决于钢包、中间包钢水液面的高度和水口砖的孔径。在钢水液面恒定条件下，浇注速度完全取决于水口砖的孔径大小。由此可见，要求水口砖的孔径，在全程浇注过程中，必须保持基本不变才行。

由于定径水口是用 $ZrSiO_4$ 和 ZrO_2 制成的，水口砖中含 SiO_2，在浇注含锰较高的钢种时，钢中的锰会与水口砖中的 SiO_2 生成低熔点的硅酸锰（$MnO \cdot SiO_2$）被钢水冲走，造成蚀损扩径。

还由于锆质材料不易烧结，有时添加有助烧结剂，这样也降低了水口砖的抗侵蚀性，造成水口砖扩径。

再者，如果水口砖烧结程度不好，水口砖强度较低，其耐侵蚀和耐冲刷性降低，使水口砖扩径。

解决办法是根据浇注钢种和浇注时间，选择不同锆含量的水口砖。一般来说，水口砖的耐侵蚀性和使用寿命，基本上取决于水口砖中的锆含量。锆含量越高，使用寿命越长。

b　水口砖炸裂

引起水口砖炸裂的原因主要有以下几点：

（1）水口砖烘烤不良。

（2）水口砖受潮没有充分干燥。

（3）水口砖的内在因素引起的。水口砖中含有较多的 CaO 稳定的 ZrO_2，在烧成过程中，CaO 与锆英石中的 SiO_2 反应生成单斜锆和含钙玻璃。另一方面，ZrO_2 中的 CaO 被夺取后，由原来的立方锆转变成单斜锆。单斜锆的热膨胀系数很高，而且升温与冷却过程中，热膨胀曲线不一致。不仅如此，单斜锆在 $1000 \sim 1100℃$ 之间转变成四方锆，伴随有较大的体积变化，易使制品开裂。

思 考 题

（1）水口砖如何安装？

（2）简述水口砖的种类及对材质的要求。

（3）水口砖损坏的原因？

5.7　安装中间包塞棒

5.7.1　实训目的

学会安装塞棒，保证浇注过程中塞棒升降自如，避免出现浇注时断棒，关不住及失灵等事故。

5.7.2　操作步骤或技能实施

5.7.2.1　清理

清除夹头（横梁）上的粘钢、粘渣，检查水口砖孔内及其边缘有无杂物，用压缩空气将水口砖周围吹扫干净。

5.7.2.2　检查并调节升降机构

检查升降机构是否灵活，并调节升降机构抬升和下落的滑动距离是否足够，以避免钢流开不大或关不严。

5.7.2.3　装配

（1）塞棒在搬运组装过程中，应轻拿轻放，不得碰撞。从烘房内取出塞棒，并用螺帽和垫圈将塞棒固定在升降机构夹头上。

（2）组装时，塞棒头部螺纹孔中的带丝口石墨套要装平整，套入螺栓后应紧密接触，不得松动，上完螺栓在塞棒头部均匀涂抹一层胶泥，盖上金属圆板，拧紧螺帽，自然放置 4~8h。组装在专用地点进行，采用立式组装，塞棒不允许平放。

（3）塞棒吊运用专用工具，吊至安装位置要对准安装孔，仅塞棒上部螺栓与支撑臂靠紧，然后拧紧固定螺帽，接上氩气管。

5.7.2.4　检查

检查塞棒位置安装是否准确，塞棒上的塞头砖与水口是否密合。

可用燃烟法，即用燃烧冒烟的物体，放在水口砖底部，观看上部有无烟冒出及冒出的多少，来判断水口与塞头的密合情况。

因此，塞棒的安装十分重要，在安装塞棒之前应仔细检查塞棒有无缺陷，如裂缝等。组装式的要检查各节袖砖间的黏结剂是否完好，有无裂开及松动的情况。整体塞棒要特别检查金属接杆与塞棒的连接处是否完好。对检查出有问题的塞棒必须更换，待处理好后才能使用。

塞棒安装前可放在水口上，将塞棒竖直，然后将塞棒正反向地旋转，使塞头与水口接触处轻轻地研磨，以使塞头与水口吻合得更好，保证其密封。

为使两者密合，避免水口漏钢事故，可将塞头砖置于水口砖上旋转研磨，当水口砖出现一圈宽约 3mm 的磨痕时，涂上石墨水再进行旋转研磨，此圈磨痕以完整、光滑、黑亮为好，涂上的石墨填补了塞头与水口砖之间的空隙，减小了两者间的摩擦力，使钢液不容易由此钻出，浇注时开启塞棒也较轻松。

5.7.2.5　敲紧枕底销

当塞头与水口配合严密后，方可将枕底销敲紧。

5.7.3　注意事项

（1）塞杆安装不要垂直对准水口砖中心。
（2）塞头砖与水口要配合严密。
（3）塞棒安装时不要用力过猛，以免断裂。
（4）塞棒在使用前与浸入式水口要一起烘烤，要求快速升温达到 1000℃ 左右。烘烤前在塞棒外套上耐火纤维筒以使温度均匀。

5.7.4　知识点

中间包的塞棒机构是通过控制塞棒的上下运动，达到开闭水口、调节钢水流量的目的。

塞棒机构的开浇成功率较高，能抑制浇注后期钢流旋涡的产生，但钢流控制精度较低，塞棒使用寿命短、操作人员需靠近钢水进行操作，安全性较差。

塞棒机构的结构主要由操纵手柄、扇形齿轮、升降滑杆、上下滑座、横梁、塞棒、支架等零部件组成。

操纵手柄与扇形齿轮联成一体，通过环形齿条拨动升降滑杆上升和下降，带动横梁和塞棒芯杆，驱动塞棒做升降运动。

安装好的塞棒不能垂直对准水口砖中心，而应有一个偏移量，即开启时塞头中心应由水口中心线向夹头内侧（即水口靠近包壁的一侧）偏移 10～20mm。上好的塞棒关闭时，要贴着水口内表面向钢包中心方向滑动后，再把水口堵严。这个偏移量，主要是为了补偿夹头受热膨胀向外的伸长量，以及出钢时钢液冲击包壁的反弹力所造成的塞棒弯曲变形。

 **思 考 题**

（1）如何正确安装塞棒？
（2）安装塞棒要注意哪些问题？

5.8 使用有关工具及材料

5.8.1 实训目的

熟练使用连铸所用的各种工具，正确识别和使用连铸所用材料。

5.8.2 操作步骤或技能实施

浇钢前，根据当班生产和计划，将本岗位所用的材料及工具备足，并放在规定位置。吊具和工具要求安全可靠。

5.8.2.1 对材料的要求与使用

（1）引流砂：要求干燥、无杂质。
（2）钉屑、冷料：要求清洁、无锈、无油、无水，用量合适。
（3）保护渣：要求清洁、干燥、无污染，按品种要求使用保护渣，使用量为 0.5～0.6kg/t。
（4）保温剂：要求清洁、干燥、无污染，使用中按黑面操作。

5.8.2.2 对工具的要求与使用

（1）塞棒：要求无破损、裂纹，按钢种要求选择相应的材质，要求预热或烘烤到 1100℃。
（2）浸入式水口：要求同上。
（3）长水口：要求同上。
（4）石棉绳：要求干燥、清洁、足量，使用中用钢筋棍填塞引锭头。
（5）对中尺：每个中间包不少于 2 个。

（6）定径水口烧氧枪：无泄漏、无油、安全可靠。

（7）烧氧管：每次浇钢不少于 20 根，使用中双人操作，要垂直对准水口、勿偏斜。

（8）捞渣棒：每流不少于 30 根，使用中捞渣要准确，提起要迅速，勿粘急冷壳及结晶器角部。

（9）手提灯：共 2 个。

（10）堵眼锥：每流必须保证 2 个。

（11）更换结晶器、处理喷嘴及清洗过滤器工具：2 套。

（12）检查喷嘴照明手电：每两流 1 个。

（13）切割枪：2 把。

（14）撬棍：8 根。

（15）小铲：8 个。

（16）铁锹：足够。

（17）扳手：2 个。

（18）引锭帽：8 个。

（19）取样器：足够。

（20）测温枪：2 只。

5.8.3　注意事项

（1）各种工具的使用应严格按照操作规程进行。

（2）使用浇注各种材料时，一定为清洁、干燥，严禁使用未经烘烤或潮湿的材料。

5.8.4　知识点

（1）各种工具的相关知识应按各厂操作规程进行详细了解。

（2）连铸材料的相关知识详见实训项目 2。

思 考 题

（1）连铸所使用的工具包括哪些？

（2）各种浇注材料为什么必须干燥？

5.9　清理上下滑板槽内及上下水口内残钢、残渣

5.9.1　实训目的

学会清理残钢、残渣，保证滑动装置正常运行，浇注时不跑钢、漏钢及失灵等。

5.9.2　操作步骤或技能实施

（1）打开滑动水口滑板机构。

（2）检查上下滑板槽及上下水口，如有缺损、侵蚀等损坏则进行更换。

（3）用铲刀清理上下滑板槽内及上下水口内残钢、残渣，必须彻底清理干净，不影响滑板砖及水口砖的装配。

5.9.3 注意事项

(1) 要了解该滑板砖，水口已经使用的次数，了解正常情况的使用寿命。
(2) 清理时应仔细，不要损坏滑板砖、水口及滑动水口机构。

5.9.4 知识点

滑板控制系统详见本书5.1.4节。

清理上下滑板槽内及上下水口内残钢、残渣主要是为了滑动水口机构能正常运行，顺利完成浇钢作业，避免因其中的残钢、残渣引起滑板与水口间密合不良而导致浇注过程中的跑钢、漏钢及机构控制失灵等生产事故。

 思 考 题

(1) 为何要清理上下滑板槽及上下水口内残钢、残渣?
(2) 怎样清理上下滑板槽及上下水口内残钢、残渣?

5.10 安装上滑板

5.10.1 实训目的

学会安装上滑板，保证滑动水口装置正常运行，实现自动开浇，使浇注时不跑钢、漏钢及失灵等。

5.10.2 操作步骤或技能实施

(1) 打开滑动水口机构，使上下水口及上下滑板暴露在外。拆除已损坏的上滑板砖，清理上下滑板槽内残钢残渣（详见本书5.9节）。
(2) 检查上注口砖的侵蚀和损坏情况，决定能否继续使用。若能使用，应清除上注口砖接口处多余泥料或冷钢、冷渣。
(3) 检查上滑板的板面是否平整、光滑、无麻点、无裂纹。
(4) 在上滑板的接口处涂上专用泥料。
(5) 安装时用木槌均匀敲打，使上滑板与上水口砖贴紧对正，然后清除注口内挤出的泥料。
(6) 关闭滑动水口机构，备用。

5.10.3 注意事项

(1) 上滑板槽内，上下水口内及上水口的接口处的残钢、残渣一定要清除干净。
(2) 上滑板与上注口砖相连处接缝要小于1mm。

5.10.4 知识点

在实际应用中，对于上下滑板质量的要求是十分严格的。首先要求上下滑板在高温下具有足够的强度，以便能承受钢液很大的静压力；其次上下滑板的滑动面必须十分光滑，平整度要高，使其接触严密，保证不渗出钢液。

上水口的安装与塞棒水口相同，但只采用外装法，并要求位置更准确，以保证与上滑板组合严密和使水口与流钢眼同心。

上滑板的安装质量关系到整个浇注操作，若滑板有质量问题或安装不严密，则极易造成在浇注过程中的渗钢、漏钢事故以及滑动水口机构控制失灵等生产事故。

上滑板构造详见本书 5.1.4 节有关内容。

思 考 题

（1）如何正确安装上滑板？
（2）正确安装上滑板有何意义？

5.11　安装下水口、下滑板

5.11.1　实训目的

学会安装下水口、下滑板，保证滑动装置正常运行，实现自动开浇，使浇注时不出现漏钢及失灵等事故。

5.11.2　操作步骤或技能实施

（1）确认滑动水口机构完好，能正常操作，调节灵活。

（2）搬运滑盒，将经过预装烘烤的下滑板盒，从烘房直接搬运进行安装，搬运时应轻拿轻放。

（3）检查下滑板，下注口的组装质量，下滑板的滑动面要平整，且不得倾斜，表面无裂纹，下滑板下水口的接缝应小于 1mm。

（4）安装。将检查好的下滑盒放入框架门内，两边同时关门，要求上下滑板间紧贴密合。

（5）清除注口孔中多余泥料。

（6）安上液压管。

（7）将曲柄孔、拉杆孔对接，插入销子。

（8）开启滑动水口机构，进行试开试关确认机构开启关闭已正常后备用。

5.11.3　注意事项

（1）搬运下滑盒时要小心，不能受到碰撞。

（2）滑板砖有裂纹或倾斜，下滑板与下注口接缝大于 1mm 者不得使用。

5.11.4　知识点

安装下水口、下滑板前，应先检查滑动装置，必须保证完好无损，调节灵活，否则滑动装置不能保证正常使用，影响滑板的开启和正确安装，严重的造成浇注不能进行，产生事故。组装下水口与下滑板时，下滑板必须与铁盒平行以防止下滑板不平造成滑板受力不均和滑板间缝隙造成滑板断裂和漏钢，下滑板和下水口接缝不大于1mm，注口内径不得错位，同时清除孔内残泥，做好标记制作日期。下滑板与下水口接缝过大，会造成漏下滑板与下水口接缝的事故，该事故不仅仅影响浇注，严重的还会烧坏整个机构。注口内径错位和孔内留有残泥会造成钢水注流不能顺利流出注口，要影响浇注。下滑板和下水口在使用前必须经24h以上的烘烤，烘烤温度大于80℃，以充分去除水分。

若为了增加引流成功率，消除因引流砂引流带来的外来夹杂和引流的危害而采用氩气引流，还需装透气塞砖，应保证进气端密封不漏气，出气端面应与滑板面齐平，以免漏钢（过高）或停浇前将滑板凝住（过低）。

下滑板盒在搬运时必须轻拿轻放，以防止在搬运中碰撞引起松动和滑板缺棱缺角或产生隐裂纹，以清除漏钢隐患。

思考题

（1）下水口、下滑板如何安装？
（2）安装好下水口、下滑板有何意义？

5.12　调节上下滑板间隙

5.12.1　实训目的

学会调节上下滑板间隙，保证滑动装置正常运行，在浇注时钢液不从上下滑板间隙中泄漏或滑板打不开。

5.12.2　操作步骤或技能实施

（1）上下滑板装配好，两边同时关闭框架门。
（2）从侧面检查，上下滑板必须贴紧密合，可用塞尺进行测量，也可用灯光检查，间隙一般小于0.2mm。试验滑板开闭是否正常，若有松紧则调节升降螺母和调整螺栓直至开闭正常，以能够正常开闭又使间隙符合小于0.2mm的要求。
（3）装完后清除注口涂料，接上油泵，使曲柄孔与拉杆孔对接插入销子。

5.12.3　注意事项

（1）调整上下滑板间隙后，要来回滑动几次，防止由于没有均匀地控制好滑板间的缝隙而出现漏钢事故。
（2）上下水口内挤出的残余火泥，必须在安装完毕时刮净，否则会造成引流砂充填水口不实影响自动开浇。

5.12.4　知识点

调整上下滑板间隙的目的是使上下滑板间的间隙既能保证滑板开启灵活正常，又防止上下滑板间漏钢。

所谓滑板间隙已调节好的假象，是指滑板尚未真正调整到位，经多次拉动滑板后出现滑板间间隙较大超过正常范围，这种现象如被忽视，会引起漏钢。

思 考 题

（1）为何要调整上下滑板间隙？
（2）调整上下滑板间隙要注意哪些问题？

5.13　修复钢包滑板

5.13.1　实训目的

学会钢包滑动水口滑板的修复再利用技术，对降低成本、节约资源、保护环境有着深远的意义。

5.13.2　操作步骤或技能实施

（1）拆下来的滑板适当缓慢降温，以避免急冷出现裂纹。

（2）冷却好的滑板进行扩孔处理：侵蚀轻微的滑板仅做局部处理；侵蚀较重的滑板根据实际情况扩孔，再镶嵌加工好的芯体，镶嵌时在扩孔内表面及芯体外表面涂抹专门配制的黏结泥料。芯体采用与原滑板相近或相同的材质，以保证修复的滑板具有与原滑板相近的体积稳定性和可靠性。镶嵌好芯体后进行滑板表面润滑，以保证滑板表面的平整度。

（3）滑板修复加工工艺流程图如图 5-6 所示。

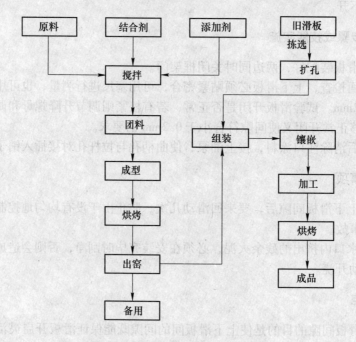

图 5-6　滑板修复加工工艺流程图

5.13.3　注意事项

（1）水口工装包操作前检验滑板表面是否平整，有无缺损，芯体是否有晃动位移、缺损等，发现异常禁止使用，及时更换。

（2）装包操作结束，挂小钩立包，立包后必须调试水口松紧度，确认后方可使用。

（3）修复后产品的各项检验标准必须符合要求见表5-2。

表 5-2　产品检验标准

项　目	尺寸公差/mm	平整度/mm	镶芯偏心度/mm	表面质量
要　求	45±0.15	0.2	0 5	光洁无缺损

5.13.4　知识点

5.13.4.1　滑板修复再利用的原因

转炉用钢包滑动水口滑板属于高成本、高消耗产品，在炼钢中所占成本比例较大，使用后一般作为固体垃圾处理，既浪费资源又污染环境。开展滑板修复再利用技术的研究，不仅降低成本，而且对清洁生产也有深远的意义。为此，对滑板修复再利用技术应大力推广。

5.13.4.2　滑板修复适用的材料

滑板在高温、高冲刷压力环境下工作，工作方式为下滑板相对上滑板前后往复运动，两者之间既存在摩擦也存在由热膨胀引起的相互挤压受力。经过对滑动水口使用条件及使用后滑板受损情况的分析表明，滑板的受损部位集中在滑板中心孔边缘向外 8～12mm 及滑动表面。因此只要保证该部位的高温强度、耐冲刷、热膨胀等性能指标；再辅以特殊涂料涂抹滑板表面、磨平等工艺，确保滑板表面平整度，就可实现间隙小、滑动阻力小的高可靠性、高效益的再利用。

A　芯体材料选择

滑板的使用环境对材料要求抗冲刷性强和高温体积稳定性好。

a　骨料选择

铝碳质滑板的制造越来越向高纯原料方向发展，为降低成本，滑板的制造一般用两种材质复合而成，接触钢水的工作层用高纯原料，周围料用普通原料。有 Al_2O_3 含量98%～99.5%的烧结刚玉或电熔刚玉，Al_2O_3 含量在 70%～76%的合成莫来石等。刚玉有电熔白刚玉、电熔棕刚玉、致密电熔刚玉、亚白刚玉等。电熔白刚玉是以煅烧氧化铝或工业氧化铝为原料，在电弧炉内高温熔化而成，斜（Al_2O_3）不小于99%，主晶相为 α-Al_2O_3，α-Al_2O_3 在 Al_2O_3 所有变体中密度最大和在不同温度下都稳定。电熔棕刚玉则是以天然铝矾土为原料，以炭素为还原剂，棕刚玉一般 $w(Al_2O_3)$ 不小于94.5%、$w(SiO_2)$ 不大于3.5%、总氧不大于3.5%、$w(Fe_2O_3)$ 不大于1%；矿物组成以 α-Al_2O_3 为主。刚玉抗侵蚀性良好但热膨胀系数也高，抗剥落能力下降，当存在一定量的莫来石时，则有利于提高滑板的抗热震稳定性。因而，选用的芯体材料主要是几种电熔刚玉的复合材料。

　　b　炭素原料选择

　　研究结果表明，加入炭素原料对滑板抗侵蚀和抗热震性有重大影响，碳含量约为10％时，抗侵蚀性最佳，随着碳含量的增加抗热震性能明显改善。炭素原料的种类有鳞片石墨、人造石墨、石墨沥青焦、冶金焦、无烟煤、木炭、炭黑等。根据多数厂家使用经验，鳞片石墨有抗氧化性强、成形性能好等优点，为此选用鳞片石墨作炭素原料。

　　从保证抗侵蚀和抗热震性等多方面综合考虑并几经优化，确定芯体材料的最佳配比组成。

　　B　结合泥料选择

　　选用与芯体、原滑板材质相近或相同的原料添加结合剂配制而成。

　　C　表面特殊涂料的开发

　　使用黏结性好、耐磨、耐急冷急热性好和摩擦系数低的涂料。

5.13.4.3　滑板修复后的使用情况（见表5-3）

表5-3　使用效果与原滑板砖对比

产品	扩径/mm	滑板表面	热裂稳定性	浇注操作
原滑板	1～4	较好	较差	正常
修复滑板	0.5～1.5	较好	良好	正常

思考题

（1）如何修复钢包滑动水口滑板？
（2）滑板修复再利用的原因？
（3）滑板修复适用的材料如何？

5.14　热换式外装钢包底吹氩透气砖

5.14.1　实训目的

　　学会钢包在热状态下更换底吹氩透气砖的工艺过程，确保钢包的底吹氩成功率，缩短钢包停包检修时间，降低钢包工作衬的损坏等。

5.14.2　操作步骤或技能实施

5.14.2.1　热换式外装透气砖的砌筑工艺

　　内装式透气砖的砌筑是将整体透气砖与包底同时砌筑，而热换式外装透气砖的砌筑分两步进行。先将透气砖座砖、套砖与钢包底部同时砌筑，然后钢包放到透气砖安装专用位置安装透气砖。外装式透气砖与内装式透气砖砌筑工艺比较如图5-7所示。

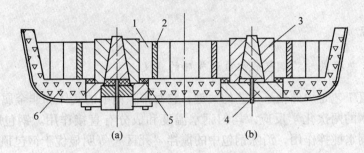

图 5-7　外装式透气砖与内装式透气砖砌筑工艺比较

(a) 外装式透气砖；(b) 内装式透气砖砌筑

1—包底砖；2—浇注料；3—内装透气砖；

4—透气砖座砖；5—捣打料；6—永久层

5.14.2.2　热换式外装透气砖的使用工艺

对底吹氩不通的透气砖在钢包热态正常周转的情况下只更换透气砖，套砖和座砖均不拆除。关键是选用好透气砖接缝料，该料应能保证使用安全和方便热换时的清理。图 5-8 为热换式外装透气砖的使用工艺流程图。透气砖使用寿命按 25 次，安全使用标准为 150mm；透气砖套砖按 50 次使用，可更换标准为 260mm。正常使用的透气砖按流程 1，需要更换透气砖时按流程 2，更换透气砖套砖时按流程 3。

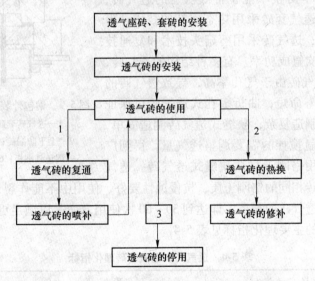

图 5-8　换热式外装透气砖安装的使用工艺流程图

5.14.3　注意事项

(1) 更换透气套砖时，对座砖进行检查确认，不必每次更换。周围用莫来石捣打料进行捣打密实。

(2) 透气套砖采用与透气砖相同的铬刚玉质，抗侵蚀性要好、使用中不能炸裂，要求一块套砖的使用寿命满足两块透气砖的需要，即达到 50~60 次使用寿命。

5.14.4　知识点

5.14.4.1　热换式外装钢包底吹氩透气砖的意义

钢包底吹氩工艺是炉外精炼工艺的关键，它对排除钢中的气体和非金属夹杂物，增强精炼过程中钢水的两次化学反应，均匀钢水温度和成分有直接作用。钢包底吹氩操作简单，有较好的钢水搅拌作用，消除钢包中的搅拌"死区"等明显优于钢包顶吹氩，被越来越多的钢厂采用。但精炼钢包对透气砖的吹氩成功率要求很高，否则影响钢水精炼，且更换透气砖停包时间长，不利于钢包寿命的提高和满足钢种吹氩的需要。

过去采用钢包内装式底吹氩透气砖与钢包顶吹氩棒相结合的吹氩方式。随着生产钢种的增加，如纯净钢、超纯净钢的生产，以及炉外精炼工艺的开发与应用，都要求钢包能满足全底吹氩精炼工艺。该工艺对于确保钢包的底吹氩成功率，缩短钢包停包检修时间，降低钢包工作衬的损坏等有重要意义。

5.14.4.2　热换式外装底吹氩透气砖工艺的设计

设计此套装置时，充分考虑到钢包使用的安全性和可更换性，采用透气砖、透气套砖、透气座砖和透气砖紧固装置组合结构形式，如图 5-9 所示。这种结构可以在钢包热态下更换不能正常底吹氩的透气砖，缩短了停包时间；透气套砖采用热态修补的技术，可延长套砖使用寿命；透气砖采用蘑菇头技术和复通技术可提高透气砖的吹氩成功率。有多种结构的透气砖，其中"迷宫"式透气砖由于气孔率高，导致透气砖的损毁速度高，使用寿命短；曲折多孔式透气砖可保证吹氩搅拌效果，但制造复杂；狭缝式透气砖制造简单，缝隙可根据钢水吹氩搅拌的需要调整透气量，得到广泛应用。为此，采用铬刚玉材质狭缝式透气砖。透气套砖也采用与透气砖相同的铬刚玉质，抗侵蚀性要好、使用中不能炸裂，要求一块套砖的使用寿命满足两块透气砖的需要，即达到 50～60 次使用寿命，以满足更换透气砖的需要。透气砖和透气套砖的主要理化指标见表 5-4。

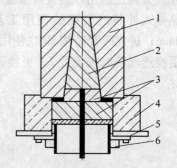

图 5-9　钢包外装透气砖组装结构图
1—透气砖套砖；2—透气砖；
3—上下防漏砖；4—透气砖座砖；
5—钢包基准板；6—透气砖紧固装置

表 5-4　透气砖和透气套砖理化指标

项　目	透气砖	透气套砖
$Al_2O_3/\%$	>88	>70
$Cr_2O_3/\%$	>4	>2
$SiO_2/\%$	<2	<10
体积密度/$g \cdot cm^{-3}$	>3.0	>2.8
常温耐压强度（110℃×24h）/MPa	>60	>60
高温耐压强度（1500℃×3h）/MPa	>80	>80
氩气流量（0.4MPa）/$Nm^3 \cdot h^{-1}$	13～25	—

设计这套外装透气砖结构时，采用上下两块防漏砖装置，从现场使用看，起到了防止漏钢事故扩大的作用。透气砖座砖的作用是方便透气套砖的定位与安装。紧固装置由固定装置和顶紧装置组成，固定装置采用翻盖式结构；顶紧装置采用梯形螺纹结构进行紧固，安全可靠安装方便。

5.14.4.3 热换式外装底吹透气砖安装结构的特点

（1）安全性。使用的机械、耐材安全可靠，采用的组合式防漏钢结构可完全避免钢水的泄漏。

（2）可靠性。钢包热态下更换透气砖工艺，对底吹氩不通的透气砖可进行即时更换，保证钢包底吹氩率大于99%，满足精炼钢水的需要。

（3）可控性。透气砖可根据不同钢种，采用宽度0.12~0.18mm的通气条缝，吹氩压力可调，以满足不同钢种吹氩的需要，狭缝式透气砖的压力流量特性曲线如图5-10所示。

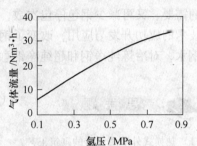

图 5-10 透气砖流量与
压力特性曲线

（4）结构简单。该系统由座砖、套砖、透气砖、顶紧装置和固定装置组成，分别制作，组合安装。

（5）快速周转。一个透气砖冷态安装平均15min，热态更换平均20min。

5.14.4.4 热换式外装底吹透气砖吹氩工艺相关技术与辅助材料

A 透气砖复通技术

浇完钢检查透气砖时，在钢包底接通氮气对透气砖进行反吹，同时对透气砖的表面清烧，清除透气砖缝隙的渗钢，保证通气畅通。一般反吹的氮气压力要大于清烧的煤气压力。

B 透气砖的蘑菇头技术

透气砖表面清理完成后，把透气砖喷补料用专用喷枪直接喷到透气砖表面，喷补料经透气砖余温进行烧结，喷补料的喷补—烧结—喷补—烧结，形成类似"蜂窝"状的蘑菇头，既保证透气砖的透气性，又防止钢水的渗透。

C 透气砖套砖的热修补技术

为提高套砖的使用寿命，采用锆刚玉质快速自流修补料，在热态更换完透气砖后进行修补，该料热修补快（10min），操作简单，烘烤不炸裂，抗钢水的侵蚀冲刷能力强，一次修补可提高套砖使用寿命20次以上。

D 外装透气砖接缝料的应用

透气砖接缝料前部满足防止钢水渗透和热换时容易清理；透气砖后部进行填充料，可防止漏钢。

5.14.4.5 热换式外装透气砖工艺的使用效果

A 底吹氩成功率和热换成功率

自开始进行外装透气砖的热换以来，热换成功率不断提高，底吹成功率从85%提高到

99％。所以可不再用顶吹，按照钢包全底吹的生产组织模式进行生产。

B　钢包周转

钢包透气砖平均检修时间由原来内装透气砖的 72h，减少到现在的 1h；透气砖钢包的小修次数，由原来的 35 浇次小修 1 次，提高到 50 浇次小修 1 次，小修次数减少 30％。

5.14.4.6　热换式外装底吹透气砖吹氩工艺结果

武钢两炼钢厂、邯钢 3 炼钢都采用这套钢包热换式外装底吹氩透气砖结构，使用证明，热换式外装底吹氩透气砖安全可靠、安装方便、操作简单，既可满足精炼钢包底吹氩的需要、又可减少钢包停包次数，减轻工人劳动强度，降低耐材消耗成本和煤气消耗。该技术的成功开发与应用，改变了钢厂的品种钢生产工艺，减少钢水夹杂物的含量，纯净了钢水，对冶炼纯净钢和超纯净钢意义重大。

思 考 题

(1) 热换式外装透气砖的砌筑工艺？
(2) 热换式外装透气砖的使用工艺？
(3) 热换式外装钢包底吹氩透气砖的意义？
(4) 热换式外装底吹氩透气砖工艺的设计？
(5) 热换式外装底吹透气砖安装结构的特点？
(6) 热换式外装底吹透气砖吹氩工艺相关技术与辅助材料？
(7) 热换式外装透气砖工艺的使用效果？

5.15　安装钢包、中间包滑动水口控制机构

5.15.1　实训目的

熟练掌握钢包、中间包滑动水口液压缸安装，保证其正常运行。

5.15.2　操作步骤或技能实施

5.15.2.1　钢包、中间包滑动水口启闭控制机构安装的一般步骤

A　液压系统的检查

检查液压系统是否正常，发现问题及时采取措施，保证正常运行。
(1) 检查液压油箱油位、温度。
(2) 将系统输出液压管接在液压缸上，启动油泵，保证运行压力。
(3) 按动液压缸换向开关，保证液压缸正常动作。

B　备用油泵的检查

检查备用泵是否正常，搬动油泵和换向阀，保证液压缸正常运作。

C　油缸的检查

搬动液压缸，将液压缸固定端挂在钢包（中间包）固定孔上，并插好固定销，防止滑落。

D 调试液压系统

开动液压系统，调节液压缸行程，将液压缸活塞杆的端孔对准滑板连接杆的孔，并插好固定销，防止滑落；若液压缸为离线安装，则在连铸浇注位上连接好液压管的快速接头，并做上述的相应检查；钢包（中间包）开浇时，启动液压系统，打开滑动水口，待钢包（中间包）钢流圆滑正常后，试液压缸启闭运作，确认液压系统和液压缸动作正常，即可进入正常浇注操作。

5.15.2.2 钢包、中间包滑动水口启闭控制机构安装的详细步骤

（1）正确选择滑板砖：上下滑板砖的磨光面经研磨后，要用塞尺测量其配合面之间的间隙；如浇注镇静钢，其配合间隙应不大于 0.15mm，如浇注沸腾钢，其配合间隙应不大于 0.05mm；另外要检查上下滑板砖的质量，不得有缺角、缺棱和肉眼可见的裂纹等缺陷。

（2）所用的耐火泥要调和均匀、干稀适当，呈糊状，泥中不能有结块、石粒、渣块等硬物。

（3）在安装上滑板砖之前，要清理干净固定盒的上滑板槽内，上下水口内及上水口砖接触面之间的残钢、残渣。

（4）上滑板砖的一面要涂上足够的耐火泥，然后装配到上水口砖上，两者之间在安装时要求接触严密，并用调整装置进行压紧校平，无明显的倾斜。

（5）在安装下滑板砖之前，应检查、清理滑动盒内的拖板驱动机构，并加油润滑；必须保证拖板驱动机构完好无损、调节灵活。

（6）下滑板砖的一面要涂上耐火泥，然后装配到下水口砖上，两者之间在安装时要求接触严密，并进行压紧校平，使下滑板砖的四周与拖板的上沿距离相等。

（7）在组装滑板砖之前，应在下滑板砖的磨光面上涂石墨油，接着将装有下滑板砖的拖板放入滑动盒的导向槽内，然后关闭滑动盒，锁定固定盒的活扣装置，使滑动盒扣紧在固定盒上，并使上下滑板砖之间产生预定的工作压力。

（8）将滑动水口机构的驱动液压缸及传动装置安装、连接到位，然后对滑动水口机构进行滑动校核试验，以检验、确认滑动水口机构的动作是否平稳、灵活、无异响、无松紧现象。

（9）最后将上下水口内挤入的残余耐火泥并将垃圾清理干净。

5.15.3 注意事项

（1）液压系统运行前，必须对液压站按要求检查。

（2）液压缸离线安装时，或液压缸与液压管分别拆卸后，应注意保护液压缸上的液压管接头和液压管上的快速接头，防止损坏和液压油受杂质污染。

（3）安装液压缸时站位要正确，操作人员应有一定高度和力量，防止液压缸坠落伤人或损坏。

5.15.4 知识点

5.15.4.1 钢包和中间包钢流控制方式

钢包、中间包钢流控制可采用塞棒形式或滑板形式。目前钢包大多采用滑板形式，而

中间包两者都很常见，有些连铸中间包同时采用两种形式以增加可靠性。

　　A　塞棒控制

　　通过塞棒与水口砖的配合来控制钢流。当塞棒提升时，钢流变大；当塞棒压下时，钢流变小，直至关闭。由于在浇注过程中，塞棒头部与水口砖上端面受钢液侵蚀比较严重，容易发生钢流失控事故。

　　B　滑动水口控制

　　滑动水口是通过滑板之间相对位置来控制钢流的，以滑板块数可分为双层式滑板和三层式滑板（见图5-11）。双层式滑板在控制钢流过程中，下滑板位置在变化。因此，这种形式不能用于中间包上。三层式滑板，上下滑板不动，以中滑板的运动来控制钢流。

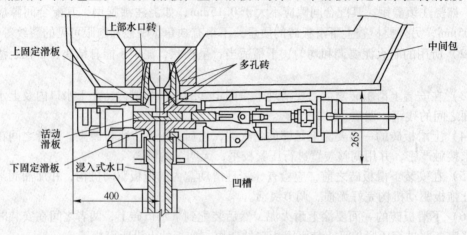

图 5-11　中间包三层式滑板滑动水口机构简图

5.15.4.2　液压缸驱动

　　滑动水口驱动方式有液压、电动和手动 3 种，国内最常见的为液压驱动。液压缸是将液压能转变为机械能并可作直线往复运动或摆动运动的液压元件。根据机构形式液压缸可分为 4 种类型：活塞式、柱塞式、伸缩式和摆动式。其中活塞式又可分为单活塞杆式和双活塞杆式。滑动水口控制仅使用单活塞杆式，如图 5-12 所示。

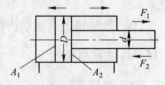

图 5-12　单活塞杆
液压缸示意图

　　根据滑动水口机构结构不同，安装方法也有所不同。但从安装区域来分，可分离线安装和在线安装两种。离线安装指液压缸在滑板安装区域即安装在钢包或中间包上，在连铸平台上仅需接上液压管快速接头；在线安装指钢包或中间包在浇注位时，整体安装上液压缸和液压管，其优点是液压缸使用条件改善，管路不易污染，缺点是安装不方便。

5.15.4.3　钢包、中间包滑动水口机构的维护要点

　　对钢包、中间包滑动水口机构的维护主要包括滑动水口机构中滑动、传动机构的维护，安装过程中与安装后的维护及滑动水口机构驱动液压站的维护。

（1）对每一个钢包、中间包的滑动水口机构必须定期检查各滑动、传动机构运动的灵活性、机构部件的完好性，定期对滑动水口机构进行清扫、加油维护，以保障各机构部件功能的正常、有效。

（2）必须严格按照滑动水口机构的安装、调整要求，进行上下滑板砖的更换操作作业。

（3）对已经安装、调整后的滑动水口机构要避免受到外力的撞击，并经常检查水口滑板砖之间的配合状况，防止产生钢包、中间包水口的启闭故障。

（4）要作好滑动水口机构驱动液压站的日常维护作业，以确保其技术性能状况的稳定，为滑动水口机构的运行提供一个可靠的动力源。

 思 考 题

（1）液压缸安装的操作过程是什么？
（2）滑动水口控制原理是什么？
（3）钢包、中间包滑动水口机构的维护要点是什么？

5.16 加入引流砂

5.16.1 实训目的

学会加入引流砂，实现自动开浇。

5.16.2 操作步骤或技能实施

5.16.2.1 吊钢包

将钢包吊运至钢包架上，然后再次清除注口内垃圾，随后关闭注口。

5.16.2.2 检查材质

用砂必须干燥且粒度应符合技术要求。

5.16.2.3 加砂

引流砂通过长漏斗加入，以填满注口孔且呈馒头状凸出为好。

5.16.3 注意事项

（1）引流砂一定要干燥且粒度合适。
（2）加砂必须填充加满且略有凸起。

5.16.4 知识点

采用滑动水口浇注，在钢包盛满钢液后，如上水口内引流砂填充不实，钢液会流入上水口孔隙内，与引流砂接触，热量散失较快，产生凝钢，造成打开滑板后钢液不能自动流出。为使浇注正常进行，必须烧氧熔化上水口内孔的凝钢进行引流，这不仅给操作增加了很多麻烦，而且还影响水口的使用寿命和钢的质量，因此正确加入引流砂是实现滑动水口自动开浇的关键。

出钢前，在上水口内加入引流砂，使引流砂充满上水口能起到阻止钢液进入上水口孔内的作用。浇注时打开滑板，引流砂落下，钢液自动流出。此法开浇率可达 95% 左右，但要防止引流砂进入钢液造成钢中外来非金属夹杂，在中注管上方有纸帽防止引流砂落入钢液内。当万一不能自动开浇，必须迅速烧氧开浇。

思考题

（1）加入引流砂的目的是什么？
（2）怎样加入引流砂？
（3）对引流砂有何要求？

5.17　砌筑中间包

5.17.1　实训目的

学会砌筑中间包和更换中间包工作层。

5.17.2　操作步骤或技能实施

5.17.2.1　工具准备

泥刀和泥板；煤锹数把；喷涂机；木槌数把。

5.17.2.2　砖衬中间包砌筑

（1）检查中间包铁壳，必须符合砌筑及使用要求。
（2）在砌筑台上铁壳定位。
（3）清理铁壳内垃圾，铁壳内外残钢渣清理干净。
（4）准备泥料，一般用耐火泥细粉加水拌和成浆状（7 号泥）和火砖粉加水玻璃拌和成泥团状（4 号泥）两种。
（5）底垫 20～30mm 厚 4 号泥，要求水平均匀。
（6）根据中间包砌筑台上的水口中心位置或根据铁壳水口砖开孔中心，拉线放准水口座砖。
（7）用耐火砖砌中间包底永久层。砖缝用 7 号泥涂抹，要求泥料均匀铺满砖面，砖缝要求叉开，宽度小于 2mm。
（8）在包底砌筑完毕后，砌包墙，永久层砖与铁壳间的缝隙用 4 号泥填嵌，砖缝之间用 7 号泥涂抹，要求同第（7）项操作。
（9）砌砖时用木槌定位和紧密砖缝。
（10）砌筑后的包底和包墙要求平整（包墙砖面根据中间包设计的斜度可以有一些上

下错位)。

(11) 中间包工作层砖砌仍按上述（1）~（10）项要求操作。

5.17.2.3 浇注料永久层中间包

(1) 检查中间包铁壳，必须符合筑包及使用要求。

(2) 在浇注台上铁壳定位。

(3) 清理铁壳内垃圾，铁壳内外残钢渣清理干净。

(4) 准备好浇注料，按耐材厂工艺要求加水搅拌浇注料成水泥浆状。

(5) 先浇注包底；在浇注前，先定位水口座砖。

(6) 浇注时，用插入式振动棒振捣，直至表面泛浆，然后用泥刀将表面抹平。

(7) 在包底浇注层养护期后（一般 24h），安放包墙胎膜。安放前胎模 4 周先涂上防粘油，胎模安放要求中心定位，保证浇注后包墙厚度均匀。

(8) 一次性浇注包墙，并用插入式振动棒振捣，也要求表面泛浆。

(9) 保养浇注层一定时间后脱模，完成永久层浇注。

(10) 永久层浇注后，在施工工作层前要依据浇注工艺进行烘烤干燥和烧结。

5.17.2.4 涂料工作层中间包

(1) 清除中间包永久层上的残钢渣和垃圾。

(2) 中间包在砌筑台上定位。

(3) 定位水口座砖，座砖底与包底铁壳之间间隙用 4 号泥填嵌，四周用 7 号泥填嵌。

(4) 准备涂料：按耐材厂提供的工艺搅拌涂料成泥浆状。

(5) 用泥刀和泥板先涂包墙，厚度 20~30mm。然后涂包底，厚度 30~40mm。要求涂抹均匀，表面光滑，包内不留杂物和残料。

(6) 养护涂料，一般 2~4h。

(7) 以一定温控曲线（根据耐材厂提供）烘烤涂层，供中间包投入使用。

(8) 涂料也可用喷涂机喷涂在中间包永久层上再养护，供烘烤使用。

5.17.2.5 绝热板中间包

(1) 按 5.17.2.4 节中（1）~（3）处理中间包。

(2) 准备好绝热板嵌缝泥料（一般是绝热板制造厂提供的胶泥）和支撑圆钢（φ12~14mm）。

(3) 在中间包底先铺一层（30mm）干燥石英砂，要求均匀。

(4) 先安放包底绝热板，再安放墙绝热板，包墙绝热板用支撑圆钢支撑。绝热板缝隙用嵌料填嵌，缝隙填嵌后也要求平整。

(5) 包墙绝热板与永久层之间留有 20~30mm 的间隙，需用干燥石英砂灌满。

(6) 根据材质不同，绝热板可烘烤或不烘烤使用。

5.17.3 注意事项

(1) 砖砌中间包时，不要用铁槌敲击定位，防止耐火砖留下裂缝隐患。

（2）砖砌中间包在泥浆干之前或浇注中间包在永久层保养期内不得翻转。涂料和绝热板中间包施工后不得翻转。

（3）水口座砖定位一定要正确，保证中心对中和位置水平。在以后的任何施工过程中不得产生移位。

（4）浇注永久层必须一次完成，防止产生分层裂缝。

5.17.4　知识点

中间包是连铸工艺流程中位于钢包与结晶器之间的过渡容器，即钢包中的钢水先注入中间包再通过其水口装置注入结晶器。

5.17.4.1　中间包的作用

中间包的作用是稳定钢流，减少钢流对结晶器中初生坯壳的冲刷；能储存钢水，并保证钢水温度均匀；使非金属夹杂物分离、上浮；在多流连铸机上，中间包把钢水分配给各支结晶器，起到分流的作用；在多炉连浇过程中，中间包内储存的钢水在更换钢包时能起衔接作用，从而保证了多炉连浇的正常进行。随着对铸坯质量要求的进一步提高，对防止中间包内钢水的二次氧化应特别注意。

5.17.4.2　中间包的主要技术参数

中间包容量、中间包液面高度、中间包长度和宽度、中间包内壁斜度、中间包水口直径及水口间距等。

A　中间包容量

中间包容量主要根据钢包容量、铸坯断面尺寸、中间包流数、浇注速度、多炉连浇时更换钢包的时间、钢水在中间包内的停留时间等因素来确定的。连浇时中间包的容量还应考虑钢包的更换时间，如更换钢包的时间为 3min，则中间包内的钢水量至少应能满足浇注 5min。

B　中间包高度

中间包高度主要取决于钢水在包内的深度要求，中间包内钢水的深度应为 800 ~ 1500mm。在多炉连浇时中间包内的最低钢水液面深度不应小于 500mm，以免钢水产生旋涡，并卷入渣液；另外钢水液面至中间包上口之间应留 100 ~ 200mm 的距离。

C　中间包长度和宽度

中间包长度主要取决于中间包的水口位置距离，单流连铸机的中间包长度取决于钢包水口位置与中间包水口位置之间的距离，多流连铸机则与连铸机的流数、水口间距有关。

中间包宽度可根据中间包应存放的钢水量来确定。在中间包容量、长度确定的前提下，中间包高度越高，中间包宽度就越小；如减小中间包宽度既能缩小钢水在中间包内的散热面积，又能减少中间包内的剩余残钢量，从而提高成材率。

D　中间包内壁斜度

中间包内壁有一定的斜度，其作用是有利于清理中间包内的残钢、残渣。一般中间包内壁斜度为 10% ~ 20%。

E 中间包水口直径及水口间距

中间包水口直径应根据连铸机的最大拉速所需要的钢流量来确定。如水口直径过大，则浇注时须经常调整水口开口度，这样会使塞棒塞头承受较大的冲蚀，造成控制失灵发生溢钢事故；如水口直径过小，则会限制拉速，使水口冻结。

水口间距是多流连铸机中间包特有的技术参数，水口间距是指多流连铸机中相邻的各个晶器之间的中心距离。

5.17.4.3 中间包的类型

按其形状可分矩形、三角形等，如图 5-13 和图 5-14 所示。

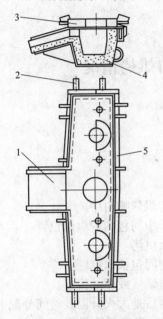

图 5-13 矩形中间包简图
1—溢流槽；2—吊耳；3—中间包盖；
4—耐火衬；5—壳体

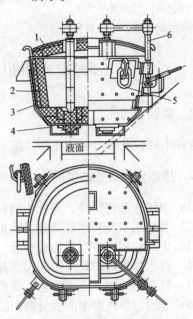

图 5-14 三角形中间包简图
1—中间包盖；2—耐火衬；3—壳体；4—水口；
5—吊环；6—水口控制机构（塞棒机构）

中间包的形状力求简单、以便于吊装、存放、砌筑、清理等操作。按其水口流数可分单流、多流等，中间包的水口流数一般为 1～4 流。

5.17.4.4 中间包的结构

主要由本体、包盖及水口控制机构（滑动水口机构、塞棒机构）等装置组成，如图 5-14 所示。

中间包本体是存放钢水的容器，它主要由中间包壳体和耐火衬等零部件组成。

(1) 中间包壳体是由钢板焊接而成的箱形结构件，为了使中间包壳体具有足够的刚度，能在高温、重载的环境条件下经烘烤、浇注、吊装、翻包等多次作业不变形，应在中间包壳体外焊接加强箍和加强筋；为了支撑和吊装中间包，在中间包壳体的两侧或四周焊接吊耳或吊环；另外还设置钢水溢流孔、出钢孔，在壳体钢板上钻削许多排气孔。

(2) 中间包耐火衬由工作层、永久层和绝热层等组成。其中绝热层用石棉板、保温砖砌筑面成：永久层用黏土砖砌筑，或用浇注料整体浇注成形；工作层用绝热板或用耐火涂料喷涂。在出钢孔处砌筑座砖和水口砖。在大容量中间包的耐火衬中还设置矮挡墙和挡渣墙，主要可隔离钢包的注流对中间包内钢水的扰动，使中间包内钢水的流动更趋合理，更有利于钢水中非金属夹杂物的上浮，从而提高钢水的纯净度。

 思 考 题

（1）砖砌中间包时，砖缝为什么要叉开，砖缝小于2mm的依据是什么？

（2）为什么水口座砖定位一定要准确对中，并保持水平？

（3）中间包的作用有哪些？

（4）中间包的主要技术参数有哪些？

5.18　判断中间包及水口烘烤情况

5.18.1　实训目的

掌握中间包及水口烘烤操作，保证顺利开浇。

5.18.2　操作步骤或技能实施

（1）中间包准确定位，保证中间包烘烤孔、水口与烘烤嘴对中。

（2）若采用钢包长水口浇注，将钢包长水口放置于中间包内的烘烤位置。

（3）中间包钢流控制机构检查后，打开塞杆或滑板烘烤。

（4）将水口烘烤炉对准中间包底部的水口或套住中间包长水口。

（5）打开燃料阀，点火烘烤，并根据烘烤要求调整燃气或燃油流量。

（6）中间包烘烤升温曲线分两个阶段，先是中火，后是大火升温，时间分配上大致各一半。不应该只靠大火快速烘烤，造成表面温度高而实际温度低的假象。

（7）一般中间包总烘烤时间控制在60~90min，最终烘烤温度要求 t 不小于1100℃。

（8）达到烘烤时间和烘烤温度后，可根据生产安排停止烘烤，并立即进入待浇注状态。

（9）中间包烘烤情况，一是可从烘烤时间来判断：必须大于最短时间；二是从温度来判断：少数铸机由中间包连续测温来判断，大多数铸机用肉眼观察中间包内衬颜色来判断，即必须达到亮红色。

（10）有些铸机采用绝热板砌的冷中间包，但水口必须烘烤。

（11）分离式中间包长水口，另需长水口烘烤炉烘烤，在中间包开浇前取出装在中间包水口上。

5.18.3　注意事项

（1）必须正确使用烘烤装置，对于煤气烘烤，应严格执行煤气安全操作规程。

（2）烘烤过程中，应随时对烘烤情况进行观察，防止熄火或火焰异常。

（3）烘烤时间必须符合工艺要求，但也不宜过长。

（4）中间包停烘至钢包开浇间隔应符合工艺要求（越短越好）。

5. 18. 4 知识点

5. 18. 4. 1 中间包烘烤

根据烘烤要求的不同，中间包烘烤可分为 3 种类型。

（1）高温中间包。高温中间包是为某一特定的冶金过程要求而设置的，包衬为镁砖，预热温度为 1500℃ 左右。

（2）热中间包。热中间包是较常见的一种中间包，工作层采用涂层或砖衬，预热温度为 1100℃。其中涂层中间包具有施工方便，便于机械化，成本低等优点，正逐步推广。常见的材料有镁质和镁铬质，烘烤制度为：常见 300℃，烘烤 1.5h；300～1100℃，烘烤 1～1.5h。

（3）冷中间包。所谓冷中间包就是在浇注前不需要烘烤即可使用，工作层材质为绝热板。常见绝热板材质又可分为硅质绝热板和镁质绝热板。用无机物作为结合剂的绝热板，由于无机盐中的结晶水会高温分解，使用前必须烘烤。国内多数使用的是有机物作为结合剂的绝热板，在使用前可不必烘烤。为使中间包开浇顺利，可以对绝热板预热。硅质绝热板可快速预热，预热时间在 10～15min；镁质绝热板预热时间可较长。绝热板中间包烘烤和导热过程中必须防止绝热板塌落。

5. 18. 4. 2 水口的烘烤

水口的烘烤主要指对中间包钢流控制系统中耐火材料的烘烤。尽管中间包钢流控制结构形式多种多样，但烘烤要求主要取决于耐火材料的材质。

铝碳质制品使用前必须烘烤，否则有开裂的可能。由于铝碳质制品低于 500～600℃ 时，随着温度上升，强度下降；在 600～1300℃ 之间，温度上升，强度提高，1300℃，强度又随温度上升而下降。因此铝碳质制品预热烘烤时，要求快速升温，迅速达到 1300℃。

熔融石英质制品具有热导率小，热稳定性好的优点，不经烘烤或低温预热即可使用。石英质制品不宜在高温下长期烘烤，否则会方石英化，反使制品热稳定性下降，甚至会出现裂纹。

随着耐火材料的发展，各种新型耐火材料正不断涌现。如目前已研制出一种不经烘烤即可使用的铝碳质水口。

水口烘烤采用专用烘烤炉，对多流连铸机，装备有多只烘烤炉对每流水口单独烘烤，即使采用冷中间包工艺，为保证开浇顺利，水口烘烤也是不可少的。水口烘烤时，塞棒或滑板必须打开，以利于水口内壁得到较好的预热，对于冷中间包塞棒打开后，还可借助水口烘烤炉的火焰对塞棒头部进行预热。

5. 18. 4. 3 中间包、水口烘烤对开浇和铸坯质量的影响

中间包、水口烘烤不良除对耐火材料的使用性能影响外，还关系到连铸开浇和铸坯质量。

A 对开浇的影响

高温钢液注入中间包时，中间包耐火材料有一个吸热过程，中间包预热温度越低，吸

热量越多,当吸热量过大时,中间包底部钢液会局部凝固,在中间包水口处凝固的冷钢会造成塞棒无法与水口闭合,引起关不住事故;若吸热更加剧时,钢液甚至会在水口内结塞。在不提高钢液开浇温度的情况下,为解决冷中间包的开浇问题,可在水口处加入适量的发热剂,如 Si-Ca 粉等。

　　B　对铸坯质量的影响

中间包烘烤不良对铸坯质量的影响主要是气泡缺陷。当发现中间包开浇炉号头几块铸坯有气泡时,一般与中间包内水分有关,首先应从烘烤情况分析。水分对板坯气泡的影响非常敏感。通常在板坯连铸机上,中间包都进行烘烤预热。

5.18.4.4　中间包、水口烘烤装置

　　A　中间包、水口烘烤装置的作用

对中间包进行烘烤,可提高中间包内的耐火衬温度;去除其中的水分,可减少中间包内钢水的温降和热损耗。它一般安装在连铸平台上,在受钢前,将中间包的耐火衬预热到 1100℃。

　　B　中间包、水口烘烤装置

中间包、水口烘烤装置主要由烘烤烧嘴、转臂、燃气管路系统、空管路系统、鼓风机及调节控制阀等零部件组成。当中间包未烘烤时,转臂处于上升位置,待中间包进入烘烤工位,转臂作旋转运动,将烧嘴进入中间包盖的烘烤孔,然后点火,依靠火焰喷射,烘烤中间包的耐火衬,达到规定的温度。

烘烤烧嘴的作用是混合燃料介质和助燃介质,点火喷射出烘烤火焰,使燃料介质得到充分燃烧。

　　C　烘烤介质

中间包、水口烘烤装置的烘烤介质有燃料介质、助燃介质等。

　　a　燃料介质

燃料介质主要有燃油类和燃气类等两种,其中燃油类燃料介质有重油和轻柴油等,燃气类燃料介质有天然气和焦炉煤气等。中间包、水口的烘烤装置一般以煤气作为燃料介质。

　　b　助燃介质

助燃介质主要有压缩空气、鼓风气和氧气等,其中压缩空气可使燃油类介质产生的烘烤火焰,具有一定的喷射速度,为燃油类介质充分燃烧创造条件;鼓风气可使燃气类介质产生的烘烤火焰,得到充分的燃烧,且达到一定的火焰喷射长度;氧气可促使烘烤火焰得到完全、充分的燃烧。

思 考 题

(1) 简述中间包及水口烘烤操作步骤。
(2) 根据烘烤要求不同,中间包可分为哪三种?
(3) 中间包水口烘烤对开浇有何影响?

5.19 中间包应用镁质干式工作衬

5.19.1 实训目的

掌握镁质干式工作衬在小方坯连铸机中间包上的应用,能够熟练地完成镁质干式工作衬中间包砌筑的工艺过程。

5.19.2 操作步骤或技能实施

(1) 将换下来的中间包内残渣、残钢清理干净,安装好水口更换机件、水口及座砖。

(2) 向中间包内倒入干式料,将冲击板放入中间包内,调整好冲击板的位置。

(3) 再次向中间包内倒入干式料,用木板或其他工具刮平,厚度大于30mm,小于冲击板厚度20mm;在中间包烘烤器外表均匀涂一层石墨,将其放入中间包内,调整其位置,使其与冲击板吻合,并且与中间包永久层四周的间距保持一致,大约40mm。

(4) 向中间包永久层与烘烤器的间隙内加入干式料直至与中间包渣线下沿平齐,开启振动电机,向中间包永久层与烘烤器的间隙内加入渣线料直至与中间包沿平齐。

(5) 停止振动,开启抽风机,设定加热温度为300℃,点燃点火器,将管道预热后开启煤气阀门,用点火器点燃加热器,烘烤3h左右,温度达到300℃,停止加热,待干式料硬化后脱模。

(6) 将砌筑好的中间包吊至浇钢平台,用烘烤器在线烘烤。烘烤制度:小火烘烤不小于60min,大火烘烤不小于30min,包衬温度达到800~1000℃。水口烘烤要用专用烧嘴,在开浇前至少烘烤60min以上,要求水口发红;备用水口在备用位烘烤30min以上,水口温度要求200~300℃。

5.19.3 注意事项

(1) 从生产到施工镁质干式料涂不得使用水。

(2) 砌筑好的中间包严格执行烘烤制度;否则,中包工作衬易产生裂纹。

5.19.4 知识点

5.19.4.1 中间包衬用耐火材料的发展

镁质干式涂料是中间包工作衬用耐火材料的一次新变革。中间包衬用耐火材料从硅质板、镁质板发展到镁钙板、硅钙板及涂抹料、喷涂料。现在又出现了镁质干式料,它采用优质电熔镁砂为主要原料,再加入一些添加剂,用于连铸中间包工作衬,具有节能、脱模快、使用寿命长、用后解体性能优异、易翻等特性。其最大特点是:从生产到施工无需加水,大大缩短了中间包壳的周转期,减少中间包使用量,可使单个中间包连续浇钢时间提高到30h以上。

5.19.4.2 镁质干式工作衬的理化性能

中间包工作衬与高温钢液长时间接触,可能发生机械蚀损、化学反应及吸附现象,因此其耐火材料既要求耐高温钢液侵蚀，又要求不影响钢液的质量。经过现场检测，应用效果很好。其干式料的理化性能见表5-5。

表5-5   干式料的理化性能

项　　目		指　　标
化学成分/%	MgO	$\geqslant 80.0$
	SiO_2	$\leqslant 8.0$
200℃×8h 处理	体积密度/g·cm^{-3}	$\leqslant 8.0$
	抗折强度/MPa	$\geqslant 5.0$
1500℃×3h 处理	体积密度/g·cm^{-3}	$\geqslant 2.1$
	抗折强度/MPa	$\leqslant 6.0$

注：MgO 的测定按 GB5069.9 的规定进行；SiO_2 的测定按 GB6900.3 的规定进行。体积密度的测定按 YB/T-5200 的规定进行；抗折强度的测定按 YB/T-5201 的规定进行。

5.19.4.3 镁质干式工作衬的应用情况

（1）工作层厚度及用量。中间包侧壁厚度为 40mm、底部 50mm、冲击区 100mm，平均每个中间包用料为 1.5t。

（2）砌筑工艺分析。与绝热板中间包相比，其砌筑工艺略微复杂一些，但与涂料中间包相比，砌筑工艺要简单一些，不需要加水，烘烤时间短，劳动强度小，脱模快，具有明显的节能优势。

（3）侵蚀情况。某厂 11 月份共使用 22 个干式中间包，拉钢 1283 炉，平均每个中间包拉钢 58 炉，最高达到 85 炉，平均每个中间包浇钢时间 22h38min，工作层侵蚀均匀，渣侵层 5~8mm，烧结层 5~20mm，抗渣性能良好，翻包容易，没有粘包现象。

（4）浇注钢种使用干式中间包不影响正常的品种生产，某厂实践中主要的浇注钢种有 Q235A、Q235B、Q215、HRB335、HRB400 等。

（5）对钢质量的影响分析表明，使用干式包对钢的质量影响不大，从钢包到坯的整个过程有增碳现象，其增碳来源为中间包覆盖剂，从钢包到中间包氧含量和夹杂物明显减少，从中间包到铸坯氧含量和夹杂物增长关系趋势不明显。

5.19.4.4 镁质干式工作衬的应用效果

从使用情况来看，效果良好，比绝热板中间包有明显的优势，具体有以下几个方面的内容：

（1）中间包包龄大幅度提高。

（2）减少周转用中间包使用量，使用该工作衬后一个中间包相当于 4~5 个中间包的寿命。

（3）降低了中间包耐火材料的消耗，降低耐火材料消耗量 38%。

（4）提高了铸机作业率，由于使用该技术后减少了换包次数，减少了因换包的时间损失，从而使铸机作业率提高 1%。

（5）缩短了浇注周期。

（6）提高了金属收得率，利用该技术减少了中间包浇余及换包重接造成的废品，金属收得率提高 2.5%。

（7）有利于中间包采用较高且稳定的液面，促进夹杂物的去除，对提高铸坯质量有利。

（8）减轻了工人的劳动强度，改善了操作环境，由于单个中间包持续浇注时间的提高，减少了中间包修砌量及事故槽的修砌量，降低了工人的劳动强度。

思 考 题

（1）中间包镁质干式工作衬砌筑工艺过程如何？
（2）镁质干式工作衬的应用情况如何？
（3）镁质干式工作衬的应用效果如何？
（4）中间包衬用耐火材料的发展情况如何？

5.20 检查开浇前的设备

5.20.1 实训目的

掌握各设备是否已进入准备浇注状态，连铸机所需供应的各种介质，如水、压缩空气、氧气、燃气等供应是否已达到所需要的指标；连铸机送引锭操作是否正常；浇注用各种工具材料是否已经准备就绪。

5.20.2 操作步骤或技能实施

连铸机生产正常与否是需要设备给予保证的。只有在设备运行正常的情况下，连铸生产才有可能正常。因此对连铸机设备的检查是浇注前准备工作的一个重要部分。

开浇前的设备检查工作有广义的检查和狭义的检查之分。广义的检查是指一台连铸机刚安装完成或刚大、中修结束需对设备进行验收的检查工作，这种检查包含了两层意思，一是对设备制造精度及状态的检查，二是对安装质量及安装时设备调整质量的检查。而狭义的检查是指每次开浇前或设备常规的计划检修或小修后的检查。这些检查内容应该制订在操作规程和岗位责任制内。有些厂制订了开浇前设备检查表（或确认表），要求每个岗位在开浇前都对本岗位所规定的设备状态进行检查，确认运行正常后在表上签字认可，然后再联系钢水。

5.20.2.1 钢包操作工的主要检查内容

（1）钢包回转台正反转运行是否正常，定位是否准确，传动部分有否噪声。
（2）回转台称量是否良好。
（3）滑动水口液压站工作是否正常。
（4）各种工具：如烧氧管、氧气皮管、测温枪、测温头、中间包保温剂等是否准备齐全。

5.20.2.2　助浇工（有些厂称捞渣工）的主要检查内容

（1）中间包车正反向行走正常。

（2）中间包车升降动作运行正常。

（3）中间包车横向微调运行正常。

（4）中间包车上的防护挡板完好，冷却塞杆用的压缩空气皮管完好无泄漏。

（5）浸入式水口及托架准备就绪（有些材质的浸入式水口按规程需烘烤的已进炉烘烤）。

（6）所有用的工具材料，如保护渣、撬棒（或捞渣棒）、小氧气管及氧气皮管、应急堵水口的堵塞、定径水口的引流槽等都已准备到位。

5.20.2.3　中间包浇钢工的主要检查内容

（1）结晶器用干净布将内表面揩抹干净，检查内表面的状态，检查结晶器跟踪卡，对于一些已浇钢近结晶器使用寿命的应测量下口尺寸，检查是否还有倒锥度，同时了解前一炉铸坯的质量情况，如发现倒锥度已磨损，甚至是正锥度或前一炉钢已出现铸坯严重脱方现象，或角部产生断续的纵裂缺陷，应调换结晶器。对于不符合使用条件的结晶器必须给予调换。

（2）检查结晶器振动装置的状态。结晶器振动装置是连铸机的重要部件，应将振动电源打开观察振动装置运行是否平稳，有否异常响声。常见的情况是有异物塞在振动台下方，使向下运动受阻，从而使振动产生倾侧现象及出现异常的碰撞声，此时必须找到原因清除异物才能开浇，同时设定一定的拉速，测量其振动频率与技术要求是否相符。

（3）拉矫机的运行状况。开动拉矫机并设置一额定拉速后，测量拉矫辊转一圈的时间，可推算出拉速，检查拉速与表针指数是否吻合，拉矫辊转动平稳无异常响声。检查拉矫辊的压紧装置（气缸或液压缸）动作正常、无泄漏或卡住现象。

（4）检查引锭、装引锭头，并将引锭送入结晶器，按要求塞好引锭头。

（5）检查中间包状况、内部清洁程度、塞棒安装质量及烘烤情况。

（6）有液面自动控制装置及结晶器电磁搅拌的按技术要求进行检查。

（7）准备好开关棒等操作工具。

5.20.2.4　配水工的主要检查内容

（1）结晶器供水量符合规程要求，并检查是否有泄漏。

（2）事故水塔水位必须达到规定值。

（3）二次冷却区喷嘴有否掉落、有否阻塞，水表曲线及阀门的开启度应符合调试所测数据。特别是足辊段喷嘴畅通尤为重要，水量自动控制情况良好。

（4）结晶器、二次冷却水量的仪表显示正常，水过滤器按要求定时反冲。

（5）地下排水泵运行情况，沉淀池水位自动控制是否正常运行。

5.20.2.5　切割操作工的主要检查内容

（1）切割设备运行是否正常，如剪切，应检查剪刀是否完好；如火焰切割装置，则需检查设备工作状况，还要校验火焰割枪及割炬头是否完好，应进行点火试验。

（2）所有辊道正反运行正常。

（3）翻钢机、横移机、挡板、滑动挡板、推钢机及冷床等设备工作正常。

（4）引锭存放系统工作正常（刚性引锭存放系统应由操作台负责检查）。

（5）备用手工割枪的准备，撬棒、小夹钳的准备。

5.20.2.6 计算机仪表操作工的主要检查内容

（1）检查仪表屏上所有仪表的运行是否正常，记录纸要安装调换。

（2）计算机系统工作正常，按生产计划调出工艺卡片并输入到控制系统。

（3）按生产作业计划要求调好铸坯定尺长度。

上述所有工作检查完毕，并在检查表上确认后，连铸生产组长（或工长）向生产调度报告可送钢水，等待浇注。

5.20.3 注意事项

所有设备的检查都要按操作规程进行，做到全面彻底、不遗漏，保证设备运行正常。

5.20.4 知识点

详见本书实训项目3“连铸设备检查与使用”有关内容。

 思考题

（1）钢包操作工的主要检查内容？

（2）助浇工（有些厂称捞渣工）的主要检查内容？

（3）中间包浇钢工的主要检查内容？

（4）配水工的主要检查内容？

（5）切割操作工的主要检查内容？

（6）切割操作工的主要检查内容？

5.21 送引锭杆

5.21.1 实训目的

掌握送引锭杆操作，将引锭杆（带引锭头）顺利送至结晶器内待浇注位置。

5.21.2 操作步骤或技能实施

5.21.2.1 下装式送引锭操作步骤

（1）检查引锭头外形尺寸，确保尺寸正确，并确保引锭头清洁无残钢、残渣。

（2）将引锭头正确装在引锭杆上（根据不同的引锭存放装置有不同的安装方法，一般在拉矫机出口处的辊道上安装）。

（3）开动拉矫机液压系统，升起拉矫机辊。

（4）开动引锭杆存放装置，将引锭杆放置在输送辊道上，用辊道将引锭杆送入拉矫机内（根据设备装置不同，或用存放装置直接送入拉矫机内）。

（5）压下拉矫辊，以送锭方向开动拉矫机，按规定速度送引锭杆。

（6）密切注意引锭头、引锭杆的运动，以发现任何微小的受阻现象。

（7）当引锭头接近结晶器下口时，按规定拉矫机停车，将拉矫机操作转换到浇注平台操作箱。

（8）在结晶器内放入低压照明灯，操作工观察引锭头位置。

（9）操作工准备好拨动引锭头的撬棒。

（10）操作工指挥以送引锭方向开动拉矫机、按规定的低速将引锭头送入结晶器内。

（11）将引锭头送到超过工艺规定的待浇位置，拉矫机停车。

（12）拉矫机换向到拉坯方向，启动拉矫机，以慢速将引锭头拉到待浇位置（一般在结晶器高度的 1/3 处）。

（13）送引锭结束，等待塞引锭头操作。

（14）若有自动送锭装置，当引锭杆进入拉矫机内时，所有指示灯或计算机显示设备条件全部正常时，可采用自动送引锭程序。自动送引锭一般待引锭头接近结晶器下口时结束。引锭头在结晶器内定位仍采用手动操作。

5.21.2.2　上装式送引锭操作步骤

（1）检查送引锭头外形尺寸，确保尺寸正确，并确保引锭头清洁无残钢、残渣。

（2）一般在引锭杆中间包车上将引锭头正确装在引锭杆上。

（3）将引锭杆中间包车开至送锭位置，启动引锭杆输送键，将引锭杆尾部送至结晶器上口。

（4）将引锭杆缓慢送入结晶器内，当引锭杆到达一定位置时，压下拉矫辊。

（5）启动拉矫辊液压系统和传动系统以规定速度缓慢将引锭头拉至结晶器内待浇位置。

（6）送引锭结束，等待塞引锭头操作。

（7）若指示灯或计算机显示设备全部正常时，可采用自动方式送引锭杆。用自动方式时，引锭头在结晶器内定位为手动。

5.21.3　注意事项

（1）送引锭杆时，输送辊道内应无障碍物。

（2）在送引锭杆过程中，应密切注意引锭杆的位置和行进情况，发现异常应立即停车，排除故障后方可继续送引锭。

（3）引锭头进结晶器时，仔细观察引锭头是否与结晶器对中，以防引锭头撞坏结晶器。

（4）对可采用自动方式送引锭杆的连铸机，一般都采用自动方式，如有故障不能自动时，应排除故障后才能进行送引锭杆操作。

5.21.4 知识点

5.21.4.1 引锭杆的作用及分类

引锭杆的作用是在开浇时堵住结晶器的下口，使钢水在结晶器内和引锭杆的上端凝结在一起，通过拉矫辊的牵引，使铸坯向下运行。在引锭杆出拉矫机后，将铸坯与引锭头脱开，此时进入正常拉坯状态。

引锭杆安装入方式分为上装式和下装式两种。下面主要介绍上装式引锭杆系统。

5.21.4.2 上装式引锭杆的构成和特点

上装式引锭杆装置包括引锭杆、引锭杆车、引锭杆提升卷扬、引锭杆防落装置、引锭杆导向装置和脱引锭杆装置。

对上装式引锭杆，当上一个浇次的尾坯离开结晶器一定距离后就可以向结晶器送入引锭杆。装引锭杆和拉尾坯可同时进行，大大缩短了生产准备时间，提高了连铸机的作业率。另外，上装式引锭杆送入时不易出现跑偏。

A 引锭杆本体

引锭杆本体是只能够向一个方向弯曲的链式结构。引锭杆本体由连接链、中间连接链、尾部连接链、夹紧装置、螺栓、衬套、垫片和螺纹接头等组成。引锭杆本体的尺寸不随铸坯断面的改变而变化。

B 引锭杆车

引锭杆车布置在浇注平台上，用来把引锭杆运到结晶器上方，通过结晶器插到连铸机中，以及从卷扬系统上接收及存放引锭杆。

该车主要由车体运输链传动装置、运输链、引锭杆导向装置、走行装置及限位装置等组成。

C 引锭杆提升卷扬

引锭杆提升卷扬的作用是把与铸坯脱开的引锭杆，通过导向装置提升起来，再由引锭杆车运输链上所安装的钩爪将引锭杆运到引锭车上存放待用。引锭杆提升卷扬由电动机、减速机、卷筒、吊钩装置和极限装置等组成（见图 5-15）。

引锭杆的提升程序如下：

在浇注准备期间，卷扬装置将吊钩顺导向板下降到辊道面上，等待着接收引锭杆。浇注开始后，引锭杆的尾部通过边部导向移动到卷扬吊钩候吊的位置时，吊钩以与铸机拉坯同步速度将引锭杆尾部提升起来。当引锭杆离开铸坯后卷扬装置增大上升速度，以防止引锭杆与铸坯连接。当引锭杆被吊到上

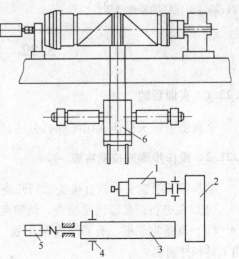

图 5-15 引锭杆提升卷扬
1—电动机；2—减速机；3—卷筒；
4—带式制动器；5—极限装置；6—吊钩装置

极限位置引锭杆尾部靠近引锭杆车时，卷扬机停止提升，引锭杆车上的运输链钩爪移动到接受引锭杆尾部的位置，在完成把引锭杆从卷扬钩子过渡到引锭杆车上的链上钩爪后，卷扬钩子回落与引锭杆分开。

　　D　引锭杆安全防落装置

　　在引锭杆被卷扬吊钩装置提升到靠近引锭杆运输车，并与引锭杆车链上钩爪配合将引锭杆过渡到引锭车上期间，为防止引锭杆意外坠落，设置了引锭杆安全防落装置。

　　该装置设在提升引锭杆必须经过的停放引锭杆运输车的平台口两侧，采用平行放置方式。该装置的一半设备装在停放引锭杆车的一侧，另一半设备安装在平台口对面的一侧。在引锭杆车一侧安装着两对顶轮和支架及相关曲柄、辊子等设备；在平台口对面的一侧安装着两套凸轮闸支架和连杆、杠杆及手柄、锁紧装置等相关设备。该装置能在引锭杆被提升到平台口以上而发生意外坠落时，由两套凸轮闸牢牢地将引锭杆卡到对面的对轮间，而阻止继续坠落。

　　E　脱引锭杆装置

　　脱引锭杆装置的作用是在浇注开始并由引锭杆把铸坯引出连铸机后，使引锭杆头与铸坯头部相分离的装置。它由基础框架、升降框架、顶头、液压缸等组成（见图 5-16）。

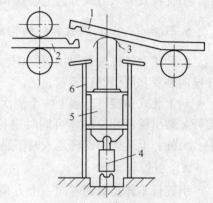

图 5-16　脱引锭杆装置
1—引锭头；2—铸坯；3—顶头；
4—液压缸；5—升降框架；6—基础框架

思 考 题

（1）上装引锭杆和下装引锭杆有何不同？
（2）简述引锭杆的操作步骤？

5.22　塞引锭头

5.22.1　实训目的

掌握塞引锭头操作，保证顺利引坯、脱坯及正常浇注。

5.22.2　操作步骤或技能实施

结晶器、引锭头密封直接关系到开浇成功与否，因此必须严格按下列步骤进行。

（1）在进行结晶器锥度检查、调整前应按规定程序将引锭头送入结晶器。

（2）准备钢筋棍、石棉绳或 V 形块、钢板、铁屑、硅胶以及精制油等塞引锭头所需的工具和材料。

（3）在引锭头和结晶器内壁缝隙之间用直径为 10～15mm 的石棉绳或 V 形块对引锭头与结晶器的间隙进行仔细的填充、密封。石棉绳必须填满、填实并略高于引锭头上表面。并在引锭头的钩槽两侧铺上一层相同材料。

（4）在引锭头上均匀撒放适量铁屑，铺平，厚度约为 20～30mm，并按要求放置钢板。

（5）放入冷却废钢，位于钢流易冲到之处，并注意需与结晶器铜板保持有 10mm 的间距。

（6）对于组合式结晶器，需在 4 个角部均匀涂抹一层硅胶。

（7）开浇前在结晶器内壁四周均匀涂擦一层精制油。

上述工作做完后，应将所有剩余的材料、工具从结晶器盖板上取走，并准备好所需的保护渣。

5.22.3 注意事项

（1）塞引锭头前，必须保证头部无水滴存在即干燥和干净，否则用压缩空气吹扫或用干布（或干回丝）擦干。

（2）所用材料必须干燥、清洁、无锈。

（3）塞引锭头的钢筋棍不能冲击到结晶器内壁，以防止内壁损坏。

（4）将保护板放于铜板表面，以免送引锭时划伤铜板。

（5）引锭头进入结晶器，其顶面与结晶器下口的距离为：

长度为 700mm 的结晶器　　　100～150mm

长度为 900mm 的结晶器　　　180～300mm

（6）引锭头四周与结晶器铜板的间隙符合要求并大致相同。

（7）塞好后，应防止水和异物落入结晶器内。

5.22.4 知识点

5.22.4.1 塞引锭头的作用

塞引锭头的作用是在连铸中间包开浇时堵住结晶器下口，使钢液不会从引锭头和结晶器内壁间漏下，并确保钢液在引锭头沟槽内迅速凝结，完成引坯，同时又要顺利脱锭。

5.22.4.2 引锭头的结构类型

常见的引锭头有燕尾槽式和钩式两种，如图 5-17 和图 5-18 所示。

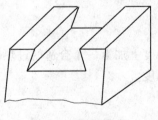

图 5-17 燕尾槽式

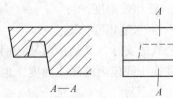

图 5-18 钩式

燕尾槽式引锭头脱锭操作比较麻烦，且引锭头损坏严重，现在很少采用。钩式引锭头是应用广泛的一种形式，主要便于自动脱锭。

引锭头断面一般比结晶器内腔尺寸小 5～10mm，以便不损坏结晶器并便于堵塞。当铸坯厚度发生变化时，必须更换引锭头，当铸坯厚度不变仅变化宽度时，可通过调整引锭头宽面垫块来完成。

5.22.4.3　引锭头堵塞方法对浇注的影响

引锭头上放置冷料，可使钢液在引锭头部快速凝固，便于连接。反之，则凝固时间较长，容易引起因强度不够而拉脱，还可能使引锭头熔化而造成脱锭困难及缩短引锭头寿命。但如冷料放置过多、过密，可能使钢液未渗入到引锭头表面便已凝固，同样会引起拉脱。所以合适的冷料加入量也至关重要。

塞引锭头时填塞紧密与否是开浇起步漏钢的最主要原因。用石棉绳作填塞材料，因操作麻烦，遇钢液后又不易烧损，容易引起二冷喷嘴堵塞，目前正逐渐被易燃烧的材料，做成 V 形块来代替。V 形块常在板坯连铸上采用。

　思　考　题

（1）引锭头的作用是什么？
（2）简述塞引锭头步骤及引锭头上放置冷料的作用。

5.23　确定浇注温度

5.23.1　实训目的

掌握浇注不同钢种、断面的浇注温度，确保浇注顺利进行。

5.23.2　操作步骤或技能实施

浇注温度是指中间包内的钢水温度，通常一炉钢水需在中间包内测 3 次温度，即开浇后 5min、浇注中期和浇注结束前 5min，而这 3 次温度的平均值被视为平均浇注温度。

浇注温度的确定可由下式表达：

$$t = t_L + \Delta t$$

式中　t——浇注温度，℃；

　　t_L——液相线温度，℃；

　　Δt——钢水过热度，℃。

这个公式的实际含义是：对某一钢种，在液相线温度上加上一个合适的过热度，被确定为该钢种在中间包内的浇注温度，也就是目标浇注温度。

5.23.2.1　液相线温度

连铸的过程事实上就是钢水在一特定时间内完成由液相转变为固相的过程，因此准确知道某钢种的液相线温度，即开始凝固温度，对理想地完成这个过程十分重要，它是确定浇注温度的基础。

5.23.2.2 钢水过热度的确定

钢水过热度主要是根据铸坯的质量要求和浇注性能来确定的（见表5-6）。

表5-6 不同钢种过热度要求

钢 种 类 型	过热度/℃
非合金结构钢	10 ~ 20
铝镇静深冲钢	15 ~ 25
高碳、低合金钢	5 ~ 15

5.23.2.3 浇注温度的允许偏差

由于浇注温度与铸坯表面和内部质量均有着密切关系，而能满足两者要求的温度区域又比较窄，因此浇注温度与目标值之间不能有太大的波动。浇注温度的波动范围最好控制在 ±5℃之内。为此，对钢包的吹氩操作，钢包和中间包的热工状况要严格管理。

5.23.3 注意事项

钢水温度是决定连铸顺利与否的首要因素，同时它又在很大程度上决定了连铸坯的质量，过高和过低的钢水温度都会带来危害。钢水温度的控制，受现场操作的影响很大。在实际生产中，由于温度控制不当而发生事故是屡见不鲜的。由于各生产厂的条件不同，考虑控制温度的操作也不尽相同。

一般来说，要控制好钢水温度，在操作上应注意以下问题：

(1) 冶炼过程的控制（如铁水成分、废钢、新、老炉等）。

(2) 出钢口要打好，用大孔径出钢，以缩短出钢时间。

(3) 钢包和中间包均采用绝热性能良好的耐火材料，使包衬温度降到最低值。

(4) 钢包、中间包加覆盖剂和盖子。

(5) 利用红包出钢和滑动水口。

(6) 分批加入块度合适的铁合金块。

(7) 钢包传递时间不要耽误等。

确定钢水温度勿过高，否则，其危害如下：

(1) 出结晶器坯壳薄，容易漏钢。

(2) 耐火材料侵蚀加快，易导致铸流失控，增加浇注不安全性。

(3) 增加非金属夹杂物，影响板坯内在质量。

(4) 铸坯柱状晶发达，铸造组织评级下降。

(5) 中心偏析加重，易产生中心线裂纹。

确定钢水温度勿过低，否则，其危害如下：

(1) 容易发生水口堵塞，浇注中断。

(2) 铸坯表面容易产生结疤、夹渣、裂纹等缺陷。

(3) 非金属夹杂物不易上浮，影响铸坯内在质量。

因此，为连铸提供合适而严格的温度的钢水，对改善连铸浇注性能和提高铸坯质量具有非常重要的意义。

5.23.4　知识点

5.23.4.1　出钢温度的确定

我们已经将中间包内的钢水温度定义为连铸的浇注温度，而且按一定的过热度作为确定浇注温度的原则，如何保证中间包钢水的温度处于目标范围之内呢？这就需要我们对从炼钢工序开始直至钢水进入中间包的每一个阶段钢水温度降低的规律进行准确调查，并实施控制。因此，钢水过程温降的调查目的既是为了确定出钢温度，同时也是为了采取措施控制过程温降。

5.23.4.2　钢水过程温降分析

钢水从出钢开始到进入中间包一般需经历 5 个温降过程，即：

$$\Delta t_{总} = \Delta t_1 + \Delta t_2 + \Delta t_3 + \Delta t_4 + \Delta t_5$$

式中　$\Delta t_{总}$——出钢开始到中间包内钢水总的温降；

　　　Δt_1——出钢过程的温降；

　　　Δt_2——出完钢后钢水在运输和静置期间的温降；

　　　Δt_3——钢包精炼过程的温降；

　　　Δt_4——钢包精炼结束钢水在静置和运往连铸平台的过程温降；

　　　Δt_5——钢水从钢包注入中间包的温降。

A　出钢温降分析与控制

钢水从炼钢炉的出钢口流入钢包的热量损失主要表现为 3 种形式，即：钢流辐射热损失、对流热损失以及钢包吸热热损失。

通常为了降低出钢过程温降，我们应该采取以下措施：

（1）尽量降低出钢温度。因为温度越高，温降速率也就越大，想通过提高出钢温度来补偿出钢温降是绝对不可取的。

（2）尽可能减少出钢时间。大容量炉子以 5~8min 为宜，但最少不得小于 4min。

（3）维护好出钢口，使出钢过程中最大限度地保持钢流的完整性。

（4）钢包的预热十分重要。因此，我们必须采用"红包周转"的钢包周转管理和技术，同时要充分利用好烘烤装置，对新包的投运以及不合"红包周转"温度要求的钢包实施严格的烘烤。在线快速烘烤技术也是减少出钢温降十分有效的手段。

（5）尽最大可能保持包底干净，将带有包底残钢（"桶底"）的钢包控制到最小程度。

由于钢包容量与出钢温降有关，出钢温降是随钢包容量的增大而减少的。经验数字表明，大容量的钢包出钢温降大约为 20~40℃；中等容量的钢包大约为 30~60℃；小容量的钢包则通常为 40~80℃，甚至更高。

B　出完钢到钢包精炼开始前的温降分析

钢水在这一阶段的热损失主要表现为钢包包衬吸热的热损失及钢水上表面通过渣层的热损失。通过计算可知，热损失总量 55%~60% 为钢包包壁的耐火材料吸热，包底占 15%~20%，其余 20%~30% 为钢水渣层的热损失，而钢包外壳的对流散热是很小的。

减少这一过程温降采用如下措施：

（1）钢包烘烤、充分预热仍然是第一重要的，因此一定要严格实施钢包使用制度，包括新包的投入和超时周转包的再烘烤。

（2）尽量减少钢水在这一阶段的滞留时间，特别是全连铸钢厂不断改进、完善生产调度管理，缩短钢水供应周期及控制好提供钢水的间隔时间。

（3）在钢包内加入合适的保温剂。钢水在这一过程的温降通常用温降速率来表示，即单位时间内的温降。经验数字表明，温降速率大约为 1.0 ~ 1.5℃/min。

（4）钢包精炼过程的温降分析。钢水在钢包精炼过程中所产生的温降主要取决于两次精炼的方法及时间。

C　钢包精炼结束到钢水运至连铸平台温降分析

这一过程的温降大致与上述相同。所不同的是，钢水经过精炼处理后，由于钢包内衬已在此之前充分吸收钢水的热量，钢水与内衬的温差减少，内衬吸热放慢，因此它影响钢水温降与前面阶段相比要小些。钢包精炼时间越长，此阶段温降越小，加上精炼后都要对钢液面加上足够的保温剂，通常降温为 0.5 ~ 1.2℃/min。

D　钢水从钢包注入中间包的温降分析与控制

这一过程的钢水热损失与出钢相似，即主要表现为钢流辐射热损失、对流热损失及中间包吸热的损失。此过程的温降主要与钢流保护状况、中间包形式（冷包、热包）、中间包钢水覆盖及中间包热负荷有关。

减少钢水从钢包注入中间包过程的温降措施：

（1）钢流必须保护，通常采用长水口，这不仅为了减少温降，同时也是防止钢水两次氧化、保证钢水清洁度的必不可少的手段。

（2）尽量减少浇注时间，严格遵循工序匹配的原则，即炼钢周期与浇注周期的优化设计，同时要在保证质量的前提下，尽可能采用高拉速技术。

（3）应当采用热中间包，因为它同时也是为了保证钢水纯净度的一个非常重要的手段。

（4）充分预热中间包内衬。

（5）中间包钢液面上添加足够的保温剂。钢水在中间包内的热损失主要为中间包内衬吸热和钢液面的辐射热损。当钢液面不添加覆盖剂进行保温时，表面的辐射散热可达到总热损失的90%，可见中间包的保温是不可忽视的。另外，不同的保温材料其保温效果也不同，炭化糠壳具有较好的保温效果。

（6）提高连浇炉数。中间包内衬的吸热是随着钢水浇注时间的延长而减少的。

5.23.4.3　出钢温度的确定

当确定了浇注温度，又了解了过程温降的规律，因而出钢温度也就不难确定了，出钢温度可用下式表达：

$$t_{出钢} = t_{浇注} + \Delta t_{总}$$

式中　$t_{出钢}$——出钢温度；

$\quad\quad\ t_{浇注}$——浇注温度（即中间包钢水目标温度）；

$\Delta t_{总}$——总过程温降。

可以说，控制好出钢温度是保证目标浇注温度的首要前提。一般来说，连铸钢水出钢温度比模铸钢水高 20~30℃。然而，具体的出钢温度是由每个钢厂在自身过程温降规律调查的基础上，根据每个钢种所要经过的工艺路线来最后确定的。

5.23.4.4 钢水温度控制要点

连铸钢水由于过程温降大，因此要求出钢温度比模铸要高，为了保证严格的过热度，浇注温度要求波动范围很窄，这两个特点决定了连铸钢水温度控制难度很大。这也是许多连铸钢厂长期生产不顺、质量低下的重要原因所在。各过程温降的影响因素及控制措施归纳如下。

A 出钢温度的控制

出钢温度是钢水温降全过程的第一个温度点，它对最后一个温度点——中间包钢水温度，即浇注温度目标的实现，起着非常重要的作用。出钢温度控制的目的实际上表现在两个方面：一要提高终点温度命中率；二要确保从出钢到二次精炼站，钢包钢水温度处于目标范围之内。这就需要在吹炼前知道接受钢水的钢包热工状态，比如，若是周转钢包，则要确定是属于哪个等级的（按浇注结束后的时间长短来分级）；若是烘烤包，则必须掌握预热情况。还要了解出钢口的状况，如寿命、出钢时间，另外合金的加入量也须事先设定，这样才能修正最终的出钢温度。

B 充分发挥钢包精炼的温度与时间的协调作用

在全连铸钢厂中，钢包精炼工序除了冶金功能外，它还扮演着协调钢水温度和时间的最重要的角色。这里也有两点需要特别注意，一是尽最大可能充分搅拌钢包内的钢水，使钢包内从包底、包壁、钢水中心部位所形成的温度梯度尽量消除，使钢水温度得以最大限度地均匀化；二是在节奏上要控制从两次精炼结束至开浇的时间，越短越好，否则钢包内将重新形成温度梯度，影响中间包钢水温度的平稳性。一般这个时间间隔最大不能大于20min。

C 控制和减少从钢包至中间包的温度损失

采用长水口保护浇注；钢包、中间包加保温剂保温；钢包、中间包加盖；钢包、中间包烘烤到 1100~1200℃。

D 搞好钢包预热和周转管理

从钢水过程温降的因素分析中不难看出，钢包热工状况影响着钢水温降的每一个过程，即影响钢水温降的全过程。首先是钢包的烘烤、预热情况，钢包的预热温度对随浇注时间的推进而产生钢水温降有着明显的影响。必须对新包要严格执行烘烤制度，保证钢包有足够高的内衬温度，坚持"红包周转"。规定钢包内衬在受钢前的最低温度线，凡低于此温度线的，钢包必须重新烘烤，高于此温度线的可用作正常周转包。还可根据温度高低分成两级。而钢包分级通常不是用温度测量装置来确定，而是根据钢包浇注结束后的时间长短来确定。钢包快速而稳定的周转是维持正常浇注和良好钢质量的关键之一。

另外，钢包内衬加绝热层的试验表明，钢水温降的速度可降低 20%~40%，使用钢包包盖，可以大大减少钢包液面的热损失。总之，在钢包这个环节，我们应该注意：

（1）选择合适的钢包内衬及其砌筑结构。

（2）严格钢包烘烤预热，包括采用在线快速烘烤技术。

（3）坚持"红包周转"制度。

（4）钢包加盖。

E 建立科学的温度制度并严格实施

建立符合客观实际的、科学的温度制度并严格实施，是确保连铸钢厂生产顺行、质量稳定的重要环节。

a 建立温度制度的前提条件

（1）对钢水温降的每一个过程进行全面的调查，并对收集到的大量数据进行统计分析，得出平均温降及分布状况。

（2）计算出每一个钢种的液相线温度。

（3）确定每一个钢种的过热度。

b 温度制度的编制原则

（1）确定每一个过程的目标温度，通常要确定以下5个温度值。

1）出钢温度；

2）到钢包精炼站的温度；

3）钢包精炼结束时的温度；

4）到达连铸平台的温度；

5）中间包温度。

（2）对上述每个目标温度给出允许偏差范围。

（3）每个浇次第一炉钢水通常要比正常炉次的温度提高10℃。

（4）对每一个过程给出相应的时间要求及允许偏差范围。

（5）对连铸平台给出拒浇的最低温度。

（6）对中间包给出拒浇的最高温度。

由于在生产过程中，变化因素较多，往往生产指挥人员会为了将眼前生产维持下去，而对温度制度的执行做出让步，这是连铸钢厂，特别是全连铸钢厂中最忌讳的事情。生产管理者、生产指挥人员必须树立牢固的观念，即温度制度一旦被发布实施，没有任何人可以拥有这种不执行或者让步执行的权力，否则连铸生产的稳定、顺行将无从谈起。

 思 考 题

（1）如何确定浇注温度？

（2）钢水温度控制要点？

5.24 开中间包车

5.24.1 实训目的

学会开中间包车，保证连铸正常生产，提高生产率。

5.24.2 操作步骤或技能实施

（1）确认中间包车轨道上无障碍物和操作人员影响中间包车运行。

（2）确认中间包车前后开动自如、升降自如、中间包搁脚处同一水平面。

（3）接通中间包车电流，检查并确认打警铃指示灯是否正常，开动中间包车。

（4）将中间包开到指定位置。

1）开浇位置：调节升降机构前后左右上下，对中结晶器。

2）烘烤位置：将中间包开至煤气烘烤位置，对准烘烤烧嘴。

3）开往事故处理位置：快速将中间包车开至处理事故位置，避免钢水飞溅影响人身、设备安全。

4）开中间包车快速更换中间包。

5）工作结束时，关闭警铃。

5.24.3　注意事项

（1）遵守安全规程，开动时注意安全。

（2）检查并确认中间包车轨道前后是否有人。

5.24.4　知识点

5.24.4.1　对中间包车的要求

（1）中间包车的作用是在浇注平台上放置和运送中间包，以完成中间包的烘烤和正常的浇注工作。

（2）连铸工艺生产对中间包车的要求是：启动迅速，定位准确，操作简单，维修方便。

（3）中间包车的载重量是由装满钢液的中间包重量和中间包车自重决定的，中间包车的行走速度一般为 10~20m/min。在启动和终了时，都有缓动电控装置。

5.24.4.2　中间包车的作用、功能、类型、结构

A　中间包车的作用

支撑、运载中间包的车辆，它设置在连铸浇注平台上，可沿中间包的烘烤位和浇注位之间的轨道运行。开浇前，将中间包放置在中间包车上，进行烘烤。准备开浇时，中间包车将已烘烤的中间包运至结晶器的上方，并使其水口与结晶器对中。浇注完毕或遇故障停浇时，它会载着中间包迅速离开浇注位置。

B　中间包车应具有的功能

a　运行功能

中间包车的运行功能包括快、慢速自动转换功能；自动定位功能及安全联锁功能等。以适应中间包车的启动过程和到达终点过程对速度的控制；当中间包车由浇注位到烘烤位，准备放渣时，会自动停车；中间包车只能在升降平台处于高位时才允许运行等需要。中间包车的运行速度为：快速 15~30m/min、慢速 1~10m/min。

b　升降功能

中间包车的升降行程为 300~750mm，以适应中间包的烘烤、水口装置伸入结晶器浇注等需要。

c 横移对中功能

中间包车的横移对中行程为 ±30~±80mm，以适应结晶器开口度改变引起水口位置的调整要求。

中间包与中间包车在浇注过程中被视为一套组合的设备，具体操作时分为上、下两层操作区域，上层为钢包操作区域、下层为中间包操作区域，这两层操作区域是连铸浇注过程中最主要的操作区域。中间包车应当满足这两个操作区域提出的观察视野、操作空间和照明条件；要求中间包车功能齐全、操作方便、安全可靠、能够经受浇注过程中长时间的重负载和热负荷，并保证各机构、装置的工作良好、性能稳定；另外中间包车还应确保中间包的吊装、就位简单、方便。

C 中间包车的类型

按中间包水口在中间包车的主梁、轨道的位置，可分为门式、半门式、悬臂式和悬挂式4种类型。

a 门式中间包车

门式中间包车的中间包水口位于中间包车主梁之间，中间包车的两根轨道分别布置在结晶器内外弧的两侧，其结构如图5-19所示。门式中间包车的受载情况较好，因此车体稳定，所有车轮受力较均匀，安全可靠；但由于门式中间包车是骑跨在结晶器上方，使操作人员的操作视野范围受到一定限制。

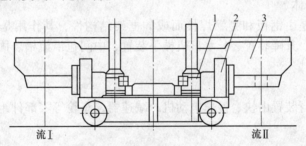

图5-19 门式中间包车结构简图
1—升降装置；2—运行装置；3—中间包

b 半门式中间包车

半门型中间包车如图5-20所示。它与门型中间包车的最大区别是布置在靠近结晶器内弧侧，浇注平台上方的钢结构轨道上。

c 悬臂式中间包车

悬臂式中间包车的中间包水口悬伸在中间包车轨道之外，两根轨道都布置在结晶器外弧侧；且两根轨道的轨距较窄，其结构如图5-21所示。悬臂式中间包车的操作空间和视野范围较大，故浇注操作方便；但因悬臂造成车体的稳定性较差，车轮受力不均，可配置车轮平衡装置或防倾护轨。

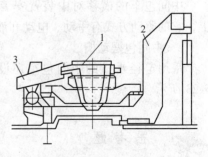

图5-20 半门型中间包小车
1—中间包；2—中间包小车；3—溢流槽

d　悬挂式中间包车

悬挂式中间包车的特点是两根轨道都在高架梁上（见图 5-22），对浇注平台的影响最小，操作方便。悬臂型和悬挂型中间包车只适用于生产小方坯的连铸机。

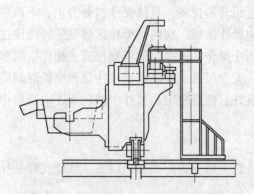
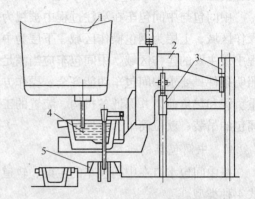

图 5-21　悬臂式中间包车结构简图

图 5-22　悬挂式中间包车

1—钢包；2—悬挂型中间包小车；3—轨道梁及支架；
4—中间包；5—结晶器

D　中间包车的结构

中间包车主要由车体、运行装置、升降装置、横移对中装置等零部件组成。

a　中间包车车体

中间包车车体是由钢板和型钢焊接而成的框架结构件，其作用是支撑中间包升降平台、安装运行装置、升降装置、长水口机械手装置、中间包溢流槽、固定操作平台、上下扶梯通道等。

b　运行装置

中间包车的运行装置由快、慢速电动机，减速器，车轮等零部件组成，它设置在车体的底部。

c　升降装置

中间包车升降装置的驱动方式有电动和液压传动等两种。它设置在车体上，支撑和驱动升降平台装置。

d　横移对中装置

中间包车的横移对中装置安装在升降平台装置上，它的驱动方式有手动、电动和液压传动等。

e　中间包摆动槽

采用定径水口的中间包车还设有摆动槽，如图 5-23 所示。

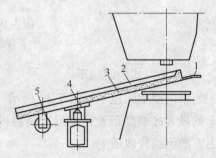

图 5-23　中间包摆动槽

1—手柄；2—流槽；3—耐火材料；
4—转轴；5—滚轮

　思 考 题

(1) 如何开动中间包车？
(2) 中间包车有几种形式？

5.25 吊装中间包

5.25.1 实训目的

学会吊装中间包，保证连铸正常生产，提高生产率。

5.25.2 操作步骤或技能实施

(1) 确认中间包车开启、运行升降正常。

(2) 确认中间包是否完好，符合浇注要求。

(3) 将中间包平稳吊上中间包车。

(4) 调整中间包位置，保证浸入式水口在浇注时有足够的插入深度和准确地插入。

(5) 将装好水口的中间包连同中间包车开往烘烤位置，以备用。

5.25.3 注意事项

中间包车要求平稳、位置正确，没有偏斜和侧斜。

5.25.4 知识点

(1) 在连铸上，中间包是安放在钢包和结晶器之间的中间容器。钢包内的钢液先注入中间包内，再通过中间包水口流入结晶器中。中间包也是实现多炉连浇所必需的过渡容器。

(2) 中间包的作用：主要是减压、稳流、使夹杂上浮、分流、储存钢水。

(3) 中间包构造：主要由壳体、包盖、耐火材料、内衬和注流控制机构组成。

 思 考 题

中间包有何作用，对其有何要求？

5.26 中间包车准确定位

5.26.1 实训目的

学会中间包车准确定位，确保连铸正常生产，提高生产率。

5.26.2 操作步骤或技能实施

(1) 检查并确认中间包车升降、横移运行正常。

(2) 开动中间包车，进行前后、上下、左右调节及（浸入式）水口准确定位，要求中间包浸入式水口有合适的深度，并要准确位于结晶器横截面中心。

5.26.3　注意事项

当中间包采用定径水口浇注时，中间包车上的摆动流槽应摆动正常，槽内无残钢、残渣和异物。

5.26.4　知识点

（1）中间包浸入式水口一定要有合适的深度。这是因为合适的深度可使在浇注过程中，为避免钢液面不稳定而使液面过低时，防止钢流从水口中流出造成两次氧化，还可避免由于钢水温度较低时，减少水口冻结情况。

（2）中间包浸入式水口要准确位于结晶器横截面中心，这是因为：一方面可以使注入结晶器的钢液温度均匀地被结晶器吸收，从而达到均匀降温目的，减少漏钢；另一方面可以使结晶器内的结团渣料和其他杂物上浮，并使操作工人便于将其捞出清除。

（3）使用定径水口浇注时，摆动流槽应摆动灵活正常。因为在浇注时，一旦出现故障，摆动流槽不灵活，及时地摆入到水口下面，可使从水口流入的钢液流入到摆动流槽中，通过摆动流槽而流入到事故溢流槽中，以避免钢液直接注入结晶器而造成设备、人身事故。

 思 考 题

怎样使中间包车准确定位？

实训项目6　连铸开浇

6.1　安装钢包长水口、氩气环及加中间包保护渣

6.1.1　实训目的

掌握安装钢包长水口、吹氩环及加中间包保护渣的方法，以浇注出高质量的铸坯。

6.1.2　操作步骤或技能实施

6.1.2.1　安装钢包长水口并接上吹氩皮管

（1）出钢后，钢液经处理运至钢包回转台或座包架上。

（2）操作长水口安装架，将长水口与钢包下水口连接上，长水口安装架另一端挂上配重。

（3）在钢包下水口与长水口的接缝处安置好氩气环或密封环，接上氩气导管。

（4）开启钢包水口，向中间包注入钢液，然后开启氩气阀门，向长水口内吹氩气。

6.1.2.2　加中间包保护渣

（1）钢包向中间包注入钢液。

（2）当中间包钢液面上升至100mm时，向中间包内手工加入保护渣包，加入量按工艺控制，要求钢液面全部覆盖，除钢流冲击区和包壁外，渣面发黑。

6.1.2.3　加中间包保护渣的时机

在浇注过程中，随时注意中间包钢液面。当液面发黑的区域变红，表明隔热变差，应适当补加保护渣。

6.1.3　注意事项

（1）钢包下水口与长水口连接处必须密封。若密封不好，长水口如同一个抽气泵，把空气从接缝处吸入，从而造成两次氧化。因此，有些长水口上装有吹氩结构（如氩气环）可防止空气吸入，并可在下水口与长水口接口处装特殊的垫片，以改善接口处的密封。

（2）中间包保护渣以保温和防止二次氧化为主要目的，并具有吸附夹杂的功能。

6.1.4　知识点

6.1.4.1　使用长水口的保护效果

A　减少钢中总氧含量

使用长水口时，铝镇静钢铸坯中总氧量一般为 20～25ppm，而敞开浇注时为 40～50ppm，使用长水口可使钢液中总氧量减少一半。

B　减少钢中酸溶铝损失

采用长水口后，钢中酸溶铝烧损可减少一半左右，钢液中 Al_2O_3 少了，降低了水口堵塞的几率，同时又提高了钢的纯洁度。

C　减少保护渣中 Al_2O_3 含量

因减少了中间包渣及结晶器渣中 Al_2O_3 含量，可改善渣子流动性，尤其是结晶器保护渣，有利于结晶器传热均匀，减少了漏钢和铸坯的纵裂。

D　提高了轧材质量

钢中 Al_2O_3 含量的降低，则可减少由夹杂物产生的钢材缺陷。

使用长水口后看不见钢包的下渣，这是长水口的不足之处。但目前可用钢渣识别仪来加以解决，也可通过中间包钢流区液面状况予以判断。

6.1.4.2　中间包覆盖剂的作用

（1）保温，防止钢液散热。
（2）吸收上浮的夹杂物。
（3）隔绝空气，防止两次氧化。

6.1.4.3　长水口的作用、材质和要求

A　长水口的作用

长水口又叫保护套管，主要用于钢包与中间包之间，其作用是防止从钢包进入中间包的钢水被两次氧化和飞溅。有资料表明，钢水与空气接触生成的氧化物是成品中夹杂物的主要来源，从夹杂物大小和数量来说，空气氧化产物比脱氧产物大而且多。夹杂物的组成与钢水的化学成分有关，而它的数量和大小与钢水在空气中暴露的时间和面积成正比。

B　对长水口的要求
（1）具有良好的抗热震性。
（2）具有良好的抗钢水和熔渣的侵蚀性。
（3）具有良好的机械强度和抗振动性。
（4）长水口连接处应该带有氩封装置。

C　长水口的材质

（1）熔融石英质长水口。这种长水口的特点是：抗热冲击性好，有较高的机械强度和化学稳定性好，耐酸性渣侵蚀性。在使用前不必烘烤。这种长水口适用于浇注一般钢种，不适宜浇注锰含量较高的钢种，否则使用寿命会降低。

（2）铝碳质长水口。这类水口主要是以刚玉和石墨为主要原料制成的产品。它的特点是对钢种的适应性强，特别适合于浇注特殊钢，对钢水污染小。该水口的材质，还可以根据浇注时间的长短和钢种进行调整，或复合一层其他高耐侵蚀的材料，以提高水口的使用寿命。铝碳质长水口，一般在使用前须烘烤后才能使用，否则有开裂的危险。

D 长水口的安装方式

到目前为止，可以说长水口的安装仍然是一件麻烦的事情，其原因是大多数钢厂的钢包回转台到中间包的距离是有限的，不便于安装；另一方面，有些钢厂还没有钢包回转台，长水口不可能事先安装在钢包下面；再者一般钢厂也没有专门用于烘烤长水口的专用加热设备，只能斜放在中间包内与中间包一起烘烤，安装红热的长水口是一件非常艰苦和危险的事。

目前长水口的安装主要采用杠杆式固定装置。在中间包烘烤前，先将长水口放入杠杆机构的托圈内，然后与中间包一起烘烤。在钢包引流开浇正常后，旋转长水口与钢包滑动水口的下水口对接，加上平衡重物，使长水口与钢包下水口紧密接触。连接吹氩密封套，并供氩气对长水口连接处进行氩封。

 思 考 题

（1）连铸钢包为什么要安装长水口？
（2）中间包安装长水口及中间包加覆盖剂的目的是什么？

6.2 调整中间包水口的浸入深度及对中

6.2.1 实训目的

掌握中间包水口对中和浸入深度调整的操作，保证达到生产要求。

6.2.2 操作步骤或技能实施

（1）中间包停烘后，检查中间包钢流控制装置，迅速将中间包车开至浇注位置。
（2）通过中间包车行走机构调整中间包水口的左右位置；通过中间包车上的横移装置调整水口的内外弧位置。
（3）通过中间包升降装置或其他起重装置调整长水口浸入深度。
（4）开浇时，浸入式水口处于要求的开浇位置，待开浇正常后将浸入式水口降至浇注位。
（5）浇注过程中，在允许的浸入深度范围内，可通过调整浸入式水口高低来调整浸入深度，以提高浸入式水口寿命。

6.2.3 注意事项

（1）对敞开式浇注，不采用浸入式水口，主要是对中操作。
（2）中间包水口的对中和浸入深度直接影响到铸坯质量，必须控制在允许的误差范围内。

（3）实际操作中，浸入深度通常在设备上已做好标志，在浇后对浸入式水口的渣线测定来进行验证。

6.2.4 知识点

6.2.4.1 浸入式水口的作用

浸入式水口浇注是敞开式浇注后发展起来的一项技术，通常配以结晶器保护渣，统称为浸入式水口保护渣浇注，其作用在于：

（1）隔离了钢液与空气的接触，防止了钢液的二次氧化。

（2）可以改善钢液在结晶器内的流动状态，促使夹杂物上浮。

（3）杜绝了钢流对钢液面的冲击，防止了卷渣，提高了铸坯表面在结晶器内的润滑稳定性，极大提高铸坯的表面质量。

6.2.4.2 浸入式水口的类型

从浸入式水口的形状和出口形式来分，浸入式水口有3种类型：直孔式、侧孔式和箱式。3种类型的浸入式水口分别如图6-1和图6-2所示。

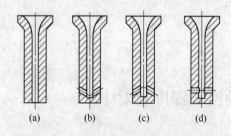

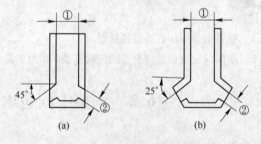

图6-1　浸入式水口基本类型　　　　　图6-2　两种箱式浸入式水口示意图

（a）单孔直筒形水口；（b）侧孔向上倾斜状水口；
（c）侧孔向下倾斜呈倒 Y 形水口；（d）侧孔呈水平状水口

直孔式水口一般用于方坯或矩形坯；侧孔式水口主要用于板坯，其侧孔倾角有向上、向下或呈水平；箱式水口较少见，其水口横断面呈矩形，可用于大型板坯或宽厚比大的板坯。

6.2.4.3 水口对中和浸入深度对质量的影响

浸入式水口类型及参数的确定主要取决于浇注断面的大小、形状、铸坯拉速以及钢种等，在确定了浸入式水口后，同时也确定了水口浸入深度这一重要工艺参数。对于各种连铸机，浸入式水口都处于结晶器断面的中心位置。浸入式水口的对中位置和浸入深度的变化将引起结晶器内钢液流态的变化。一般浸入式水口浸入深度为（125±25）mm。

浸入式水口位置不对中，会使结晶器内钢液的流动状态不对称，热中心偏离，易使铸坯产生纵裂纹。通常要求对中偏差不大于±1mm。

水口浸入深度过浅，使热中心上移，钢液面活跃，容易引起卷渣；水口浸入深度过深使热中心下移，会引起化渣不良，甚至会破坏铸坯凝固壳引起漏钢。

思 考 题

(1) 简述中间包水口对中和浸入深度调整的操作步骤。

(2) 水口对中和浸入深度对铸坯质量有何影响？

6.3 安装中间包浸入式水口

6.3.1 实训目的

掌握正确安装中间包浸入式水口的操作。

6.3.2 操作步骤或技能实施

6.3.2.1 整体式浸入式水口的安装

整体式浸入式水口的安装在中间包烘烤前的准备过程中进行：

(1) 按钢种选择合适材质，按图纸检查浸入式水口尺寸。特别要注意水口有没有裂纹和缺损存在；带侧孔出口的倾角是否正确；与塞头砖头部吻合的球面是否完整并与塞头砖研磨 3 圈来检查（整体式浸入式水口一定采用塞棒控制设备）。

(2) 在与水口套筒砖结合的锥面上均匀涂抹泥料，其厚度适中。

(3) 将水口垂直（不能歪斜）装入水口套筒砖内。对于带侧口的水口砖，要求根据中间包的基本尺寸找准方向，确保该水口浸入结晶器内侧孔方向正确。

(4) 用木槌将水口砖紧敲入套筒砖内，使水口砖上平面与水口套筒砖上平面位置符合工艺要求。

(5) 清除水口砖、套筒砖上多余泥料，保证水口内腔清洁，完整。

(6) 多流连铸机，安装整体水口需校正整体水口下端间距，要与结晶器间距相一致。

6.3.2.2 小方坯连铸分体式浸入式水口安装

(1) 按钢种选择合适材质的水口；按图纸检查水口外形尺寸，检查是否受损。

(2) 水口按要求事先进行烘烤。

(3) 中间包开浇，拉速、钢液面转入正常后，可准备装浸入式水口。

1) 将事前准备好的水口托架、平衡锤等拿到结晶器附近。

2) 水口停止烘烤，装入托架中。

3) 中间包水口关闭，拉速降至起步拉速，钢液面下降到浸入式水口下端要处的位置。

4) 迅速套上浸入式水口，打开中间包水口，使钢液面升到正常浇注位置，控制钢液面在稳定状态。

5) 结晶器钢液面上加保护渣，拉速逐渐升至工作拉速。

6) 如安装时间间隔稍长，钢液面太低时，可瞬间停车。在套上水口后，中间包开流再起步升速到正常浇注（分体式浸入式水口也可先安装好再开浇，其操作程序比整体浸入式水口多一个套水口的工序外，其余相同）。

6.3.2.3　板坯连铸机分体式浸入式水口的安装

（1）检查浸入式水口的材质和尺寸。

（2）当浇注准备到中间包已在结晶器上定位对中后，开始安装浸入式水口。

1）水口停止烘烤，装入托架上。

2）水口在托架上定位，保证侧孔方向与结晶器侧面相对。

3）升起中间包，托架在中间包底安装，敲紧销子或旋紧螺丝。

4）降下中间包，检查浸入式水口安装位置，检查水口是否受损。

（3）钢包开浇，中间包开浇按正常浇注顺序进行。

（4）浸入式水口等可在中间包烘烤前安装，操作基本同整体式水口安装，但水口在中间包烘烤时同时烘烤。

6.3.3　注意事项

（1）所安装的浸入式水口须烘烤良好，以免影响浇注及铸坯质量。

（2）浇注小方坯时，安装浸入式水口的速度一定要快。

（3）浸入式水口内壁要清洁无杂物，以免造成水口狭窄乃至堵塞。

（4）不同的钢种采用不同材质的浸入式水口，如熔融石英和铝碳质，不能用错。

6.3.4　知识点

6.3.4.1　浸入式水口的含义

浸入式水口就是把中间包水口加长，插入到结晶器钢液面下一定的深度，把浇注流密封起来。

6.3.4.2　浸入式水口的作用

隔绝了注流与空气的接触，防止注流冲击到钢液面引起飞溅，杜绝二次氧化。通过水口形状的选择，可以调整钢液在结晶器内的流动状态，以促进夹杂物的分离，提高钢的质量。使用浸入式水口和保护渣浇注为连铸技术的发展起了积极的作用。

6.3.4.3　浸入式水口的结构

浸入式水口的结构主要有以下几种。

（1）普通型。该种水口完全由同一种材质组成。

（2）复合型。复合部位可以是渣线部位，也可以是内壁、喇叭口或流钢孔部位。

（3）带有吹气层结构。可以通过狭缝向水口内壁吹氩。

（4）按流钢孔结构分为以下两种：

1）直通型浸入式水口。这种水口相当于一根直通的管，流钢孔与水口纵向轴线位置一致。如图 6-1（a）所示。

2）带有侧孔的浸入式水口。其流钢孔可以是 2 个或 2 个以上，其出口方向可以是向下的，也可以是向上的。如图 6-1（b）~（d）所示。

不管浸入式水口的结构形状如何，一般要求做到：

（1）保证正常拉速时的钢水流通量。

（2）尽可能使结晶器内、铸坯断面的热流分布均匀。

（3）有利于保护渣的迅速熔化。

（4）有利于夹杂物上浮，不卷渣。

（5）避免结晶器内钢液面剧烈翻动。

（6）安装方便。

6.3.4.4 浸入式水口的材质和要求

A 浸入式水口的材质

a 熔融石英质浸入式水口

这种长水口的特点是：有较高的机械强度，抗热冲击性和化学稳定性好，耐酸性渣侵蚀性。在使用前不必烘烤。这种长水口适用于浇注一般钢种，不适宜浇注锰含量较高的钢种，否则使用寿命会降低。目前可以在熔融石英水口上复合锆质材料，还可以与铝碳质材料复合在一起，以满足钢厂的特殊要求。

b 铝碳质浸入式水口

这类水口主要是由刚玉和石墨为主要原料制成的产品。它的特点是对钢种的适应性强，特别适合于浇注特殊钢，对钢水污染小。该水口的材质，还可以根据浇注时间的长短和钢种进行调整，或复合一层其他高耐侵蚀的材料，以提高水口的使用寿命。铝碳质浸入式水口，一般在使用前须烘烤后才能使用，否则有开裂的危险。

目前还有一种不经烘烤即能使用的铝碳质浸入式水口。

B 对浸入式水口的要求

（1）具有良好的抗热震性。

（2）具有良好的抗钢水和熔渣的侵蚀性。

（3）具有良好的机械强度和抗振动性。

（4）浸入式水口连接处必须有密封装置。

（5）不易与钢水反应生成堵塞物。

浸入式水口的理化性能见表6-1。

表6-1 浸入式水口理化性能

项 目	Al_2O_3			熔融石英质
	本体	渣线	透气层	
Al_2O_3/%	40		42	
SiO_2/%	18		24	99
ZrO_2/%	7	67		
C/%	25	17	26	
显气孔率/%	17	17	19.5	12
体积密度/g·cm^{-3}	2.25	3.3	2.18	1.9
耐压强度/MPa	23	28	20	45
抗压强度/MPa	7	5.5	4.0	
热膨胀率/%	0.28	0.4		

6.3.4.5　浸入式水口损坏的原因

A　熔融石英水口损坏的原因

a　水口自身质量

熔融石英水口是用石英玻璃为原料，通过泥浆浇注成型，再经高温烧成的。

石英玻璃和石英玻璃陶瓷的热稳定性是非常高的，但在制造水口过程中，可能带入杂质，或由于烧成温度控制不良，造成熔融石英水口中方石英过大，使制品热稳定性下降。在浇注中出现裂纹，造成水口冲刷成沟槽或穿孔、断裂。

由于烧成、制浆等工艺因素影响，还可能使制品的强度和密度达不到规定的要求，也可能造成制品在浇注中损坏。

成品没有经过无损探伤，可能留下隐患，如裂纹、气泡（气泡大小及分布密度）等。

b　钢水成分对制品的侵蚀

实践证明，熔融石英质浸入式水口，不宜浇注锰含量较高的钢种，其原因是：

$$2[Mn] + SiO_2 =\!=\!= 2(MnO) + [Si]$$
$$(MnO) + SiO_2 =\!=\!= MnO \cdot SiO_2$$

上式可见，钢水中的 $[Mn]$ 和熔融石英水口中的 SiO_2 发生反应，生成低熔点的 $MnO \cdot SiO_2$，并被流动的钢水带走，直至浇注完毕。

c　保护渣碱度对水口的影响

熔融石英质水口为酸性材质，因此，只适用于使用碱度小于1的保护渣，否则水口渣线部位不耐侵蚀，容易产生缩颈现象，严重时可从水口渣线部位断裂。

d　机械损伤

这种损伤主要发生在包装、运输、搬运和安装过程中。

e　保管储存

熔融石英质水口应干燥保管储存，如水口吸湿后，应干燥后使用，否则在烘烤或使用中会出现开裂现象。

B　铝碳质浸入式水口损坏的原因

a　水口自身质量

铝碳质浸入式水口通常使用刚玉、熔融石英、石墨和少量添加剂为原料，经等静压成型，再经无氧化烧制成的。因此，浸入式水口中的各种原料的搭配和制作工艺直接影响到水口的内在质量和使用效果。制品中的 SiO_2 含量和石墨质量，在很大程度上决定了水口的抗侵蚀性能。质量差的石墨，在片状石墨之间和石墨本身含有大量的 SiO_2，这些成分都是不耐侵蚀的。

b　保护渣对水口渣线部位的侵蚀

铝碳质浸入式水口的损坏，多半是由于水口渣线部位被侵蚀成缩颈状，严重的造成穿孔或断裂，中断浇注。这是因为在铝碳质水口中含有 Al_2O_3 和 SiO_2 等中性偏酸性的材质，保护渣的碱度不宜过大，一般控制在1左右为好。

为了提高铝碳质浸入式水口的使用寿命，一般在水口渣线部位复合一层 ZrO_2-C层，可提高水口寿命。实践证明，在这种条件下，保护渣的碱度仍不宜过高，否则侵蚀速率同样也要增大，起不到应有的抗侵蚀作用。

c 水口的烘烤

在使用铝碳质浸入式水口之前，须对水口进行烘烤。水口宜快速烘烤，在 1～2h 内达到 1000～1100℃，这样可以使水口保持足够的机械强度，减小水口表面层的石墨氧化疏松，更重要的是降低了与钢水之间的温差，提高了水口的抗热震性。

预热不良的水口或长时间低温度烘烤的水口，强度低，氧化严重，使用中易炸裂。预热好的水口在开浇前因停止烘烤，并从烘烤位置移动到结晶器位置，并对中，需要一定的时间，在此过程中水口会冷却降温，因此，在水口外表应有一层耐火纤维裹住，起保温作用。否则会出现浇注不畅、堵死水口，或出现炸裂现象。

d 水口的机械损伤

浸入式水口在包装、运输、搬运和安装过程中出现的损伤，未经发现而使用，容易发生事故。

e 水口在制造过程中产生的内裂

在制造过程中，因水口配料、成型和烧成过程在制品内部产生内裂，如不经过无损探伤就发往钢厂，则易发生事故。

C 浸入式水口堵塞的原因及防止措施

a 铝碳质浸入式水口堵塞的原因

（1）水口中的 SiO_2、Fe_2O_3 与钢水中的［Al］、［Ti］等生成网络状 Al_2O_3 或含钛的高熔点物，黏附在水口内壁，引起水口堵塞。

（2）材料中的 SiO_2 和 Al_2O_3 被石墨还原，与钢水中的［Al］和［O］反应生成絮状或粉末状 Al_2O_3 使水口堵塞。

（3）铝碳质浸入式水口的导热性较好，使水口内壁与钢水界面存在温度差，易使 Al_2O_3 沉积。

（4）钢水中的脱氧产物 Al_2O_3，易附着在水口内表面的氧化铝骨料上。

b 防止铝碳质浸入式水口堵塞的措施

（1）从材质上解决堵水口问题。国内外对防止水口堵塞方法都进行了大量的研究工作。早些年在国内研制了熔损型的浸入式水口，企图使水口内孔的熔损速度与 Al_2O_3 附着速度相等，以达到平衡，实际上是很难做到的。

目前在防止水口堵塞进行防堵材料的研究中，如采用含 CaO 高的材料做浸入式水口，还使用了 ZrO_2-C、BN-C、N4-Si-C、ZrO_2-BN-C 等材质，都已取得一些效果，在国内已进入工业性应用阶段。

（2）从水口结构上着手防止水口堵塞。目前使用最常见的一种办法是，在浸入式水口内壁置一条吹氩狭缝，通过狭缝吹氩进入水口内壁，在内壁上形成气膜，防止水口堵塞，目前看来，还是行之有效的。不过这种水口也有一定的缺点，就是吹氩强度要掌握好。吹氩量过大，则易在铸坯表面留下针状气孔；吹氩量过小，则水口还是要被堵塞。

（3）给浸入式水口穿一件耐火纤维外衣。为了减少铝碳质浸入式水口的导热性，在水口外表包裹一层耐火纤维，提高水口的保温性，对防止水口堵塞也有一定效果。

6.3.4.6 浸入式水口的材质

目前使用的材质主要是以熔融石英和氧化铝石墨质为主。有的氧化铝石墨质水口在渣线部位采用铝锆碳材料，以提高水口的整体寿命。

 思考题

（1）什么是浸入式水口？
（2）浸入式水口的作用是什么？
（3）浸入式水口损坏的原因？
（4）浸入式水口堵塞的原因及防止措施？

6.4　正确控制中间包水口开度及拉坯时间

6.4.1　实训目的

开浇时，正确控制中间包水口的开度和铸机起步时间，浇注顺利进行。

6.4.2　操作步骤或技能实施

6.4.2.1　定径水口开浇

（1）确认定径水口与结晶器的对中；确认定径水口的引流砂投放；确认中间包和定径水口烘烤已达到要求。

（2）确认引锭头堵塞和铸机所有设备及冷却水均在正常状态。

（3）确认钢包与中间包的对中，确认钢包内钢液温度和浇注钢种。

（4）通过主控室通知连铸所有岗位，铸机将进行开浇。

（5）机长指挥钢包开浇。为控制飞溅先用中流，在飞溅平缓后立即用全钢流浇注。

（6）当中间包内钢液面上升到中间包有效高度 1/2～2/3 时，关小钢包钢流。钢包滑动水口要防止钢液冻结，钢包塞棒可全关闭。

（7）在控制钢包钢流的同时，机长通知中间包开浇。

（8）将引流槽转到中间包水口正下面。

（9）浇注工拉去水口堵塞棒，随着引流砂流尽，钢流进入引流槽。

（10）待中间包水口钢流圆整后，移去引流槽，钢流进入结晶器。

（11）当结晶器内钢液面上升到一定高度（视工艺装备要求），可启动结晶器液面自动控制装置，即可进入正常浇注。如是手控液面，则待液面离结晶器上口 100mm 左右，即可启动拉矫机和振动装置。拉速可设定在按定径水口计算的规定拉速上，然后微调拉速保证液面高度稳定。

6.4.2.2　塞棒机构开浇

（1）确认水口与结晶器的对中，确认中间包与水口的正常烘烤。

（2）确认引锭头堵塞和铸机所有设备及冷却水均在正常状态。

（3）确认钢包与中间包的对中，确认钢包内钢液温度和浇注钢种。

（4）通过主控室通知连铸所有岗位，铸机将进行开浇。

（5）检查塞棒开关机件，确认在正常状态。在开关机件上插入压棒，升降塞棒，确认塞头砖与水口砖位置正常。

（6）打开冷却塞棒的压缩空气或其他气体（如用整体塞杆可不用气体冷却塞棒）。

（7）在打开冷却塞棒气体开关的同时，机长指挥钢包开浇。为控制飞溅先用中流，在飞溅平缓后即用全钢流浇注。

（8）当中间包内钢流面上升到中间包有效高度 1/2～2/3 时，关小钢包钢流。钢包滑动水口要防止钢流冻结，钢包塞棒可全关闭。

（9）在控制钢包钢流的同时，机长通知中间包水口开浇。

（10）根据经验，中间包开浇钢流大小必须适当，以保证不冲坏引锭头和冲翻引锭头堵塞的材料，另外要保证工艺要求的出苗时间。敞开浇注时开浇钢流必须圆而垂直。

（11）在结晶器钢液面上升过程中，试关塞棒 1～2 次，保证水口关闭可靠。

（12）保证出苗时间，一般在 30～90s 之间。

（13）当结晶器内钢液到达规定高度（一般离上口 70～100mm）时，在保证出苗时间的条件下，铸机启动拉坯和振动装置。起步拉速按工艺规定执行，一般在 0.3～0.6m/min。

（14）在起步拉坯的同时，向结晶器钢液面供给润滑油。如采用保护渣浇注，待浸入式水口出口被钢液淹没后立即加入保护渣。

（15）有自动液面控制装置的铸机，可在机长发出中间包水口开浇指令时，打开设备运行开关，进行自动浇注。也可人工开浇，在完成上述第（13）项操作后打开设备进行自动浇注。

（16）手动浇注时，按工艺要求升速到规定拉速，钢液面必须保持一定高度和稳定，铸机进入正常浇注。

6.4.2.3　滑动水口开浇

（1）同 6.4.2.2 节中塞棒开浇的（1）～（4）项操作。

（2）检查中间包滑动水口机件和液压系统，确认正常。

（3）连接中间包液压系统与滑动水口液压缸之间液压管，启动液压系统，试动滑板，确认运动正常。

（4）将滑板处在打开状态，开度大小必须适当，以保证中间包开浇钢流有一定大小。

（5）机长指挥钢包开浇。为控制飞溅先用中流，在飞溅平缓后即可用全钢流浇注。

（6）滑板水口在中间包钢液面上升过程中自动开浇。

（7）在结晶器钢液面上升过程中可调整钢流大小，以确保出苗时间。

（8）实施 6.4.2.2 节中（12）～（15）项相同操作。

6.4.3　注意事项

（1）在钢包开浇前，必须检查中间包水口周围有无杂物，防止钢渣等垃圾进入水口。发现垃圾必须及时清理。

（2）为防止烘烤到一定温度的中间包内衬和水口温度下降过多，从停止烘烤到中间包水口开浇的时间间隔应越短越好。

（3）定径水口和塞棒机构开浇时，中间包必须保证一定的液面高度，太低时则开浇钢流易黏结，太高时钢流因钢液静压过高控制困难。

（4）开浇起步后，结晶器液面一定要保持一定高度和稳定，以免发生漏、溢钢事故。

（5）中间包开浇时，要防止钢液飞溅伤人，必须穿戴好防护用品。

6.4.4　知识点

（1）出苗时间是指钢液开始注入结晶器到拉矫机开始拉坯这段时间，一般以 s 计时。出苗时间是保证钢液在结晶器内凝固并与引锭头形成牢固连接所需的时间。出苗时间的长短与钢液温度、钢种及断面大小有关。当浇注的铸坯断面较大、浇注的钢液温度较高时，出苗时间按上限控制；反之，则按下限控制。易凝固和高温强度较高的钢种出苗时间可短一点。

（2）连铸机的起步拉速在工艺上有明确规定，一般在 0.3～0.6m/min。在具体操作上可采取预先设定，拉矫机起步直接到位或采用从拉速零开始迅速调整到规定拉速两种办法。结晶器液面手工控制的连铸机一般用后一种办法，液面自动控制或大型板坯连铸一般用前一种办法。

拉矫机起步后转入正常浇注时，升速要平稳，过程要缓慢。

当温度不正常，如钢液温度较低时，连铸机的起步拉速可稍微提高，升速过程也可相应加快，在保证不拉漏的前提下，尽快提高拉速。

（3）为保证一定的浇注温度和钢液内夹杂物充分上浮，开浇时中间包液面也要有一定的高度，钢包开浇到中间包开浇同样要有一定间隔时间。当钢包钢液进入中间包后，钢液温度有所下降如图 6-3 中的曲线，中间包开浇要避开初始的低谷区从而保证正常浇注温度，防止水口堵塞。中间包的液面高度对夹杂物上升影响较大，深中间包高液面可增加钢液停留时间，有利于夹杂物上浮。一般中间包开浇时液面高度要达 1/2 以上。

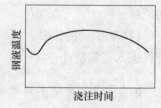

图 6-3　中间包内钢液温度变化示意图

（1）什么叫出苗时间，如何选择?
（2）连铸的起步拉速是如何确定的?

6.5　手动式快速更换中间包定径水口

6.5.1　实训目的

掌握手动快速更换连铸中间包定径水口技术，达到降低成本提高铸坯质量的目的。

6.5.2　操作步骤或技能实施

6.5.2.1　更换机构安装

A　底板安装

在中间包原有定径水口的中心位置焊上底板,确保底板水口的中心线与中间包底板垂直。

B　固定板安装

将固定板用紧固螺丝固定在底板上,确保与底板对中、平行,配重螺栓完好。

C　扇形板安装

扇形板安装在固定板下方,通过螺母调节,使其与固定板紧密接触。

D　配重调整

根据计算确定配重的重量,确保配重施加于扇形板上的压紧力既能保证上下滑板间的密合,又能手动使扇形板产生位移。

6.5.2.2　耐火砖的安装

(1)将定径水口下滑板套入扇形板的两个滑板框内,保证其平整度。

(2)将定径水口上滑板套入固定板内的砖座后,使扇形板与其吻合,然后锁定限位开关。

(3)安装座砖与上水口,务必保证上水口与上滑板配合良好,上水口与座砖间的间隙小而密实。

6.5.2.3　定径水口下滑板的更换操作

当使用中的下滑板定径水口扩径,使连铸拉速超过控制值时,就要进行下滑板的快速更换。检查限位开关是否到位、扇形板板面是否干净,然后握紧扇形板手柄快速移动,一步到位,完成操作。

6.5.3　注意事项

(1)该机构的配合面包括铸铁和耐材,要求加工精度高,必须确保配合尺寸及表面光洁度。

(2)耐火砖抗侵蚀性要有保证,每块上滑板砖的使用寿命应不低于中间包的使用寿命,下滑板砖的使用寿命应大于8h,才不至于频繁更换下滑板,降低使用的安全性。

6.5.4　知识点

6.5.4.1　手动式中间包定径水口快速更换机构

液压式连铸中间包定径水口快速更换技术近年来在国内得到快速推广,由于其具有提高中间包寿命和连铸收得率,保证连铸坯质量,减少中间包开浇材料消耗,减轻工人劳动强度等优越性而显示出旺盛的生命力。然而,在原材料价格不断上涨的情况下,为追求更低的成本，一种更经济、更方便的手动式中间包定径水口快速更换机构已获得国家专利。

6.5.4.2　手动定径水口快速更换机构的设备组成

手动定径水口快速更换机构与液压快速更换机构的根本区别在于驱动力不同。它不需要液压驱动装置，仅通过杠杆原理由手工完成定径水口的快速更换。设备组成如图 6-4 所示。

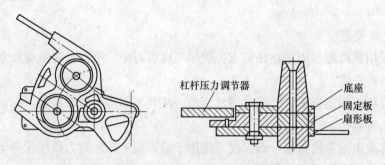

杠杆压力调节器　底座　固定板　扇形板

图 6-4　手动定径水口更换装置设备组成

该更换机构由底座、固定板、扇形板及杠杆式压力调节器组成，封闭高度为 110mm。扇形滑板框内装有两块定径水口滑板砖（下水口砖），移动扇形板的手柄，可以使扇形滑板框中的一块滑板的水口孔处于工作状态，而另一块滑板砖移到装置的另一侧，以便进行定径水口滑板砖的更换。

6.5.4.3　手动式定径水口快速更换机构的特点

（1）利用配重调整压缩力。利用配重通过杠杆原理来保证上下滑板间的紧密配合，其特点是配重的大小可调，通过计算与调试，找出合适的压紧力；配重寿命长，与使用弹簧相比没有失效问题。

（2）使用人力驱动便于调整上下水口孔的位移。当中间包某一流使用的最后一块滑板拉速偏快时，可通过设定限位后稍移动下滑块，使水口产生截流；尤其在事故状态下，还可以通过上下水口孔的错位而断流。

6.5.4.4　手动式定径水口快速更换机构的优点

（1）结构简单，操作方便，可靠性高。

（2）通过对定径水口下滑板的更换，实现定径水口的使用寿命与中间包内衬的寿命同步。

（3）与使用定径水口中间包相比，连铸事故率下降，钢水收得率提高，连铸成本下降。

6.5.4.5　手动式定径水口快速更换机构的使用效果

当与长寿命中间包涂料配合使用时，定径水口下滑板一般 8 ~ 10h 更换一次，下滑板最长使用寿命达 16.5h，每个包役每套机构一般更换 2 块下滑板。中间包使用寿命比使用定径水口平均提高了 50%，最长寿命为 60 炉次。从而提高连铸钢水收得率，降低开浇或对接材料的消耗，提高了铸坯的质量（中间包液面高度得到保证）和生产计划性（杜绝定径水口突然扩径必须停浇的生产事故）。

思 考 题

（1）怎样手动快速更换中间包定径水口？

（2）简述手动式快速更换中间包定径水口的特点。

6.6　加结晶器保护渣

6.6.1　实训目的

能及时均匀地加入保护渣，保证浇注顺利进行。

6.6.2　操作步骤或技能实施

（1）工具准备：推渣棒；捞渣扒；调试好自动加渣机（采用自动加渣装置的连铸机）。

（2）根据所浇的钢种、铸坯断面准备好工艺要求的保护渣。

（3）中间包开浇前，保护渣加入到自动加渣器内，或拆除包装堆放在结晶器上口四周。

（4）中间包开浇后，待钢液面上升到淹没水口出孔后，才能开始加入保护渣。应注意某些工厂，特别是板坯连铸机，中间包开浇时采用与正常浇注理化性能不同的开浇渣。

（5）待开浇渣基本消耗之后即渣面由黑转红，开始加正常浇注用的保护渣，或开动自动加渣机。

（6）保护渣的手工加入一般用推渣棒推入结晶器，推渣要有一定力度，使渣能在液面上均匀洒落。

（7）保护渣加入时要求少、勤、匀。

（8）结晶器液面在正常浇注过程中应保证钢液不裸露，渣面在结晶器四壁呈红亮色，其他地方呈保护渣本色。控制渣层厚度（液渣加粉渣）以 35~40mm 为宜。

（9）当采用自动加渣机时，开动后要注意加入速度和加入位置的微调，确保符合加渣要求。

（10）若发现结晶器液面上的保护渣有结块、近结晶器四壁有结渣圈时，必须用捞渣扒及时捞出清除，否则会影响质量或造成浇注事故。

（11）在浇注结束前，根据经验可提前停止加渣。

（12）采用换中间包连浇技术时，如结晶器加连接攀，则结晶器内残留保护渣事前应捞出清除干净，或增加提前停止加渣时间，保证中间包停浇做换包操作时，结晶器液面能看见钢液。

（13）浸入式水口保护渣浇注如图 6-5 所示。

（14）结晶器保护渣自动加入装置如图 6-6 所示。

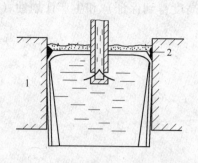

图6-5　浸入式水口保护浇注示意图
1—水冷结晶器；2—渣圈

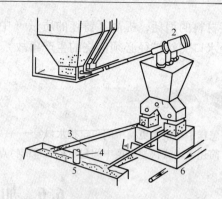

图6-6　结晶器保护渣自动加入装置
1—保护渣罐；2—振动管式输送机；3—给料管；
4—浸入式水口；5—结晶器；6—料仓车

6.6.3　注意事项

（1）各种不同的保护渣必须分别堆放，专门管理。保护渣进厂前必须经过理化性能检验。

（2）保护渣必须存放在烘房内，保证最低水分。保护渣随用随取，在结晶器上口旁的拆包保护渣，当浇铸结束后最好把未用完的丢弃。

（3）当结晶器液面发生异常波动时，保护渣加入应在液面稳定后进行。

（4）保护渣不得直接推到结晶器角处。

（5）捞出渣块或渣圈时，要用点拨方向，以免钢液卷渣。

（6）中间包开浇时，保护渣一定要在钢液面浸没浸入水口后开始加入。

（7）当结晶器保护渣在浇注过程中异常时，如消耗量过低，必须进行换渣操作。

（8）加渣料应以勤加、薄加为宜，保证在熔融渣层上始终覆盖一层新渣料。

（9）在浇注过程中，若发现渣料可熔性差，有结块现象，不能覆盖液面时，应及时将渣块从结晶器内捞出清除，防止夹渣漏钢，同时更换新渣料重新造渣。

（10）采用自动加渣设备时，应调节保护渣的加入速度，如气动间歇开关的开闭时间和每次的加入数量，重力式管道加渣设备，一般应使用颗粒保护渣。

6.6.4　知识点

6.6.4.1　保护渣的润滑和保护作用

实际生产中，通过向结晶器内的钢液面加入低熔点还原性渣（颗粒渣或粉渣），以保护钢液免受氧化，并吸收溶解从钢中上浮到钢渣界面的夹杂物，以达到净化钢液的目的。流动性良好的渣液均匀连续地流入到结晶器内壁与铸坯之间的空隙中，形成一层均匀的薄膜，起到润滑和保护作用。钢液面上的固体渣层还起到隔热、保温作用。

A　保护渣的作用

（1）绝热保温，防止钢液面结壳。在高温钢液面上加入低熔点的保护渣，一般要求保护渣形成粉渣层、烧结层和液渣层，如图6-7所示。

由于钢液面上加入低熔点的保护渣，同钢液接触部分的保护渣很快被熔化形成液渣层，靠近液渣层的保护渣受到温度的作用，形成烧结层，在烧结层上面是原渣层（或称粉渣层），这样就组成了3层结构的结晶器保护渣工作状态。由于液渣层不断消耗，烧结层不断被熔化，则粉渣层也不断被烧结，因此在连铸的生产中要不断地向结晶器内加入保护渣，使其保持3层结构。保护渣3层渣层的温度：液渣层温度较高，同钢液温度相近，烧结层在800~900℃左右，原渣层低于500℃，形成了一个温度梯度。钢液面上加入保护渣，钢水散失的热量是通过渣层传到表面的，减少了结晶器钢液面的辐射散热，仅仅消耗于保护渣熔化所需的热量，而保护渣消耗量仅为0.3~0.6kg/t，因

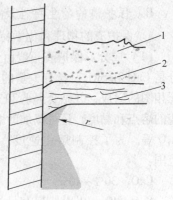

图6-7 保护渣三层结构
1—粉渣层；2—烧结层；3—液渣层

此，保护渣熔化所吸收的热量损失比敞流浇注散热要小10倍以上，可防止钢液面结膜或结壳，有利于提高铸坯的表面质量。

（2）隔绝空气，防止二次氧化。中间包注流进入结晶器，由于注流的冲击作用，使结晶器内钢液表面不断更新。为此，在结晶器内高温钢液面加入保护渣，均匀地覆盖整个钢液面，将空气与钢液隔开，有效地阻止了空气中氧进入钢液。

基于上述原因，保护渣应具有很好的铺展性，能迅速形成有一定厚度液渣层的3层结构。

（3）吸收钢水中的非金属夹杂物。结晶器内铸坯液相穴内上浮到钢液弯月面的夹杂物（如 Al_2O_3），有可能被卷入凝固壳，造成皮下夹杂或表面缺陷。因此，要求保护渣中有适量的原始 Al_2O_3 含量，使液渣层对铝的氧化夹杂物具有良好的润湿性，而且要求在吸附相当数量的氧化物夹杂后，熔渣自身性能保持稳定。适量的保护渣消耗，及时补加新渣，也有利于稀释液渣中 Al_2O_3 含量。现行的部分保护渣，不能吸收钢中的氧化物夹杂。

应当指出，降低铸坯中的氧化物夹杂主要依靠提高钢水纯净度和防止二次氧化来达到，保护渣主要作用也在于防止二次氧化，所谓吸附夹杂仅仅能吸附上浮的夹杂物，与敞流浇注捞渣目的相同，而不上浮的夹杂物是无法吸附的。

（4）在凝固坯壳与结晶器铜壁间形成润滑膜。在结晶器四周的弯月面处，由于结晶器的振动和坯壳与铜壁之间缝隙的毛细管作用，液渣被吸入并充满铜壁与坯壳的缝隙中形成渣膜。在正常情况下，与坯壳接触的渣膜一侧，由于坯壳温度高，渣膜保持足够的流动性，在结晶器壁与坯壳之间起着良好的润滑作用，从而减少了拉坯阻力，防止"粘连"现象的发生。影响润滑作用优劣的主要因素是：液渣与钢液面的浸润状况；液渣在凝固壳表面的附着状态；液渣的黏度随温度变化的特性以及坯壳温度分布的均匀性等。为此要求能形成一定厚度的渣膜（0.10~1.5mm），相应要有一定的液渣层厚度（10~15mm）和足够的渣耗（0.3~0.6kg/t）；液相中不应有初生晶粒析出，在一定温度范围内液渣的黏度不应波动太大，以保证稳定均匀地供应液渣。

（5）改善结晶器与坯壳间传热。在结晶器内由于坯壳收缩产生了气隙，使热阻增加。加入保护渣，并使气隙内充满均匀的渣膜，就可以减少气隙热阻，从而明显改善结晶器的传热，使坯壳均匀生长，形成足够厚度的坯壳，防止热裂纹的产生。

B　保护渣的物化特性及分类

a　保护渣的物理和化学特性

（1）成分。保护渣一般由天然材料配比合成，其化学组成比较复杂。保护渣的主要成分是 CaO 和 SiO_2，含有少量的 Al_2O_3。因此，保护渣的物理特性是依据 CaO-SiO_2-Al_2O_3 三元相图的组成，并结合经验和工艺条件的要求加入各种添加剂而组成的，如为了调整保护渣的熔点和黏度，还可以加助熔剂。应用最广泛的助熔剂有固体水玻璃萤石（CaF_2）Na_2O + K_2O 等。为了控制熔化速度，可适当添加一定的碳元素。一般保护渣成分控制在如下范围：

CaO　30%~40%　　　　SiO_2　30%~40%　　　　Al_2O_3　3%~7%

CaO/SiO_2　0.85~1.25　　C　2%~5%

（2）黏度。黏度是保护渣中必须检测的重要指标，它是反映保护渣形成液渣后，流动性能好坏的重要参数。黏度值的大小直接影响流入结晶器与坯壳缝隙中形成渣膜。渣膜的厚度和均匀性与黏度有很大的关系。黏度过大或过小会使渣膜厚薄不均，润滑和传热效果不良，甚至会使坯壳表面撕裂。

保护渣的黏度主要取决于保护渣的成分和渣液的温度，一般可以通过调节渣的碱度来控制渣子黏度。对于酸性或偏中性的保护渣，适当提高氧化钙或降低二氧化硅的含量，能降低液渣的黏度，改善流动性，增加 CaF_2 或 Na_2O + K_2O 的含量，能够在基本不改变保护渣碱度的条件下改善液渣的流动性。

（3）熔化特性。保护渣熔化特性是指熔化温度和熔化速度。熔化温度必须低于结晶器的钢水温度才能熔化，通常为 1100~1200℃。熔化温度主要取决于保护渣的成分。目前使用的保护渣的成分都选择三元相图的低熔点区。

保护渣的熔化速度决定了钢液面形成液渣层厚度和保护渣的消耗量，熔化速度过慢形成液渣层过薄；熔化速度过快保护渣消耗快，液渣层会结壳。调节保护渣的熔化速度的有效方法是在保护渣中加入炭粉。这是因为炭粉是耐高温材料，细化的炭粉吸附在渣料颗粒周围，阻止了渣料接触、融合，延缓了熔化速度，并能阻止保护渣迅速地烧结。

除此之外，要求保护渣能均匀熔化，铺展到整个钢液面上，并能沿四周均匀地流入结晶器和坯壳之间，即熔化均匀性。

（4）吸收溶解夹杂物的能力。保护渣应具有良好的吸收溶解夹杂物的能力，而溶解 Al_2O_3 的能力是保护渣的很重要的特性之一，尤其是浇注铝镇静钢时更为重要，为此要求液渣能迅速吸收夹杂物。从热力学的观点看，到达钢渣界面的夹杂物一般都能被熔渣所吸收，但其溶解速度则受到保护渣的物性（如黏度）所制约。

高速连铸和薄板坯连铸对保护渣特性有更严格的要求。研制新保护渣对发展连铸工艺有重要作用。

b　保护渣的分类

保护渣可有以下几种类型：

（1）粉状保护渣。这是多种粉状物料的机械混合物。在长途运输过程中，由于受到长时间的振动，使不同密度的物料偏析，渣料均匀状态受到破坏，影响使用效果的稳定性。同时，向结晶器添加渣粉时，粉尘飞扬，污染环境。

（2）颗粒保护渣。为了克服污染环境的缺点，在粉状渣中配加适量的粉结剂，做成似小米粒的颗粒保护渣，制作工艺复杂，成本有所增加。现今已发展到采用先进的喷雾法来制造球状多孔型颗粒保护渣，使渣的铺展性大大改善，有利于使用机械化自动喂渣装置，实现保护渣加入自动化控制。

（3）预熔型保护渣。将各种造渣料混匀后放入预熔炉熔化成一体，冷却后破碎磨细，并添加适当熔速调节剂，就得到预熔性粉状保护渣。预熔保护渣还可进一步加工成颗粒保护渣。预熔保护渣制作工艺复杂，成本较高，但优点是提高了保护渣成渣的均匀性。

（4）发热型保护渣。在渣粉中加入发热剂（如铝粉），使其氧化放热，不从钢水吸热而立即形成液渣层，但这种渣成渣速度不易控制，成本较高，污染操作环境，故应用有一定限制，如薄板坯连铸开浇时常用。

6.6.4.2　加保护渣时的原则

实际生产中，经常会发现渣料可熔性差，有结块现象，不能均匀覆盖钢液面，结块的渣料若不及时捞出清除，易产生渣斑、甚至漏钢现象，从而影响生产顺利进行。因此，加保护渣要勤加、薄加，并使其均匀覆盖钢液面。

A　"黑"面操作

"黑"面操作，就是连续地加入足够的保护渣到结晶器内的钢液面上，以保持保护渣面是呈黑色，一般熔融层厚度在 8~15mm，粉渣层厚度在 15~20mm，不宜经常搅拌保护渣层，这样做只会使粉渣层与液渣层混合，对保温和化渣都不利。

B　开浇时的保护渣操作

连铸开浇时，结晶器内钢液面裸露，散热比较快。加入保护渣后，又要吸收大量的热量，钢液面可能结壳，这时要用渣棍轻轻将渣面搅动，探明无结壳时，即可以按正常方式加入保护渣。对于板坯或使用带有侧孔的浸入式水口的大方坯，应在钢水淹没水口侧孔时方可加入保护渣，对于使用直孔型浸入式水口的方坯，应在钢水淹没浸入式水口端部后再加入保护渣。

C　卷渣和粘连的处理

卷渣从机理上分析，其可能性有两种情况：一是液面波动比较大，当液面下降时，靠结晶器壁处会出现渣条，渣条一般向结晶器中心倒，若操作工来不及将渣条捞出来，液面又很快升起，就有可能将渣条卷入，使坯壳表面不均匀冷却，有漏钢危险，二是保护渣熔融厚度过厚，靠近结晶器的壁处熔渣很快凝固，集中了比较厚的固体层，较厚的固渣层粘在铸坯表面上，影响铸坯质量或减慢传热速度，影响坯壳厚度，也会有漏钢危险。

出现粘连漏钢同保护渣质量和操作有关，也就是说保护渣在某一时刻润滑不好，坯壳受到拉坯和振动作用，已形成裂口，钢水直接接触到结晶器铜壁，又形成新的坯壳。这样周而复始，就容易出现漏钢，当出现粘连时，应立刻降低拉速的措施，由于拉速降低可使坯壳的厚度增加。这是防止粘连漏钢的有效措施。如果多次出现粘连现象。就应检查保护渣的熔化特性，是否保护渣黏度过大，润滑不好而产生粘连。

D　手动加保护渣的操作要点

目前我国连铸大都采用手动方式加保护渣，也就是操作工用一个推渣的扒子和钩子，不断地向结晶器内补加保护渣，补加保护渣的厚度要求液渣加粉渣不大于50mm，以35~

40mm 为宜。一般是观察保护渣表面，发现表面出现熔融的红斑时，即可推入一定量的保护渣，使渣面一直保持黑色，推入的量以遮没红斑为宜，做到勤加、少加。

　　E　自动添加保护渣操作要点

　　为了实现自动浇钢，自动添加保护渣的技术已被开发出来。自动添加保护渣的方法较多，有机械方式，如气动和螺旋推杆方式等；有重力方式，即靠保护渣的自身重量和较好的球状靠重力流入结晶器内。自动添加保护渣的操作要点，要控制好添加保护渣的速度，调节好阀门的开启度，不要使保护渣的厚度过厚或过薄。过厚和过薄都可能出现副作用，起不到保护的作用。

思 考 题

　　(1) 连铸时，如何向结晶器内加入保护渣？
　　(2) 连铸保护渣的作用及要求是什么？
　　(3) 保护渣操作要点如何？

6.7　结晶器加润滑油

6.7.1　实训目的

　　能及时均匀的加入润滑油，保证铸坯不黏结，浇注顺利进行。

6.7.2　操作步骤或技能实施

　　为防止铸坯坯壳与结晶器内壁黏结，减少拉坯阻力和结晶器内壁的磨损，改善铸坯表面质量，结晶器必须进行润滑。

　　(1) 浇注前要清理结晶器上口的给油板，确保内部油道和结晶器四周油缝畅通。
　　(2) 浇注前检查给油器，给油箱加油。
　　(3) 在送引锭前，启动给油器，开启给油阀，保证润滑油在结晶器四壁均匀流下。然后关闭给油阀、停止给油，擦净结晶器内润滑油。铸机可做送引锭等准备工作。
　　(4) 当中间包水口开浇时，可启动给油器。
　　(5) 当中间包水口开浇、水口钢流正常后，可向结晶器内送润滑油，但油量不能太大。
　　(6) 拉矫机启动后，可调节油量，油量大小要保证结晶器内钢液面平稳，不能因进油过多而造成翻腾并且钢壳也不发生悬挂现象。
　　(7) 润滑剂可以用植物油或矿物油，目前用植物油中的菜籽油居多。
　　(8) 通过送油压板内的管道，润滑油流到锯齿形的给油铜垫片上，铜垫片的锯齿端面向着结晶器口，油就均匀地流到结晶器铜壁表面上。
　　(9) 在坯壳与结晶器内壁之间形成一层厚 0.025 ~ 0.05mm 的均匀油膜和油气膜，达到润滑的目的。
　　(10) 这种装置主要应用在小方坯连铸机上，结晶器加油润滑装置如图 6-8 所示。
　　(11) 浇注结束，尾坯出结晶器后，给油可停止。

6.7.3 注意事项

（1）油的选择必须为高燃点的植物油或矿物油，否则，烟气大，润滑效果差。

（2）无论是手动还是自动加油其油量必须合适。

（3）给油时，油量不能太大，否则会造成液面翻腾影响铸坯质量。

（4）浇注过程中要随时铲除结晶器上口给油板下油缝上飞溅的钢珠，保证给油通畅。

6.7.4 知识点

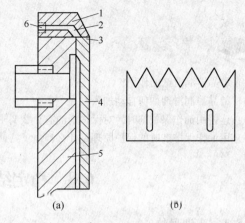

图 6-8　结晶器给油装置

1—送油压板；2—油道；3—给油垫片；
4—结晶器铜壁；5—结晶器钢壳；6—润滑油管

结晶器润滑、结晶器振动的目的在于防止铸坯表面与结晶器黏结，起到脱模作用。但是在高频率小振幅的情况下，铸坯已凝固的坯壳在钢水静压力的作用下，与结晶器内壁在高温下会产生很大的摩擦力，因此必须在浇注时，在结晶器和凝固壳之间加入润滑剂，以避免结晶器与凝壳发生黏结。

敞流浇注时，在结晶器内普遍使用液体油类作为润滑剂。为了对结晶器在高温浇注下能产生润滑作用，故对润滑剂有如下要求：

（1）燃烧速度不宜过快，挥发量小，燃烧产物及残留物能起到润滑作用。

（2）对结晶器铜壁有良好的润湿性，要有一定的黏度。

（3）燃烧时烟气要少，烟气中不应有对人体有害的物质。

（4）润滑剂中不允许有机械混合物和固态颗粒。

工业生产上用的润滑剂可以是植物油、矿物油，也可以用固态或液态石蜡、地蜡及其半成品或其他材料。在这些材料中，菜籽油是最为适宜的，因为它的着火点高，运动黏度较高，燃烧后灰分少，油中脂肪酸内的芜酸（$C_{21}H_{14}COOH$）含量高。芜酸是分子量很大的脂肪酸，易于吸附在金属表面起润滑作用，而且其价格也比较便宜。

关于菜籽油的润滑机理有不同看法：

（1）菜籽油进入结晶器内遇高温而分解为碳和氢，部分碳粉附在结晶器壁上起润滑作用。

（2）油在结晶其内部分燃烧，部分进入坯壳与结晶器铜壁之间起润滑作用。

菜籽油在结晶器内燃烧时，产生 CO、O_2、H_2O 等气体，H_2O 分解出的 H_2 使铸坯出现皮下气泡，因此要严格控制油中水分，不超过 0.02%。结晶器供油要求均匀地分布在铜壁四周，且供油量要适当，因此采用敞流浇注的结晶器上盖板上应有结构合理、油分配均匀，并且不易被堵塞的供油结构。通常将这块盖板（或法兰）称为"油盖板"。并且在辅助设备中有一套结晶器润滑油系统。该系统能向结晶器"油盖板"供应可随意调节、流量稳定的润滑油，保证在结晶器液面上有均匀的透明火焰。

供油系统对补充油应有一套过滤装置，以保证新补充油的清洁度，避免系统产生堵塞现象。结晶器润滑供油系统应定时清洗，一般情况下可一年清洗一次，用苛性钠溶液清洗，洗后再用清水冲洗干净。

思 考 题

（1）结晶器润滑剂的作用？
（2）结晶器润滑剂如何自动加入？
（3）连铸用油作保护剂时，对保护剂油有什么要求？
（4）用油作保护剂时的保护原理是什么？

6.8　稳定结晶器液面高度

6.8.1　实训目的

能人工控制或采用结晶器液面控制系统自动控制结晶器液面。

6.8.2　操作步骤或技能实施

6.8.2.1　人工控制

人工控制难以保持稳定的液面，因此，浇注过程中，当结晶器的钢液面不稳定而发生波动时，应采用调节拉坯速度或调节钢水注入量来进行液面高度控制。当液面升高，或有升高趋势时，应加快拉速或减小注流使钢液面恢复正常；当液面过低时，应减低拉速或适当加大注流。如果浇注过程中，钢液面平稳适当，可采用液面自动控制来控制结晶器液面。

（1）采用塞杆调节和滑动水口调节。当拉速一定时，结晶器内钢液面升高，中间包水口可关小些；钢液面降低时，水口可开大一些。

（2）采用定径水口。浇小方坯连铸普遍采用定径水口，钢水流量决定于水口孔径和中间包钢水深度，一般用调节拉速控制结晶器液面。当液面升高，应提高拉速；液面降低，则放慢拉速，以保证液面始终保持在规定范围内。

6.8.2.2　自动控制

人工控制难以保持稳定的液面，因此要用仪表自动控制。打开液面自动控制器开关，此时，结晶器内的钢液面受到自动控制仪控制，会自动调节钢液面波动，拉坯速度较均匀。操作人员只要观察钢液面和自动控制器即可。如液面超出控制范围，需要人工进行干预，以防发生漏钢、溢钢事故。

6.8.3　注意事项

操作时，要平稳控制结晶器钢液面，避免钢液面上下剧烈波动，造成挂钢、夹渣等生产、质量事故。

6.8.4　知识点

（1）为保证连铸机稳定地浇注，结晶器内钢液面应平稳地控制在距结晶器上口80～

100mm 处或渣面距结晶器上口 70mm 左右，液面波动一般在 ±10mm 以内。

（2）结晶器液面稳定在控制范围内（见图 6-9），过高的液面易发生挂钢，和损坏上口密封件，产生漏水。过低的液面易发生漏钢，都对生产稳定、顺利进行带来危害。因此稳定液面在控制范围内，对正常生产都具有很大意义。

（3）目前，结晶器液面控制方法有两种：采用结晶器液面自动调节装置和控制中间包水口开启大小。

结晶器液面控制是连铸设备实现自动化的关键性环节，也是铸成无缺陷铸坯，保证铸坯热送和连铸连轧一体化的前提。目前控制方法有磁感应法、热电偶法、红外线法和同位素法等来监测并控制液面。

红外线法是对结晶器液面进行红外摄像，再经计算机做出图像处理和分析，判断结晶器液面，它配有直观的图像显示。但由于液面有油雾遮挡、保护渣影响和捞渣的干扰，这一方法还需进一步完善。

同位素法是由放射源、探测器、信号处理及输出显示等部分组成。该法用 Cs-137 或 Co-60 作放射源；放射源与探测器分别装在结晶器的两侧，放射源放出的 γ 射线穿过水冷结晶器被对面的闪烁计数器所接收；若钢液面低于 γ 射线区时，被闪烁计数器接收的射线强度为最大；当结晶器内液面上升时，射线区部分或全部遮挡，这时被闪烁计数器接收的射线强度随液面的增高成比例减弱。这样就测得液面高度，根据液面的高度来调节拉速。同位素法是精度高、稳定性强的方法，我国的很多厂家都采用了 Cs-137 同位素控制方法，其结构如图 6-9 所示。在装有放射源的结晶器壁上，加一块活动保护板；放射源的储存和运送必须在随设备供货的专门屏蔽桶内，进一步提高了安全性。用热电偶控制结晶器液面，其精确性也较强，但测量值的滞后时间较长。

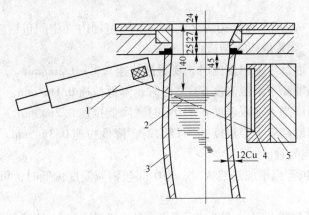

图 6-9　结晶器液面自动控制原理图

1—闪烁计数器；2—液面理想控制高度；3—结晶器铜管；4—放射源；5—铅筒

思　考　题

（1）连铸操作中，为何要稳定结晶器液面？

（2）结晶器液面如何控制？

6.9　调整和控制拉速

6.9.1　实训目的

掌握不同参数状态下的连铸拉坯速度的调整和控制，达到稳产高产。

6.9.2　操作步骤或技能实施

（1）根据操作规程每一台铸机都制订了不同钢种、不同断面的拉速表。

（2）开浇前连铸机机长和浇钢工确认要浇注的钢种和铸坯断面。

（3）根据钢种、断面和钢流实际温度选择开浇拉速和正常拉速。

（4）开浇后调整中间包水口开度，保持稳定的结晶器钢液面，使拉速保持在开浇拉速。

（5）根据铸机操作规定的转快时间（开浇拉速保持时间，一般待引锭头进入二次冷却后），逐步提高拉速，并调整水口开度，保持稳定的钢液面，拉速每次调整 0.1m/min 为一档，每调整一次要保持 1~2min 时间作稳定过渡（小方坯的稳定过渡时间可短一些，板坯则长一点）。

（6）拉速达到规定的工作拉速后，控制中间包水口开度，保证钢液面的稳定。铸机正常浇注时要求拉速稳定不变。

（7）当钢液温度变化时，工作拉速要适当调整，一般在规定温度范围内，较高温度的钢液选择低限的工作拉速；反之，则选择为高限的工作拉速（铸机制订的拉速表一般有一定范围）。

（8）目标温度一般规定在液相线之上 15~25℃ 范围内（中间包钢液温度）。当钢液温度超过目标温度时，要采取以下措施：

1）当中间包温度低于下限温度时，要提高拉速 0.1~0.2m/min。

2）当中间包温度高于上限温度 5℃ 之内时，降低拉速 0.1m/min。

3）当中间包温度高于上限温度 6~10℃ 时，降低拉速 0.2m/min。

4）当中间包温度高于上限温度 11~15℃ 时，降低拉速 0.3m/min。对于更高温度的钢液，中间包应作停浇处理。

（9）装有中间包等离子加热装置时，当中间包钢液温度偏低时，可进行加热提温，保持正常拉速。

（10）当钢液流动性差，水口发生粘堵，钢流无法开大，拉速下降到规定下限以下 0.2~0.3m/min 时，中间包水口必须做清洗工作。

（11）当钢液含氧量过高或其他原因造成水口无法控制，拉速高于规定上限 0.3m/min 以上时，中间包水口要做水口失控处理。

6.9.3　注意事项

（1）浇注工应对本次浇注的钢液成分、断面、钢液温度等参数详细了解，防止误操作。

（2）浇注工应对浇注前铸机状态做详细了解、正确判断。凡铸机状态较差时拉速适当按低限控制,凡铸机状态超出允许范围应检修后才可进行浇注。

(3) 操作工应熟记浇注工艺规程所规定的各项要求。

6.9.4　知识点

(1) 铸机的目标温度一般以中间包内钢液温度为准,也有以钢包到铸机平台前沿测温时的温度为准。

铸机的目标温度一般要在浇注的钢种成分计算出的液相线温度以上15～25℃(如以连铸平台温度为目标温度,则要再加上钢包到中间包温度损失)。流动性差的钢种取上限。规定的温度波动范围则要求越小越好,最严的浇注温度制度规定在±5℃范围之内。波动范围越小浇注越稳定,铸坯质量就越好,同时也受钢包状况和周转频率的影响。

(2) 炉与炉之间的温度波动与炼钢和精炼控制有关也受钢包状况和周转频率的影响。炼钢厂要求同一钢种连浇,相邻炉号的钢液成分、出钢温度波动越小越好。[C]含量的波动要求不大于0.02%,[Mn]含量要求不大于0.10%,[S]含量要求不大于0.002%～0.005%,温度要求不大于5℃。

(3) 同一炉号钢液温度波动与钢包和中间包的烘烤质量有关,烘烤温度低、时间短的钢包和初期中间包造成前期温度低、后期温度高,也与钢液均匀搅拌有关,钢液没有一定的镇静时间,没有足够时间的吹氩搅拌,则钢包内温度分层也造成前期的钢液温度偏低。

(4) 同样的连铸机采用不同的浇注方法对同一钢种、断面所设定的拉速是不一样的。敞开浇注时结晶器钢液面的散热比保护渣(加浸入式水口)浇注大,结晶器内初始坯壳稍厚。但采用保护渣浇注时钢壳四周厚度均匀,钢壳与结晶器壁形成的气隙被保护渣充填,铸坯传热条件好,结晶器下部的钢壳厚度较厚,所以采用保护渣浇注反而可比敞开浇注提高拉速0.1～0.2m/min。

(5) 确定拉速的主要依据是保证结晶器出口处坯壳有适当的厚度,能承受拉坯力和钢液静压力的作用,坯壳不会被拉裂和不出现明显的鼓肚变形。

铸机拉速的确定主要根据铸机冷却条件(凝固系数)、断面大小和浇注钢种,大断面铸坯的拉速设定要慢一点。裂纹敏感性强、高温强度低的钢种拉速也要慢一点。在浇注中拉速确定又与钢液温度有关。

某厂板坯连铸机不同温度、不同断面所用的拉速见表6-2。

表6-2　不同浇注温度、铸坯断面情况的拉速参考值

板坯尺寸/mm	不同中间包钢液温度下的拉速/m·min^{-1}		
	>1550℃	1550～1530℃	<1530℃
150×1000	1.2	1.3	1.4
220×1000	0.9	1.05	1.10
220×1100	0.9	1.00	1.10
220×1200	0.9	1.00	1.10
220×1300	0.9	1.00	1.10
220×1400	0.9	1.00	1.10
220×1500	0.9	1.00	1.10
320×1650	0.45	0.50	0.55

思 考 题

（1）生产中操作工如何控制、调整拉速？
（2）实际生产中温度波动是如何造成的，要采取什么对策？
（3）确定拉速的主要依据是什么？

6.10　设 定 拉 速

6.10.1　实训目的

根据工艺要求，设定合适工作拉速，控制结晶器液面稳定。

6.10.2　操作步骤或技能实施

6.10.2.1　不同钢种的浇注速度

浇注速度与铸坯质量有关，对裂纹敏感性强的钢种，浇注速度应适当降低。

6.10.2.2　不同断面的浇注速度

连铸断面越大，凝固速度越慢。若浇注速度过快则易出现拉漏事故。为了保证浇注的顺利进行，一般断面越大，则浇注速度越慢。

6.10.2.3　不同钢液温度的浇注速度

钢液温度越高，则钢液的过热度越大，凝固速度就越慢。为了避免拉漏事故，要适当降低浇注速度。对于不同的温度采用高温慢注、低温快注的原则。

6.10.3　注意事项

（1）操作工应当对所浇注钢种的成分、断面及钢液温度等工艺规定充分了解。
（2）根据工艺规定设定浇注速度，并稳定控制结晶器液面。

6.10.4　知识点

6.10.4.1　铸机工作拉速的确定

拉速是连铸的重要工艺参数。拉速高，铸机产量高。但操作中拉速过高，出结晶器的坯壳太薄，容易产生拉漏。设计连铸机时，或制订操作规程时都根据浇注的钢种，铸坯断面确定工作拉速范围。

确定铸机工作拉速方法有多种，一般由凝固定律决定拉速：

$$V = L(k/e)^2$$

式中　V——工作速度，m/min；

　　　k——凝固系数，mm/min$^{1/2}$；

L——结晶器长度，mm；

e——出结晶器坯壳厚度，mm。

为确保出结晶器下口坯壳的强度，防止坯壳破裂漏钢，出结晶器下口的坯壳必须有足够的厚度。根据经验和钢液静压力分析，一般情况下小方坯的坯壳厚度必须大于 8 ～ 12mm，板坯的坯壳厚度必须大于 12 ～ 15mm（对于高效连铸机，由于整个系统采取了措施，其凝固壳厚度还可取得更小）。也就是说大断面铸坯的拉速要慢一些。对于有裂纹倾向性的钢种来讲，为增加坯壳强度，防止漏钢，必须增加坯壳厚度，这样也必须降低工作拉速。

在结晶器长度设定后，铸机工作拉速还与凝固系数有关。根据实验，k 值一般为 17 ～ 30mm/min$^{1/2}$之间。k 值与钢种、断面大小、结晶器传热有关，传热差的钢种，k 值较小，如不锈钢等；浇注大断面的铸机，k 值也偏小。设计手册推荐小方坯的 k 值为 20 ～ 26mm/min$^{1/2}$；板坯的 k 值为 17 ～ 22mm/min$^{1/2}$；不锈钢板坯的 k 值为 15 ～ 20mm/min$^{1/2}$。

有资料报道国外不同公司推荐的小方坯拉速见表 6-3。

表 6-3　铸机的类型、铸坯断面与拉速的关系（低碳钢）

断面尺寸/mm	拉速/m·min^{-1}			
	Demag（德国）	Concast（瑞士）	Olssen（瑞士）	VOEST（奥地利）
90×90	3.5～4.0	3.0～4.2	3.5～4.7	3.3
120×120	2.5～2.8	2.0～2.8	2.3～3.2	2.5
150×150	1.6～1.75	1.3～1.8	1.8～2.4	2.0

6.10.4.2　浇注过程中实际拉速的调整

在正常的钢液过热度条件下，铸机可按工作拉速操作。由于结晶器在恒定的冷却水量、水温和水压下工作其传热基本上是恒定的，所以温度高的钢液在一定拉速条件下结晶器出口的坯壳就较薄。为减少漏钢危险，就必须降低拉速，增加铸坯在结晶器内停留时间以增加传热来增加坯壳厚度。所以当钢液温度偏上限时，拉速选下限，降速操作；反之，升速操作。当钢液温度偏离工艺要求的过热度范围时，也可突破工作拉速的规定范围，做高温钢或低温钢的事故处理操作。

6.10.4.3　提高拉速的意义

提高连铸的拉坯速度是提高连铸机生产能力的有效途径。改进结晶器构造和振动方式，采用新的保护渣等，有利于实现高速连铸。目前，板坯连铸的拉速可达到 3m/min，方坯连铸的拉速可达到 6m/min。高速连铸是提高连铸效率的重要方向。

 思考题

（1）凝固系数是如何选择的？

（2）实际操作中拉速如何调整？

6.11　成 品 取 样

6.11.1　实训目的

正确掌握取样方法，取出具有代表性的成品样。

6.11.2　操作步骤或技能实施

6.11.2.1　样瓢取样

（1）工具准备：
1）有一定长度，且完好清洁无冷钢及残渣的样瓢。
2）清洁无锈、内无杂物的样模一只。
（2）关小钢包钢流，手握样瓢。
（3）将样瓢对准钢包钢流，待样瓢内钢液注满后取回样瓢。
（4）将样瓢内的钢液倒入事先准备好的样模内。
（5）敲击样瓢，将样瓢内冷钢清除以便下次再用。
（6）待样模内钢液凝固后取出的试样即为所取的成品样。
（7）在钢样上用白漆或其他器材写上钢样编号。

6.11.2.2　取样器取样

（1）将取样纸管牢固插在取样棒上。
（2）将取样棒垂直插入中间包液面下，使纸管埋入液面 1/2 以上。
（3）取样纸管在钢液中必须保持 5～10s。
（4）拔出取样棒，然后将取样纸管从取样棒上取下。
（5）从取样纸管中敲打出钢样。
（6）在钢样上用白漆或其他器材写上钢样编号。

6.11.3　注意事项

（1）取样用工具必须清洁无锈、无杂物，以免影响成品化学成分。
（2）取样时钢包钢流必须关小，样瓢取样时防止钢流冲击样瓢而造成钢液飞溅并伤人，取样器取样时也要防止中间包内钢流飞溅并伤人。
（3）人站立位置要合理。
（4）样瓢取样时，取出钢液必须尽快倒入样模，以防钢液冻结过多。
（5）样瓢取样时必须要待样模内钢液完全凝固，方可取出。

6.11.4　知识点

6.11.4.1　取样的目的

取样是为了分析钢的化学成分，另外可以初步估计钢的脱氧状况，便于后道工序的顺序进行。

6.11.4.2 取样的要求

取样必须要有代表性，能充分表示所浇钢液的化学成分。取样时，样模内必须干燥、清洁、无油、无锈，否则要影响钢样的化学成分，所取的样也就不能代表所浇钢液。另外，取样时刻也必须正确选择和有代表性。一般在钢包开浇 10 ~ 15min 后才取样。

 思 考 题

(1) 为什么要取样?
(2) 取样时要注意些什么?

6.12 常用钢种连铸操作要点

6.12.1 实训目的

熟练掌握常用钢种的浇注规程及操作要点，以浇注出合格的铸坯。

6.12.2 操作步骤或技能实施

(1) 检查浇注前的准备工作是否已全部就绪，浇注设备是否处于良好状态，包括送好引锭，堵好引锭头。

(2) 掌握本次浇注的钢种及相关的浇注规程。

(3) 出钢前，钢液需达到温度要求。出钢中参照出钢测温，认真判断出钢温度。

(4) 出钢完毕按规程要求进行镇静、吹氩、调温等操作。连铸前需经钢包精炼和真空脱气的钢种处理结束后，钢液必须达到连铸工艺要求。

(5) 钢包吊运至连铸平台，连铸作到站温度测量。钢液温度应符合工艺要求。

(6) 钢包吊运至回转台或座包架定位，使钢包处于浇注位。

(7) 中间包停止烘烤，开动中间包车至结晶器上方。

(8) 钢包与中间包，中间包与结晶器对中。

(9) 钢包和中间包做开浇前的准备工作。

(10) 钢包开浇，中间包液面加覆盖剂保温。中间包钢液测温。

(11) 中间包开浇，结晶器液面加保护渣，二次冷却投入运行，拉坯速度逐渐递增到正常拉速。

(12) 中间包测温，浇注转入正常。

(13) 脱引锭，引锭回收存放。

(14) 铸坯切头，然后进入正常定尺切割。

(15) 铸坯输送、收集、吊运存放。

(16) 在铸坯输送、存放过程中，铸坯打印或手工写号，以炉号划分。

(17) 钢包内钢液浇完见渣时换钢包操作，连续浇注。

(18) 受中间包内衬寿命限制，为进行连续浇注，在某一炉钢液浇完后，做换中间包

操作。

（19）异钢种，或同钢种但钢液成分相差较大（工艺专门规定）不能混浇。

（20）钢包钢液浇完可做停浇操作：中间包液面降到工艺规定的高度，中间包水口关闭，拉矫机停车或蠕动，尾坯封顶；尾坯出结晶器下口后，按规定拉速拉坯和喷淋冷却；铸坯定尺切割但最后一根可留小于 2 倍定尺的长坯；铸坯出拉矫机或最后一根夹辊后二冷喷淋可关闭等。

（21）停浇后清理铸机平台等各区域，为下一次浇注做准备工作。

6.12.3　注意事项

（1）浇注操作中浇注温度是非常重要的参数，操作者要对冶炼中钢液升温情况、出钢温度有所了解，做到心中有数。

（2）开浇后，应根据注流进一步判断钢液温度以调整拉速。

（3）按规程规定取好成品样。

（4）必须穿戴好劳防用品，注意人身安全。

6.12.4　知识点

6.12.4.1　连铸对钢液质量的基本要求

与传统的模铸相比，连铸对钢液质量提出了更严格的要求。

A　钢液温度

连铸钢液温度要求是准确、稳定、均匀。钢液温度的波动要求小于 ±5℃，很多工厂在出钢后都设置有精炼装置或调温装置。

B　钢液纯净度

最大限度地降低有害杂质（如硫、磷）和夹杂物含量，以保证铸机的顺行和提高铸坯质量。如钢中硫含量大于 0.03%，容易引起板坯纵裂纹。

C　钢液的成分

保证加入钢液的合金元素能均匀分布，且把成分控制在较窄的范围内，保证产品性能的稳定。

D　钢液的可浇性

要保持适宜且稳定的钢液温度和脱氧程度，以满足钢液的可浇性。如铝脱氧钢，处理失误易造成 Al_2O_3 夹杂含量高、流动性差，极易造成中间包水口堵塞而中断浇注。

6.12.4.2　钢液在结晶器内的凝固过程

高温钢液浇入结晶器，钢液与水冷的结晶器铜壁接触，就会迅速凝固形成很薄的初生坯壳。由于钢液静压力的作用，生成的坯壳与铜壁紧贴在一起，此时钢液热量能迅速传给铜壁，被冷却水带走，初生坯壳不断增厚。

随着凝固的继续进行，不断增厚的坯壳企图收缩离开结晶器内壁，而钢液静压力又把坯壳挤靠到铜壁，这个收缩—挤靠过程反复进行。当坯壳厚度达到能抵抗钢液静压力时，坯壳脱离铜壁，这样在铜壁与坯壳之间形成了空气缝隙（叫气隙）。气隙的形成增加了传热阻力，其一般生成于结晶器下部。钢液的热量主要通过结晶冷却水带走，其占结晶器总散热量的96%以上。

6.12.4.3 影响连铸坯表面质量的浇注因素

A 结晶器液面的稳定性

钢液面波动会引起坯壳生长的不均匀，渣子也会被卷入坯壳。试验指出：液面波动与铸坯皮下夹渣深度、夹渣量有较大关系，钢液面波动在±10mm可消除皮下夹渣。液面自动控制装置在板坯浇注上尤为重要。

B 结晶器振动

连铸坯表面薄弱点是弯月面坯壳形成的"振动痕迹"，其对表面质量的危害是：振痕波谷处是横裂纹的发源地，同样也是气泡、渣粒的聚集区。高频率小振幅的结晶器振动机构，可减少振痕深度。

C 初生坯壳的均匀性

结晶器初生坯壳不均匀会导致铸坯产生纵裂和凹陷，甚至造成拉漏。初生坯壳的均匀性取决于结晶器冷却、钢液面的稳定和保护渣润滑性能。

D 结晶器钢液流动

结晶器内由注流引起的钢液强烈流动，不应影响坯壳均匀凝结和把液面上的渣子卷入内部。水口的对中、浸入水口的插入深度和出口倾角则是非常重要的参数。

E 保护渣性能

保护渣应有良好的吸收夹杂物能力和渣膜润滑能力。

6.12.4.4 影响铸坯内部质量的浇注因素

铸坯内部缺陷的产生，涉及铸坯凝固传热、传质和应力的作用，生成机理较复杂。但总的来说，铸坯内部缺陷是受二次冷却区铸坯凝固过程控制的。改善铸坯内部质量的措施有：

（1）控制铸坯组织结构。首要是扩大铸坯中心等轴晶区，抑制柱状晶生长，这样可减轻中心偏析和中心疏松。采用钢液低过热度浇注、电磁搅拌技术可有效扩大等轴晶区。

（2）合理的二次冷却制度。在二冷却区铸坯表面温度分布均匀，可减少凝固应力，从而减少铸坯变形和裂纹的可能性。

（3）控制二次冷却区铸坯受力与变形。在二次冷却区凝固壳的受力与变形是产生裂纹的根源。除冷却均匀外，对弧准确、辊缝对中就相当重要，也可采取多点弯曲矫直、压缩浇注等技术。

（4）控制液相穴钢液流动。控制钢液流动可促进夹杂物上浮和改善分布。水口对中、浸入式水口插入深度、出口倾角也是重要参数。

 思 考 题

（1）常用钢种连铸操作要点有哪些？

（2）连铸对钢液的基本要求是什么？

（3）浇注操作对铸坯表面和内部质量有什么影响？

6.13　钢液温度与钢液流动性

6.13.1　实训目的

正确判断出钢温度与钢液流动性，确保浇注顺利进行和提高铸坯质量。

6.13.2　操作步骤或技能实施

（1）掌握所冶炼的钢种及钢液升温、出钢测温情况，做到心中有数。

（2）出钢过程中注意观察钢流的特征，钢液的亮度、颜色、流动性等。温度越高，钢液越亮，颜色越白；钢种成分相同时，流动性越好，温度就越高。

（3）开浇后，根据注流，水口结瘤（结冷钢）等情况进一步判断钢液温度，以作为浇注时的参考。

（4）掌握不同的钢种成分对钢液流动性的影响，其一般规律为：

1）碳含量越低，则流动性越差；

2）钢中含钛、钒、铜、铝及稀土元素等成分时，将使钢液流动性变差；

3）钢液中夹杂物含量高时，流动性差。

（5）关心钢包状况和周转情况，注意引起钢液温度异常波动的因素。

6.13.3　注意事项

（1）对钢液温度的判断是长期经验的积累，操作工通过精心观察，捕捉温度高低变化的特征。

（2）出钢温度不完全等同于浇注温度，尚需考虑钢包、中间包烘烤时间，烘烤温度以及停止烘烤后到浇注和出钢后到浇注之间的时间间隔等因素。

（3）目前很多钢厂对钢包、中间包内钢液温度均可通过测温仪器提供科学的温度数据。但应注意测温仪器的正确使用，而经验对钢液温度的判断是一种佐证。

（4）合适的镇静时间及吹氩调温是一种控制和稳定浇注温度的手段。

6.13.4　知识点

6.13.4.1　浇注温度对连铸操作的影响

不合适的浇注温度在模铸时还能勉强浇注，而连铸时就会造成麻烦（如拉漏、冻水口），因此对钢液温度控制，连铸要比模铸严格得多。

A　浇注温度偏低的危害

（1）钢液发黏、夹杂物不易上浮。

（2）结晶器内表面钢液凝壳，易导致铸坯表面缺陷。

（3）水口冻结，浇注中断。

B 浇注温度太高的危害

(1) 耐火材料严重冲蚀，钢中夹杂物增多。

(2) 钢液从空气中吸氧和氮严重。

(3) 出结晶器下口坯壳薄，极易造成拉漏事故。

(4) 会使铸坯柱状晶发达，中心偏析加重。

6.13.4.2 硅锰含量对钢液流动性的影响

硅、锰含量既影响钢的机械性能，又影响钢液的可浇性。首先要求把钢中硅锰含量控制在较窄范围（波动值硅 ±0.05%，锰 ±0.10%），以保证连浇炉次铸坯中硅锰含量的稳定。其次要求适当提高 [Mn]/[Si] 比。Mn/Si 大于 3.0，可得到完全液态的脱氧产物，以改善钢液的流动性。因此，应在钢种成分允许的范围内适当增加 [Mn]/[Si] 比，使生成的脱氧产物（$MnO \cdot SiO_2$）为液态。如以建龙集团生产的 Q235 钢为例，规格成分硅为 0.12%~0.30%，锰为 0.4%~0.6%。当按成分中限控制时，[Mn]/[Si] 之比为 2.5，此时脱氧产物为熔点高呈固态，使钢液流动性变差，影响钢液可浇性。如将硅按中、下限控制，锰按中、上限控制，把 [Mn]/[Si] 比控制在 3.0 左右，此时钢液的脱氧生成物为液态的硅酸锰，改善了钢液流动性，保证了连铸的顺利。

但钢液中硅含量为主的硅钢，硅含量一般大于 1%，这时钢液的流动性又较好，但因导热性差，拉速要低一些。

6.13.4.3 铝含量对钢液流动性的影响

浇注含铝钢时，常发生水口堵塞，影响浇注的顺利进行，甚至使生产中断。通过对中间包水口内堵塞物的分析，堵塞物主要是高熔点的氧化物，即以 Al_2O_3 为主，并混有 $MgO \cdot Al_2O_3$ 尖晶石以及 $CaO \cdot Al_2O_3$ 为主的化合物。

钢中的 Al_2O_3 或以 Al_2O_3 为主的化合物，熔点高、外形尖角状，增加了钢液的黏度，影响了钢液的可浇性。钢中 Al_2O_3 夹杂与水口内壁的耐火材料作用生成复杂化合物，并沉积在内壁上造成水口结瘤和堵塞，造成浇注困难。

其他与钢中氧生成难熔化合物的元素，如铬、钒、钛、稀土等，也将增加钢液的黏度。

思 考 题

(1) 如何来判断钢液的温度？

(2) 钢液的流动性是受哪些因素影响的？

6.14 控制结晶器冷却水

6.14.1 实训目的

掌握浇注过程结晶器冷却水的控制操作，保证浇注正常进行。

6.14.2　操作步骤或技能实施

（1）对结晶器冷却条件的特定要求。根据不同断面、不同铸机、不同的钢种，确定结晶器冷却水特定要求。浇注过程中要随时监视仪表显示（或通过中央控制室显示屏）以保证结晶器冷却条件。其特定要求如下：

1）流量（L/min）：大小取决于断面、钢种和拉速。

2）水压：一般为 0.4~0.6MPa。

3）出水温度：一般要求不大于 50℃。

4）进出水温差：一般要求不大于 10℃。

5）水质：软水。

（2）开浇前，通知水处理站开泵送水，使水量和水压在工艺规定的范围内。

（3）对结晶器和进出水管道做渗漏水检查，发现异常必须停泵停水，待检修后再送水，确保供水正常。

（4）在连铸准备和浇注过程中，结晶器冷却水一般不做调节，只要控制在规定的水量和水压范围内。否则可在现场或水处理站调节阀门。

（5）浇注过程中除监视结晶器冷却水水量和水压外，还要监视出水温度和进出水温差。凡在规定值以下一般可不作控制，当温度超标时，必须加大供水量和水压或做降速处理。

（6）经过调节无法控制（降低）水温或水温突然升高时，铸机必须做停浇处理。

（7）供水前和供水过程中，必须按规定做水质分析，保证供水条件。

（8）浇注结束，铸坯全部吊离输送辊道、冷床后，结晶器冷却水做关闭操作：通知水处理站停泵停水。

6.14.3　注意事项

（1）严格根据工艺要求，满足结晶器冷却水特定要求。

（2）当结晶器冷却水发生异常无法调整时，铸机必须做停浇处理，待找出原因、排除故障后才能继续浇注。

（3）当结晶器冷却水供应发生突变时，铸机应做停浇处理（视事故处理操作），人员立即撤离结晶器。

6.14.4　知识点

6.14.4.1　结晶器冷却水量的确定原则

确定结晶器冷却水量主要考虑防止漏钢（形成一定厚度的坯壳）和减少铸坯表面缺陷。水量过大，铸坯会产生裂纹，也会造成能量浪费；水量过小，冷却能力不够，会使坯壳太薄造成拉漏。

结晶器冷却水水量的大小设定与铸坯断面大小密切相关，断面大需要结晶器带走的热量大，冷却面也大，水量要求也大。小方坯结晶器的冷却水水量一般按 1mm 长度的结晶器周边 2.0~3.0L/min 水量供水。板坯结晶器则分宽边和窄边。宽边 1mm 长度供水 1.5~2.0L/min；窄边 1mm 长度供水 1.3~1.8L/min。

6.14.4.2　对结晶器水质的要求

一般须达到以下技术条件以避免结晶器水槽内铜板表面结垢，影响结晶器传热。

固体不大于 $10mg/L$；总悬浮物不大于 $400mg/L$；硫酸盐不大于 $150mg/L$；氯化物不大于 $100mg/L$；总硬度（以 $CaCO_3$ 计）不大于 $10mg/L$；pH 值为 $7.5 \sim 9.5$。

小方坯连铸机结晶器常用工业清水，板坯连铸机结晶器常用软水。

6.14.4.3　结晶器冷却水量的计算

根据热平衡法来确定，即假定结晶器钢液热量全部由冷却水带走，则结晶器钢液凝固放出的热量与冷却水带走的热量相等。

$$Q = W \cdot C \cdot \Delta\theta \cdot \eta \quad 或 \quad W = Q/(C \cdot \Delta\theta \cdot \eta)$$

式中　Q——钢液凝固放出的热量，kJ/min；

　　　W——结晶器全部水量，kJ/min；

　　　C——水的比热容，$kJ/(kg \cdot ℃)$；

　　　$\Delta\theta$——结晶器进出水温差；

　　　η——冷却水利用系数，即冷却效率。

当拉速增大或浇注断面较大时，Q 就大，可见相应的 W 也应增大；反之，则 W 可适当降低。

6.14.4.4　结晶器供水量参考值

（1）小方坯（见表6-4）。

表 6-4　小方坯断面和供水量的关系

铸坯断面/mm	150×150	120×120	90×90
供水量/$m^3 \cdot h^{-1}$	$72 \sim 128$	$57.6 \sim 86.4$	$43.2 \sim 64.8$

（2）板坯（见表6-5）。

表 6-5　板坯断面和供水量的关系

板坯尺寸	厚/mm	250	210	170	250	210	170
	宽/mm	1000 ~ 1600	1000 ~ 1600	1000 ~ 1600	700 ~ 1300	700 ~ 1300	700 ~ 1300
结晶器冷却水流量 /$m^3 \cdot h^{-1}$	弧形外侧	129	129	129	105	105	105
	弧形内侧	129	129	129	105	105	105
	窄边 a	20.4	17.1	13.8	20.4	17.1	13.8
	窄边 b	20.4	17.1	13.8	20.4	17.1	13.8
	总流量	298.8	292.2	285.6	250.8	244.2	237.6

 思　考　题

（1）如何确定结晶器冷却水的流量？

（2）冷却水流量是如何控制的？

6.15　捞　　渣

6.15.1　实训目的

掌握结晶器敞开浇注时的捞渣操作，保证铸坯质量、保证浇注正常进行、保护结晶器铜板。

6.15.2　操作步骤或技能实施

6.15.2.1　准备工具

（1）捞渣棒。以 $\phi6.5$mm 线材制成，长度约 $1\sim1.5$m，浇注前要准备一定数量。

（2）小渣包数只。

6.15.2.2　捞渣

（1）监视钢液面，发现有浮渣存在就准备捞渣。

（2）将捞渣棒伸至结晶器液面上，用捞渣棒头部粘住液面上的浮渣。

（3）迅速提起捞渣棒，因冷的钢棒头与渣子接触，渣子会瞬时迅速粘住钢棒，提起捞渣棒同时提起浮渣。

（4）在小渣包边上敲击捞渣棒，用力把已凝固的浮渣敲掉并落入渣包。一时敲不掉粘渣的捞渣棒，如渣子体积较小可继续去捞渣。

（5）粘住较大渣子的捞渣棒可暂时放在一边，另换无粘渣的捞渣棒继续捞渣。带有粘渣的捞渣棒待浇注结束可用氧气割炬清理后再用。

6.15.3　注意事项

（1）捞渣时，捞渣棒不能伸入钢液面下，更不能接触结晶器四壁已凝结的钢壳，否则会造成捞渣棒拉不出而进入铸坯的事故。

（2）捞渣时，动作要敏捷，否则捞不起浮渣。捞渣过程中捞渣棒不能碰到中间包钢流。

（3）捞渣时要按照操作规程进行，注意安全。

6.15.4　知识点

在敞开浇注过程中，钢液中的大型夹杂物上浮聚集，或中间包内的浮渣随钢流进入结晶器而上浮等形成了结晶器钢液面上的浮渣。这些浮渣不及时捞除，可能进入铸坯造成夹渣缺陷，也可能卷入坯壳内从而造成出结晶器后的漏钢事故。

　思 考 题

（1）连铸捞渣应注意什么？

（2）连铸捞渣的意义？

6.16　接攀换包操作

6.16.1　实训目的

学会接攀操作，快速更换中间包并到位，保证连铸连续正常生产，提高生产率。

6.16.2　操作步骤或技能实施（见图6-10）

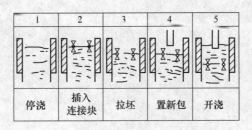

1	2	3	4	5
停浇	插入连接块	拉坯	置新包	开浇

图 6-10　连接件的使用示意图

（1）在钢包停浇后，将其开离中间包浇注位置。

（2）当中间包钢液面尚剩余一定深度时适当降低拉坯速度，另将更换中间包、钢包就位于正确浇注位。

（3）此时逐渐捞出结晶器内渣子，以利对接成功。

（4）当中间包液面降低到约150mm时（注意不要让渣子进入结晶器），立即停止浇注，快速开走中间包车，捞出结晶器中的水口碎片，并适当减少二次冷却水量。

（5）对于中小断面连铸坯，将液面控制于结晶器上口1/3处，立即向结晶器内的钢液插入连接料，如图6-10所示。连接料的一半浸入钢液中，另一半留在外面，作为接头之用。若插入接攀后，接攀往下沉降，应用吊钩勾住，使之被固定，以保证接攀一半露出结晶器液面，一半固定于铸坯之中。同时启动拉矫将结晶器液面定于离结晶器上口2/3处。

（6）新中间包迅速就位、对中。若使用连接体，中间包水口下降时不得与连接体相碰。

（7）新中间包落位确认准确无误后，开启钢包水口，向中间包注入钢水，然后按开浇操作规定执行。

6.16.3　注意事项

（1）更换中间包时间不宜太长，一般要求中断浇注时间不超过3min，以防接痕焊接不良或拉坯阻力增大而拉断接攀。

（2）切割工应将接痕前后各1m的铸坯切除以免最终的产品产生缺陷。

（3）换中间包原则上不能在钢包临近浇注终了时更换中间包。

6.16.4　知识点

（1）在连铸生产过程中，更换中间包主要是为了提高连浇炉数，提高连铸机作业率，提高产量、降低钢铁料损耗。

（2）更换中间包时，从前一钢包停浇至后一钢包开浇，一般时间为 2～5min。

（3）实际生产中，大多数中间包使用寿命一般在 8～15 炉，为了提高连铸机作业率，提高连浇炉数，对中间包更换接攀是个好办法。

思考题

（1）如何快速更换中间包？
（2）对接要注意些什么？
（3）怎样实现对接？

实训项目7 控制二冷强度、拉矫及脱锭

7.1 根据拉速及断面控制冷却水量的大小

7.1.1 实训目的

掌握拉速与断面大小相匹配的给水量，保证铸坯质量及连铸生产，节约冷却水用量。

7.1.2 操作步骤或技能实施

二次冷却是对离开结晶器带液芯铸坯进行喷水冷却，以使铸坯完全凝固，并控制铸坯表面温度沿拉坯方向均匀下降。

7.1.2.1 拉速与冷却水量的关系

（1）起步拉坯，拉速为起步拉速，速度较低，二冷供水量小。
（2）正常拉坯，拉速为工作拉速，二冷供水量较大。
（3）最高拉坯，拉速为最高拉速，二冷供水量最大。
（4）尾坯封顶，拉速减慢直至停止拉坯，二冷供水量相应减小。

7.1.2.2 断面与冷却水量的关系

（1）方坯断面较小，其二冷水量小，随断面增大其供水量逐渐增大。
（2）板坯断面较大，其二冷水量也大，随断面增大其供水量逐渐增大。

7.1.3 注意事项

（1）拉速调整，其二冷供水量必须同时相应调整。
（2）断面变化即断面的调整，其二冷供水量也必须同时相应调整。

7.1.4 知识点

7.1.4.1 二次冷却在连铸操作中的作用

铸坯离开结晶器出口时，只有外壳凝固成固体。被凝固壳包围起来的钢液芯，在二次冷却区靠直接喷淋到铸坯表面的水雾逐步冷却凝固。二次冷却系统应该均匀控制铸坯表面和铸坯内部温度，使之不产生太大的温度波动。然而由于二次冷却的复杂性，喷出的水雾不可能十分均匀，水雾冲击区域和辊子接触区域传热条件也不同，以及钢液凝固潜热在结晶温度范围放出等原因，铸坯温度波动是难以避免的。好的二次冷却系统应能避免过大的或急剧的温度变化。

7.1.4.2　二次冷却水控制技术

为了达到好的二次冷却效果，除了喷嘴构造和布置，辊子间距等设备条件外，控制冷却水量、水压、水温等形成合适的冷却强度，是二冷操作的基本点。对于常用钢种和铸速不高的铸机，可以采用"按比例控制"的方法，即观察显示仪表的拉速或利用 PLC 使水量和拉速对应变化。但是铸速变化大、铸速高或钢种质量要求复杂时需要采用"计算机动态控制"方法。国际知名的连铸机供应商都开发了适应其铸机的二冷控制软件。我国在消化引进技术后也开发了二次冷却控制软件，以改善二冷强度的控制。

7.1.4.3　二次冷却与铸机产量和铸坯质量密切相关

在其他工艺条件不变时，二冷强度增加，拉速增大，则铸机生产率提高；同时，二次冷却对铸坯质量也有重要影响，与二次冷却有关的铸坯缺陷有以下 4 种。

A　内部裂纹

在二冷区，如果各段之间的冷却不均匀，就会导致铸坯表面温度呈现周期性的回升。回温引起坯壳膨胀，当施加到凝固前沿的张应力超过钢的高温允许强度和临界应变时，铸坯表面和中心之间就会出现中间裂纹。而温度周期性变化会导致凝固壳发生反复相变，是铸坯皮下裂纹形成的原因。

B　表面裂纹

由于二冷不当，矫直时铸坯表面温度低于 900℃，刚好位于"脆性区"，再有 AlN、Nb（CN）等质点在晶界析出降低钢的延性，因此在矫直力作用下，就会在振痕波谷处出现表面横裂纹。

C　铸坯鼓肚

如二次冷却太弱，铸坯表面温度过高。钢的高温强度较低，在钢水静压力作用下，凝固壳就会发生蠕变而产生鼓肚。

D　铸坯菱变（脱方）

菱变起源于结晶器坯壳生长不均匀性。二冷区内铸坯 4 个面的非对称性冷却，造成某两个面比另外两个面冷却得更快。铸坯收缩时在冷面产生了沿对角线的张应力，会加重铸坯扭曲。菱变现象在方坯连铸中尤为明显。

因此，应从连铸机产量和铸坯质量这两方面综合考虑，以确定合理的二冷制度。

思 考 题

（1）怎样做到拉速与冷却水量的匹配？
（2）怎样做到铸坯断面与冷却水量的匹配？

7.2　冷却水量在各段的分配

7.2.1　实训目的

掌握控制二冷喷淋水的操作，浇注出合格的铸坯。

7.2.2 操作步骤或技能实施

（1）浇注前，二冷水操作工必须了解所浇的钢种和断面，根据操作规程选择二次冷却供水制度。

（2）当开浇钢液到达铸机，即将开浇前，通知水处理站开泵送水。某些小型铸机操作工自己开启水处理系统，并开泵送水。

（3）开启铸机排水系统，冷却水形成循环或送入工厂排水系统。开启铸机排蒸汽系统。

（4）当中间包水口开浇后，二冷操作工对结晶器下激冷水环、足辊、0 号段开始送水，水量、水压按操作规程；或打开自动配水系统，二冷水自动配置。

（5）对于由人工控制二冷水的铸机，在铸坯进入上一冷却区时，下一区按规定开始供水，直至铸坯出拉矫机。

（6）采用水雾冷却的铸机，供水和供气同时进行。

（7）在浇注过程中，随拉速变化，根据规程要求微调水量（或自动调节）。

（8）二冷水控制可调整水量或水压，也可同时调整上述两个参数。

（9）二冷水调整、控制的目的是保证铸坯从上到下均匀冷却，保证一定的矫直温度或进拉矫夹辊段温度（根据钢种不同，一般在 900~1050℃）。

（10）在中间包浇注结束时，铸坯冷却进入尾坯操作。

（11）手动控制尾坯操作要根据规程和实际拉速关小水量，当铸坯尾部出某一冷却区（扇形段）后该区冷却水可关闭。自动配水系统尾坯操作也是自动进行的。

（12）在铸坯全部出冷床后可停止二冷供水，关闭供水泵、排水泵和排蒸汽系统。

（13）尾坯二冷操作目标也要求铸坯保持一定温度，确保矫直温度或出夹辊段温度。

7.2.3 注意事项

（1）严格按照工艺规定进行二次冷却区的水量调节、控制。

（2）喷水冷却要使铸坯表面纵向和横向温度的分布尽可能均匀，防止温度的突变。

（3）在二次冷却区内必须防止铸坯因冷却不均匀造成的变形（鼓肚、菱形等）。

（4）二冷操作工要避免铸机漏钢等事故造成的钢液飞溅、遇水爆炸等引起的伤害。

7.2.4 知识点

7.2.4.1 二次冷却水控制制度的制订

所有铸机根据所浇钢种、断面和拉速范围制订有分区、分内外弧的二次冷却水控制制度。

7.2.4.2 冷却强度

二次冷却区的冷却强度，一般用比水量来表示。比水量的定义是：所消耗的冷却水量与通过二冷区的铸坯重量的比值，单位为 kg 水/kg 钢或 L 水/kg 钢。比水量与铸机类型、断面尺寸、钢种等因素有关。比水量参数选择比较复杂，考虑因素较多。钢种与比水量大致关系可见表 7-1。

表 7-1　钢种与比水量关系

		按裂纹敏感性分类的钢种		比水量/L·kg⁻¹
裂纹敏感性	Ⅰ	低碳深冲薄板		0.8 ~ 1.1
	Ⅱ	低、中碳结构钢		0.7 ~ 0.9
	Ⅲ	船用中厚板		0.7 ~ 0.8
	Ⅳ	管线钢、低合金钢且 $w[C] > 0.25\%$		0.5 ~ 0.7

7.2.4.3　二冷的作用

在结晶器内仅凝固了 20% 左右钢液量，还有约 80% 钢液尚未凝固。从结晶器拉出来的铸坯凝固成一个薄的外壳，而中心仍然是高温钢液，边运行边凝固，结果形成一个很长的液相穴。为使铸坯继续凝固，从结晶器出口到拉矫机长度内设置一个喷水冷却区，使铸坯完全凝固，同时控制铸坯表面温度以避开高温脆性区安全进入拉矫机。

7.2.4.4　二次冷却的要求

将雾化的水直接喷射到高温铸坯的表面上，加速了热量的传递，使铸坯迅速凝固；铸坯表面纵向和横向温度的分布要尽可能均匀，防止温度突然变化；铸坯一边走，一边凝固，到达铸机最后一对夹辊之前应完全凝固。由于钢液静压力的作用，在二冷区必须防止铸坯鼓肚变形。

7.2.4.5　二次冷却方式

A　水喷雾冷却

水喷雾冷却就是靠水的压力使其雾化的一种冷却方式。喷嘴根据喷出水雾的形状可分为实心圆锥形、空心圆锥形、矩形、扁平形等，如图 7-1 所示。方坯冷却一般采用实心圆锥形喷嘴，也有采用空心圆锥形喷嘴。板坯冷却采用矩形或扁平形喷嘴。

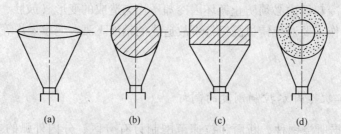

图 7-1　几种雾化喷嘴的喷雾形状
（a）扁平形；（b）圆锥形（实心）；（c）矩形；（d）圆锥形（空心）

a　板坯二冷区喷水系统

根据喷嘴数量的排列区分可分为单喷嘴系统（见图 7-2）和多喷嘴系统（见图 7-3）。

单喷嘴系统是每个辊缝间隙内只设一个大角度扁平喷嘴（有时也设两个），就把全部冷却面覆盖住。多喷嘴系统是每个辊缝间隙内设若干个较小角度实心喷嘴，排成一行，组

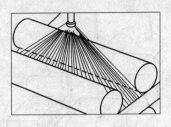

图 7-2 二冷区单喷嘴系统

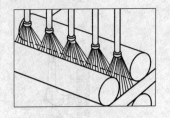

图 7-3 多喷嘴系统

成一个喷雾面把冷却面覆盖住。现代板坯连铸机都开始由多喷嘴系统向单喷嘴系统过渡，这样就消除了多喷嘴系统堵塞频繁和管线复杂的缺点。

b 小方坯二冷区喷水系统

小方坯连铸机二冷区喷水布置有环管式和单管式两种，如图 7-4 所示。由于单管式布置维修方便，所以采用此种布置较多。

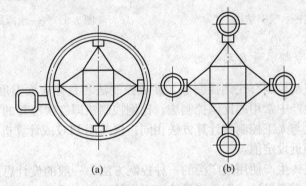

图 7-4 小方坯喷嘴布置
(a) 环管式；(b) 单管式

B 气—水喷雾冷却

气—水冷却就喷嘴数量而言也有单喷嘴和多喷嘴，它的特点是将压缩空气引入喷嘴，与水混合后使喷嘴出口形成高速"气雾"，这种"气雾"中含有大量颗粒小、速度快、动能大的水滴，即喷出雾化很好的、高冲击力的广角射流股，以达到对铸坯很高的冷却效果和均匀程度，多用在板坯及大方坯连铸机上。因此冷却效果大大改善。

按空气和水混合方式可分为内混式结构（见图 7-4）和外混式结构，为使喷嘴小型化和配管小直径化，新型喷嘴均采用内混式。

用于二冷区气—水喷雾冷却系统如图 7-5 和图 7-6 所示。气—水喷雾冷却具有以下优点：

(1) 喷水量容易控制，能在较宽范围内调节冷却能力；

(2) 水的雾化性能好，冷却效率高；

(3) 在水或气体流量改变时，喷嘴的喷射角保持不变，从而使冷却面积稳定；

(4) 与水喷雾嘴相比，耗水量降低一半左右；

(5) 喷嘴不易堵塞，可减少维护检修工作量。

因此，气—水喷雾冷却系统在大板坯和大方坯（特别是合金钢方坯）二冷区的冷却得到广泛应用。

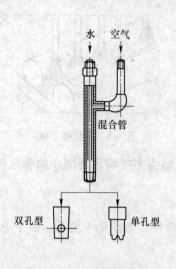

图 7-5　气—水喷嘴结构

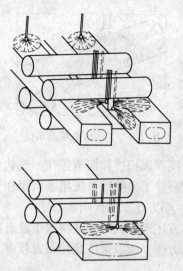

图 7-6　气—水冷却喷雾系统

7.2.4.6　二次冷却水量自动控制

二次冷却水量自动控制有比例控制法，参数控制法和目标表面温度动态控制法 3 种，下面主要介绍实际生产中常用的比例控制法。比例控制法即二次冷却的水量按拉速成一定比例的控制，实际上与人工控制的计算方法相同，仅是用 PLC 或计算机指令来控制水阀门的开度，使水流量接近设定值。

比例法是方坯连铸生产使用最广泛的一种控制方法，一般的设计思路是：在拉坯矫直机入口处装有红外光学测温计，用于测量铸坯进入拉坯矫直机前的表面温度（即二冷出口温度），并将此温度值送入 PLC 或计算机，与工艺设定值比较，并将该比较值反馈到最后一段的水量控制系统（即离拉坯矫直机最近的一段），用以补偿调节该段的水量，从而使铸坯表面温度达到设定值。

然而，在实际生产过程中，使用雾化喷嘴时，当与拉速对应的水流量小于最小雾化流量时，喷嘴没有雾化水喷出，形成间隙式喷水，故每当拉速处于这个临界拉速时，就容易发生事故。

在喷淋冷却系统中，水的雾化靠水对喷嘴所施加的压力和喷嘴的构造特性。喷淋系统又可分单喷嘴系统和多喷嘴系统两种，这两种系统可分别采用，也可混合采用。

7.2.4.7　铸坯长度方向上冷却水的分配

在凝固过程中，铸坯中心的热量是通过坯壳传到铸坯表面的，而这种热量的传递随着坯壳厚度不断增加而变缓。而从坯壳传到表面的热量主要是由喷射到表面的水滴带走的，所以，随着坯壳厚度的不断增加，传到表面热量的逐渐减小，自然冷却水量也应随之逐渐减少。但是，为了便于水量控制，通常将二次冷却区分成若干冷却区，随后将总水量按一定逐渐减小的比例分配给各个冷却区。

7.2.4.8　铸坯内外弧的水分配

与立式铸机不同，弧形铸机内外弧的冷却条件有很大区别。当刚出结晶器时，因冷却段接近于垂直布置，因此，内外弧冷却水量分配应该相同。随着远离结晶器，对于内弧来说，那部分没有汽化的水会往下流继续起冷却作用，而外弧的喷淋水没有汽化部分则因重力作用而即刻离开铸坯。随着铸坯趋于水平，差别越来越大。为此内外弧的水量一般做1:1到1:1.5 的比例变化。

7.2.4.9　二次冷却水与拉速

比水量是以铸机通过铸坯质量来考虑的，拉速越快，单位时间通过铸坯质量越多，单位时间供水量也应越大。反之，水量则减小。

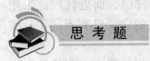

思 考 题

(1) 二次冷却的作用和要求是什么？
(2) 二冷配水的原理及水量分配的原则是什么？

7.3　连铸时的拉矫操作

7.3.1　实训目的

掌握拉矫机的使用方法，顺利拉出铸坯。

7.3.2　操作步骤或技能实施

(1) 在开浇和拉尾坯时要监视传动辊的升降动作是否正常、减速机的制动器开闭是否灵活。

(2) 定期检查辊子是否卡住，裂纹及弯曲量是否超标。

(3) 定期检查铸机辊子开口度、弧度是否在规定范围之内。

(4) 经常检查轴承是否有异常响声、辊端是否漏水。

(5) 定期检查上下夹辊及框架上是否有残钢、杂物。

(6) 要定期检查整个液压系统压力是否正常、液压管路有无泄漏现象，压下液压缸耳轴连接螺栓是否松动断裂、夹持液压缸上下端连接销轴是否损坏。

(7) 定期检查轴承干油润滑是否正常、润滑管路是否有泄漏，是否按时给油。定期给万向接手人工加干油。

(8) 定期检查传动齿轮箱油位是否正常、油质是否良好。

(9) 定期检查冷却水、压缩空气管路有无泄漏、喷嘴有无阻塞，旋转接头和水连接板是否好用、有无损坏现象。

(10) 定期检查各连接螺栓和定位销有无松动。

(11) 定期检查对中台的精度。

(12) 每次检修后，清除干净各配合面和定位基准面上的污物，并涂油防锈。

7.3.3　注意事项

(1) 拉矫辊压下量要合适，才能保证足够的拉坯力，不能超负荷拉坯，否则易烧电动机。

（2）必须保证拉矫辊的冷却。

7.3.4　知识点

7.3.4.1　连铸机中的铸坯用拉坯机往外拉的原因

连铸机中的铸坯，由于存在着运行阻力，所以它不会自动从连铸机出来，需用外力才能将它拉出，为此而设置拉坯机。拉坯机实际是有驱动力的辊子——拉坯辊。由于早期的连铸机，拉坯辊和矫直辊合二为一，故统称拉坯矫直机（简称拉矫机），而近代广泛采用多辊拉坯，并将拉坯辊的布置已伸向弧形区和水平段，因此拉矫机的含义已有不同了，实际上拉坯机已不构成"机"，而仅仅是驱动的辊子而已。

弧形连铸机，在弧形区的铸坯有下滑力，但它不能克服铸坯的运行阻力，仍需拉坯辊进行拉坯。

立式连铸机，铸坯自重产生的下滑力很大，大于它的运行阻力，所以它能自行下滑，为了平衡下滑力控制拉坯速度，仍设置拉坯辊，此时拉坯辊不产生拉力，而是让它产生制动力，来平衡铸坯的下滑力。

铸坯运行阻力包括 4 部分：结晶器阻力、二次冷却区阻力、矫直机阻力和切割设备阻力。

7.3.4.2　连铸机浇出的铸坯需要矫直的原因

对二次冷却区为弧形的连铸机，如全弧形、立弯形等铸机浇出的铸坯才需要进行矫直，而立式、水平式连铸机浇出的铸坯不需矫直。二次冷却区为弧形的连铸机，浇出的铸坯为弧形，其半径为弧形半径，这种弧形铸坯无法进行切割、运输、堆垛以及轧制等后部工序，为此铸坯必须在拉出二次冷却区后即进行矫直。

7.3.4.3　连铸坯的矫直方式

连铸坯的矫直按矫直时铸坯凝固状态分有全凝固矫直和带液芯矫直，如按矫直辊布置方式分有一点矫直、多点矫直和连续矫直。

铸坯厚度较薄，如小方坯、小矩形坯等，由于铸坯厚度较薄，凝固较快，液芯长度较短，在进入矫直区时已全部凝固，在这种情况下矫直称全凝固矫直（或固相矫直）。由于铸坯已全部凝固，强度较高，能承受较大的应变，所以皆采取一点矫直。

铸坯厚度较大，如板坯、大方坯等，铸坯全部凝固时间较长，液芯长度也较长，如仍采用固相一点矫直，其铸机半径很大。为了减小铸机半径，而采取仍有液芯的情况下进行矫直，由于铸坯两相区强度很低，为了防止一点矫直时应变过大而产生内裂，而采取多点矫直（两点以上称多点），即带液芯多点矫直。

带液芯矫直还可采取连续矫直的方式，所谓连续矫直就是在矫直区内铸坯连续矫直变形，因此其应变和应变率都很低，可极大地改善铸坯受力状态，有利于提高铸坯质量。

7.3.4.4　拉坯矫直机的结构形式

拉矫机的形式通常按辊子多少来标称。图 7-7 是五辊拉矫机，它应用在小方坯连铸机

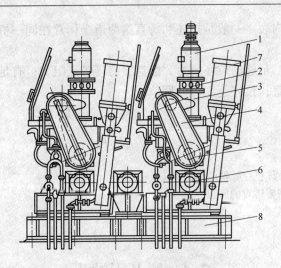

图 7-7 五辊拉矫机

1—立式直流电动机；2—制动器；3—减速机；4—传动链；
5—上拉辊；6—下辊；7—压下气缸；8—底座

上，它由两个相同的机架和一个下辊组成拉矫机组，上辊 5 由气缸带动能上下摆动并由电动机驱动进行拉坯。而两个上辊和一个中间下辊这 3 个辊子组成一个矫直组，完成一点矫直，这种五辊拉矫机，实际上是两辊拉坯一点矫直的拉矫机。

多辊拉矫机如图 7-8 所示。这种拉矫机使用在板坯连铸机上，它属多辊拉坯多点矫直的拉矫机机组。

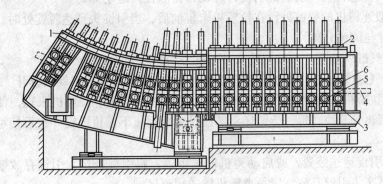

图 7-8 多辊拉矫机

1—机架；2—上辊压下装置；3—下辊；4—铸坯；5—驱动辊；6—自由辊

7.3.4.5 拉坯矫直机的作用

在各种连铸机中，必须要有拉坯机或拉矫机。它是布置在二次冷却区导向装置的尾部，承担拉坯、矫直和送引锭杆的作用。

引锭杆与凝结在一起的铸坯连续拉出结晶器，然后经过二次冷却区支撑导向装置，使铸坯进入拉矫机，铸坯出拉辊后，其头部与引锭杆分开。对弧形连铸机来说，铸坯出拉坯机后，还必须进行矫直。矫直是使呈弧形铸坯，在外力矩作用下产生塑性变形，成为平直的过程。只有良好的矫直，才能生产出合格铸坯。通常要求铸坯在进入拉矫机前应完全凝固，以防止铸坯产生内裂。一般是拉坯和矫直这两道操作常在同一机组里完成，故统称拉矫机。

对拉矫机要求是：足够的拉坯能力，能克服铸坯各点阻力；有足够的矫直力，在规定的温度下能把铸坯矫直；拉坯速度可以调节。

 思 考 题

（1）连铸机中的铸坯用拉坯机往外拉的原因？
（2）连铸机浇出的铸坯需要矫直的原因？
（3）拉坯矫直机的结构形式？
（4）拉坯矫直机的作用？

7.4　脱开引锭头

7.4.1　实训目的

掌握脱锭操作，保证引锭杆与铸坯分离并存放。

7.4.2　操作步骤或技能实施

（1）在脱锭处准备好手动割枪、撬杠、钢丝绳等工具，以备机械脱锭失败紧急使用。

（2）密切注意铸机开浇后的引锭杆运动，排除任何运动障碍。

（3）一般连铸机的脱锭处设在拉矫机末辊前后，当引锭头到达脱锭处时，启动脱锭装置，使强锭杆与铸坯分离。

1）启动气缸或油泵，顶动引锭头使引锭头与铸坯分开。

2）启动气缸或油泵，顶动引锭杆的第一节链，使引锭杆与引锭头分开。

3）采用拉矫机末辊运动脱锭的连铸机，揿动按钮，压下拉矫机末辊，使引锭头与铸坯分开，然后再升起拉矫辊，待铸坯头部通过末辊后压下该拉矫辊（也可使引锭杆与引锭头分开）。

4）启动引锭运送装置，或启动铸机输送辊道，将引锭杆送入引锭存放装置。有些铸机还将运用吊车将引锭存放装置吊离铸机输送辊道区域。

5）当采用自动脱锭装置时，脱锭、引锭杆回收都可自动操作，只要待引锭头到一定脱锭位置时，脱锭程序即会自动完成。

6）某些小方坯连铸，待引锭头进入脱锭区域，人工敲脱引锭杆与引锭头的连接销，即可达到引锭杆与引锭头的分离。也有些小方坯连铸机必须用手动割枪（或用铸坯切割装置），切割引锭头前铸坯将铸坯与引锭分开。

7）凡引锭头与引锭杆分离的脱锭方法，待铸坯切割、冷却后再拆卸引锭头。引锭头经清理、重整后，在下一次浇注送引锭时装在引锭杆上。

7.4.3　注意事项

（1）选择好脱锭的时间、位置，做到准确脱锭，脱锭迅速。

（2）要做好脱锭前的检查工作，脱锭设备动作灵活、可靠，顺利完成脱锭工作。

7.4.4 知识点

7.4.4.1 脱锭操作

引锭杆牵着铸坯通过拉矫机后，便完成了引坯任务，此时需要把引锭杆与铸坯分开，将引锭杆送入存放处，铸坯继续行进将进入下道切割工序，这一操作就叫脱锭操作。

7.4.4.2 脱锭装置

常见的脱锭装置由液压缸、脱锭头、导向框架组成。脱锭装置设置在拉矫机或来持辊的最后一对辊子后。目前大多数采用机械脱锭方式，图 7-9 是最常见的钩式引锭头的脱锭方式。

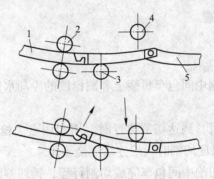

图 7-9 钩式引锭头的脱锭示意图

1—铸坯；2—拉辊；3—下矫直辊；4—上矫直辊；5—长节距引锭杆

7.4.4.3 引锭杆存放装置的作用

引锭杆存放装置的作用是存放引锭杆，有的还兼有送收引锭杆的功能。

 思 考 题

（1）脱锭的作用是什么？

（2）简述脱锭操作步骤。

实训项目8 切割连铸坯及尾坯封顶

8.1 正确使用各种切割设备

8.1.1 实训目的

能利用切割设备切割连铸坯。

8.1.2 操作步骤或技能实施

8.1.2.1 火焰切割

（1）切割前应打开切割中间包车机架上和割枪内的冷却水阀门，使冷却水覆盖火焰切割机本体上的气缸和割枪。

（2）当铸坯拉出拉矫机，到达切割位置时，用专用点火枪点火，在整个浇注过程中，点火枪的燃气不间断，以保证切割时火焰连续燃烧不熄。

（3）切割铸坯时，当切割中间包车完成切割行程，铸坯割断时，割枪须及时熄灭，切割中间包车须及时返回，以有效控制随后切割时的定尺长度。

8.1.2.2 机械剪切

（1）当铸坯拉出拉矫机，到达铸坯规定的尺寸长度时，应及时按下剪切按钮，完成切割。

（2）完成切割后，剪切机退回剪切初始位置，同时必须将切割后的铸坯及时输送至推钢机推钢输送，以保证连续剪切。

8.1.3 注意事项

（1）正常使用切割装置：使用火焰切割或机械切割如果不当，轻则不能正常切割和剪切，重则会损坏设备甚至危及人身安全。因此，要严格遵守操作规程，注意安全操作。

（2）处理办法：发现不能进行正常切割时，应立即先组织人工割枪切割铸坯，防止铸坯堵塞。待停浇后，立即进行检查，修复处理。

（3）防止办法：对于火焰切割，经常检查割枪是否堵塞，保证割枪燃气畅通，发现有堵塞现象，及时更换割枪；对切割车机架上和割枪内的冷却水阀门也要经常检查，保证冷却效果，延长使用寿命。对于机械剪切，除了要保证电、气正常外，还要经常对整个机械剪切系统加油。使之处于润滑灵活状态中；同时，还必须对上下刀片经常检查，发现卷口或上下刀片做相对运动而不能完全相碰时，要及时调换，以免切割不断铸坯。

8.1.4　知识点

8.1.4.1　切割装置的功能

（1）能精确地切割出定尺长度的铸坯或数倍定尺长度的铸坯。
（2）切割装置应能与铸坯同步运行，并在运行中完成切割。
（3）具有一定的切割速度，以防止出现质量缺陷和事故。

8.1.4.2　切割装置的种类

目前，在连铸机上使用的切割装置主要有火焰切割和机械切割两种。

8.1.4.3　火焰切割机和机械切割机

随着多炉连浇技术的广泛采用，连续浇注出的铸坯长度则很长，会给后道工序带来一系列的问题，如运输、存放、轧制时的加热等。为此可根据成品的规格及后道工序的要求，将连铸坯切成定尺长度，因而，在连铸机的末端设置切割装置。

A　切割装置的作用、原理、类型、结构

连铸坯的切割设备的作用是将连续运动的铸坯切成所需的定尺长度。铸坯的切割方法主要有火焰切割和机械剪切等。

火焰切割的主要特点是：投资少，切割设备的外形尺寸较小，切缝比较平整，并不受铸坯温度和断面大小的限制，特别是大断面的铸坯其优越性越明显。但切口处的金属损耗严重，污染严重。

机械剪切的主要特点是：剪切速度快，无金属消耗，操作安全可靠。但设备的外形尺寸较大，投资费用大。

a　火焰切割装置的切割原理、结构

火焰切割装置的切割原理是依靠氧气与燃气的混合燃烧，其高温的火焰使切割处的金属熔化，然后利用高压切割氧气把熔化的金属吹掉，形成切缝，达到切割铸坯目的。

火焰切割装置的结构如图8-1所示，主要包括切割中间包车、切割定尺装置、侧向定

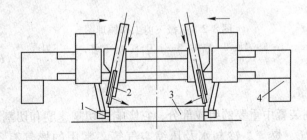

图 8-1　火焰切割装置

1—边部检测器；2—割炬；3—铸坯；4—切割小车

位装置、切缝清理装置和切割区专用轨道、切割介质供应系统及电气传动控制系统等。

切割中间包车包括运行机构和割矩。在中间包车上安装割矩、同步夹持机构、割矩横移装置或摆动机构等。切割时，切割中间包车与铸坯应同步运动，切割完毕松开夹头，中间包车返回到原位，完成一个切割循环。切割板坯时，一般采用两个割矩，割矩由左侧向中心同时切割，当相距200mm时，其中一个停止切割，返回原位，由另一个割矩完成铸坯的切割。切割正方坯时，可用一个割矩在摆动中完成切割。

火焰切割装置的特点：

（1）火焰切割装置应具有防热、防尘措施，能在恶劣条件下长期正常运转，可实现自动定尺切割。

（2）割矩热效应较高，喷嘴寿命长，工作安全可靠。

b　机械剪切装置

机械剪切装置有机械飞剪、液压飞剪和步进剪等三种。机械飞剪（见图8-2）和液压飞剪（见图8-3）都是利用上下平行的刀片做相对运动，来完成对运行铸坯的剪切；步进剪是利用刀片每次只切入铸坯一小段深度，然后分几次完成对运行铸坯的剪切。

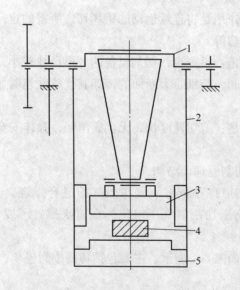

图 8-2　机械飞剪工作原理图
1—偏心轴；2—拉杆；3—上刀台；4—铸坯；5—下刀台

B　切割介质

切割介质是切割装置中重要的组成部分，它影响着切割速度和切割质量。

切割介质有氧气、燃气、冷却水及压缩空气等。常用的燃气有乙炔、丙烷、天然气和焦炉煤气。大型连铸机的火焰切割装置采用氧气—煤气火焰，并用特殊的割矩。

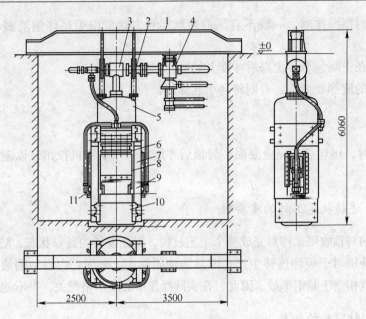

图 8-3 液压剪切机

1—横梁；2—销轴；3—活动接头；4—充液阀；5—液压缸；6—柱塞；7—机架；

8—活动刀台；9—护板；10—下刀台；11—回程液压缸

 思考题

（1）切割装置有哪几类，各有何优缺点？

（2）火焰切割装置和机械剪切装置等有哪些特点？

（3）火焰切割介质有哪些？

8.2 进行尾坯封顶操作

8.2.1 实训目的

学会尾坯封顶操作，提高铸坯收得率。

8.2.2 操作步骤或技能实施

（1）用细钢管（棒）轻轻搅动结晶器内钢液。

（2）缓慢搅动后，若结晶器内尾部连铸坯表面没有凝固，可采用减低拉速，使其缓慢冷却凝固。

（3）若减低拉速后，结晶器内尾部连铸坯还未凝固时，可以采用完全停止拉坯，使其凝固。

拉坯停止时，应控制二冷水量，不使铸坯温度太低。

8.2.3 注意事项

（1）搅动钢液不应太猛，要缓慢，以促进铸坯尾坯快速凝固。

（2）尾坯封顶操作时，一般不宜采取喷水封顶方法，以免尾坯钢液溅出烫伤人而出事故。

（3）只有在中间包车开走以后才能开始喷水封顶。

（4）所有的渣都要清除，否则将会引起爆炸。

8.2.4　知识点

浇注结束时，尾坯必须完全凝固，封顶后才能将余坯从铸机拉出，以避免钢液从尾部挤出。

8.2.4.1　连铸收尾工作的重要性

连铸生产的封顶收尾工作对完成整个工艺过程、保证设备的良好状态、防止尾坯漏钢是相当重要的，特别对于板坯连铸生产，因其铸坯断面大，凝固壳内容纳的液体钢水量相当多，处理不当就相当于漏钢事故。因此，在实际操作中必须严格把关，决不能掉以轻心。

8.2.4.2　封顶目的和要求

封顶操作的目的在于将尾坯末端的钢液凝固结壳，避免在拉出结晶器时未凝固的钢水漏出，造成事故，在生产中的封顶收尾工作是这样进行的：

（1）当钢包的钢水浇完时，浇注继续以正常浇注速度进行，直到中间包钢水液面高度降低，从而流速降低为止，这时，浇注速度必须相应地减小。

（2）当中间包的钢水大约浇完 1/2 时，应将浇注速度减小到正常浇注速度的 1/2 左右，一旦钢包内钢水浇完，就不再添加保护渣。

（3）当中间包钢水高度下降到大约 150mm 时，就必须将保护渣从钢液面上捞净。

（4）当中间包钢水高度达到大约 100mm 时，必须将中间包抬起，以便能看到浸入式水口出口的上缘。

（5）当中间包钢渣刚刚出现之前，关闭中间包，连铸机转为蠕动速度，或转到最低拉速并将中间包车开走，此后，马上捞净结晶器钢液面上的渣子。

（6）当所有的渣除去之后，才能用细钢棒或吹氩管轻轻搅动钢液，这一操作要均匀而充分。然后用喷淋水喷在铸坯尾端周围的结晶器铜板上，加快其凝固形成坯壳。

一般情况下，铸机保持慢速拉坯状态，以避免铸坯在夹辊间鼓肚，否则，铸坯将对辊子一侧加热，造成辊子弯曲。只有在铸坯尾端在离开结晶器之前还未完全凝固的情况下，连铸机才可停机，但停机时间不能太长。

结晶器在停浇 10～20min 后停水，并逐渐关闭二冷水，结束浇注操作。

思 考 题

（1）如何进行尾坯封顶操作？

（2）封顶操作中需特别注意什么？

8.3 停 浇 操 作

8.3.1 实训目的

掌握停浇操作步骤，为下次顺利开浇做好准备。

8.3.2 操作步骤或技能实施

(1) 接到主控室或机长停浇的通知后，将浇钢操作箱上选择开关打到"手动"。

(2) 当中间包剩一定量钢水时，根据机长指令，按定尺依次堵流，人工监视铸坯到达输出辊道第3个辊后，通知该流中间包浇钢工停浇。

(3) 密切观察尾坯距拉矫机的距离，当铸坯尾端距拉矫机 300~500mm 时，浇钢操作箱上的调速旋钮回零。在主控盘上按动拉矫机机架抬起按钮，避免机架砸下。

(4) 在停浇最后一流后，将中间包车开到事故渣盘下，然后摆开摆槽，冷却后拔下堵眼锥。

(5) 当中间包中残钢冷却后指挥吊车将中间包吊走，然后清除摆槽内的残钢，并修补耐火材料，坐新中间包。

(6) 清除结晶器周围和盖板工作区域内的粘钢、残渣及杂物。

(7) 做下一次浇注前的准备。

8.3.3 注意事项

(1) 当中间包内钢液浇注到极限位置时应及时停浇，以免下渣。

(2) 当尾坯距拉矫机一定距离（300~500mm）时，应及时抬起拉矫机机架，避免下落。

8.3.4 知识点

全面掌握连铸工艺与设备等相关知识，掌握尾坯封顶的时间与操作，正确理解钢液凝固理论方面的知识。

 思 考 题

怎样进行停浇操作？停浇操作和连浇操作有何区别？

实训项目9 铸坯精整

9.1 准确掌握铸坯的冷却

9.1.1 实训目的

正确实施铸坯的冷却，确保铸坯质量。

9.1.2 操作步骤或技能实施

空冷：将输送出来的连铸坯，单块或多块重叠地堆放在冷床上或专门堆放的场地上，在空气中自然冷却。

缓冷：将输送出来的连铸坯，用缓冷罩将其盖起来，进行缓冷。

水冷：将输送出来的连铸坯，用水喷淋在其表面上，进行强制冷却。

9.1.3 注意事项

（1）空冷应堆放在指定的地方，不得放在风口处。

（2）缓冷的铸坯，必须按规定入坑冷却，缓冷坑应仔细检查，铸坯入坑后必须加盖，能起到缓冷的功能。

9.1.4 知识点

9.1.4.1 铸坯的冷却方式

铸坯切割以后的红热铸坯将它冷却到环境温度，尚需放出大量的显热，此过程属于空气冷却区内的冷却。

铸坯的冷却方式主要有强制冷却、自然冷却、堆垛冷却和坑冷，前者实际上就是急冷，后三者属于缓冷。在实际生产中，由于自然缓冷的时间长，冷却过程中铸坯还容易变形，而且占地面积大，劳动条件差。目前大型板坯连铸机采用快冷机强制冷却铸坯。快冷机采用喷水或浸水方式冷却。浸水冷却生产能力大，但结构复杂。喷水冷却为冷却段和均热段，均热段可防止铸坯冷却过快，特别在相变温度范围内减慢冷却速度以减少热应力和组织应力。

由于不同的钢种具有不同的特点，因而不同钢种的铸坯冷却也应采用不同的方法，从而保证铸坯的质量。下面介绍一些钢种的铸坯冷却方法：

（1）作深冲薄板用的低碳钢（如汽车用钢）。此类钢可进行任何形式的强制冷却。

（2）用于船舶制造和桥梁建筑以及其他焊接件的低碳钢。此类钢种可进行强制冷却。但含碳量超过0.17%时，必须进行自然冷却。

（3）具有较高屈服强度和低温韧性极好的低合金钢（如 16Mn）。这类钢种存在着产生应力裂纹的危险，因此，通常不进行强制冷却，而采用自然冷却和堆垛冷却，使之缓慢冷却到环境温度。

（4）硅钢（作非取向硅钢片用的含硅钢种）。决不能强制冷却，应通过保温车送到热轧厂，保温车温度一般为 600~650℃，然后装入 300℃ 以上的加热炉内。

含硅量较低的硅钢可堆垛缓冷到室温。

为了减少铸坯冷却时的相变应力和热应力，避免冷却时产生裂纹，获得良好的铸坯质量，对不同的钢种，应该分别选用适当的冷却方式，才能达到上述目的。

9.1.4.2 连铸坯冷却的目的

连铸坯的冷却，目的是使连铸坯的温度冷却到便于进行输送或表面检查及清理。在冷却时不能损害铸坯的质量，如：空冷适用于全部普碳钢和低合金钢；缓冷适用于对冷却时裂纹敏感性强的钢种；水冷适用于不易产生裂纹的普碳钢及部分合金钢。

 **思 考 题**

（1）生产中如何正确实施铸坯的冷却？
（2）铸坯冷却放出的热量如何利用？

9.2　准确掌握铸坯的热送

9.2.1　实训目的

正确实施铸坯的热送，确保铸坯质量，通过本技能的训练，使学生掌握热送时的操作要点和了解热送工艺的全过程。

9.2.2　操作步骤或技能实施

（1）将铸坯按要求剪切成定尺。

（2）需用平板车或铁路平板方法热送时，指挥吊车按炉用钳吊将铸坯夹起，整齐的堆放在平板上。

（3）将钢卡（包括炉号、规格、支数、钢种）按规定随坯送至轧钢车间，以防混炉号，混钢种（这项操作由质监人员及跟车人员负责）。

9.2.3　注意事项

（1）准确实施无缺陷铸坯制造技术，不使铸坯产生表面结疤、气孔等缺陷，以避免表面精整。

（2）利用铸坯切头进行快速硫印检查。

（3）杜绝掉坯。

（4）各部门密切配合，加速热送调度，保证高温送坯。

（5）对于马氏体钢或半马氏体钢必须高温装炉，以免造成铸坯开裂。

9.2.4　知识点

9.2.4.1　铸坯热送的优点

铸坯热送首先要车间设计合理，连铸到轧钢的物流顺畅。因为热送加工能节省大量燃料、降低成本，加速周转，减少炉后薄弱环节的制约，提高钢厂生产率。对许多钢种来说，采用红送就免去了缓冷、退火或均热炉降温装炉，避免了铸坯裂纹等缺陷，简化生产工艺。

铸坯的热送是一种有效的节能技术措施。旧工艺是从连铸机出来的红热连铸坯经冷却后进行精整清理，然后再装入加热炉加热到轧制温度后送到轧机进行轧制。而所谓热送（也称热装）就是将连铸机出来的红热铸坯在加热炉，均热炉中稍经加热后进行轧制。连铸坯采用热送工艺，其能耗降低量为：板坯温度 500℃ 可降低 30%，板坯温度 800℃ 可降低 50%，板坯热送温度提高 100℃，可使加热炉燃料消耗降低 80~120MJ/t 坯。显然，热送的节能效果与连铸坯的温度有很大的关系。

热送不仅节能效果理想，而且可缩短加工周期，从钢水到轧制成品沿流程所经历的时间是：冷送 30h，热送 10h。

9.2.4.2　热送热装技术

A　全连铸生产组织制度的制订

推行全连铸生产模式，并制订全连铸生产组织制度，以及热送热装的生产管理系统。通过计算转炉冶炼周期和精炼周期各断面的浇注周期及过程传搁时间；LF 炉处理时间与升温的关系，钢水出站时间以及钢包周转计划等。制订各工序节奏周期表，并相应地制订各种考核措施。根据各工序节奏周期表，制订全连铸生产时刻表。使生产计划兑现率达到99%。这样的生产调度组织要利用计算机管理系统来实现。

B　无缺陷铸坯生产技术

连铸坯热送热装轧制工艺要求将铸坯以尽可能的高温送到热轧厂，为保证生产无缺陷铸坯，主要采取如下技术措施：

（1）采用液面自动控制系统，自动控制投运率平均大于 90%，保证液面稳定（液面波动在 ±3mm）是防止铸坯表面缺陷的重要条件之一。

（2）为防止铸坯表面纵裂或凹坑，保持结晶器坯壳生长的均匀性，选择合适的结晶器锥度，减少气隙，均匀导热，并选择合适的结晶器保护渣，使渣膜稳定均匀十分必要。

（3）浸入式水口插入深度规定在 120~150mm，有利于夹杂物上浮，减少钢液对坯壳的冲刷。

（4）制订适宜的二冷制度，采用多点矫直技术，并保证矫直温度大于 900℃，避开了 700~900℃ 钢的脆性区。

（5）保证铸机对弧准确，开口度在规定范围内，从而防止铸坯内裂及其他内部缺陷的产生。

（6）采用气—水雾化冷却的二冷动态控制系统，优化二冷区水量分布，使铸坯表面温度分布均匀，提高铸坯质量及铸坯温度。

(7) 通过计算机管理系统使炼钢有关钢水质量的信息（如脱硫、后吹）和连铸计算机连接。

(8) 采用开浇防溅板使开浇头坯夹杂得到基本控制，应用新型开浇渣预防头坯纵裂。

(9) 采用带隔墙或气幕挡墙中间包，改进中间包内钢水的流向，有利于钢水夹杂物上浮，提高钢水的纯净度。

9.2.4.3　高温铸坯生产技术

为提高铸坯装炉温度生产高温铸坯，采取以下措施。

A　提高铸机拉速

提高拉速取决于出结晶器的坯壳厚度和液相穴的长度。对每个系列钢种的特性，合理地确定结晶器闭路循环水的冷却强度，保证在高拉速条件下出结晶器的坯壳厚度；同时通过射钉实验测量液相穴长度，为提高铸机拉速作充分地准备。

B　采用弱冷技术

二冷段实行气雾冷却或干式冷却，为了保证切割前铸坯全部凝固，可从二冷段后半段采用喷淋水冷却。

C　控制液相穴位置

准确控制液相穴末端，利用后半部分钢水潜热再加热已凝固坯壳。

9.2.4.4　减少浇注中断次数和漏钢事故

连铸坯热送热装涉及从炼铁到轧钢的每一个工序。炼钢厂一旦发生浇注中断或漏钢事故，使热送热装计划中断，影响整个公司生产计划的安排。为此可制订各种防止中断事故发生的措施，并对中断事故的责任单位实行严格考核。漏钢事故也造成浇次中断，所以对漏钢同样采取了很多预防措施，对每次中断和漏钢事故都要进行分析，弄清事故发生的原因，为制订相应的措施提供依据。

造成浇注中断的原因包括设备问题、钢水成分和温度问题、浇注水口堵塞或断裂和各种人为操作失误等。对此可制订下列措施：

(1) 设备维护人员必须保证所管辖的设备正常，并对设备的日常维护负责。

(2) 生产人员必须在生产前、中、后对设备进行点检，发现问题及时向维护人员反映。

(3) 炼钢车间对铁水进行预脱硫和计算机炼钢，精确控制钢水成分和温度。

(4) 生产人员必须严格按冶炼标准执行。

(5) 加强对各种耐材质量的检查和确认，减少水口断裂次数。

(6) 提高岗位人员处理各类突发事故的能力，尽量避免事故发生或扩大。

(7) 维护好计算机生产管理系统和调度系统，加强信息传递。

(8) 安装漏钢预报系统和液面自动控制系统。

采用上述措施，浇注中断次数和漏钢率逐年降低。

9.2.4.5　扩大热装品种范围

每个厂经热送热装试验后，都不断开展不同钢种热送热装条件下的表面质量及性能跟踪试验，扩大热送热装的品种范围和提供技术依据，并制订编发连铸坯热送热装钢种的通知。

除极少数钢种不能热送热装外，大部分钢种都可热送热装，如：普通碳素钢、优质碳素钢、低合金钢及专用钢。不进行热送热装钢种如质量计划或有关文件规定不能热送的钢种，批量少的钢种，高级别管线钢等特殊钢种。

9.2.4.6　铸坯运输过程的保温

建厂早的炼钢厂到热轧厂的距离较远，为保证热装效果，采用运输车加盖保温罩运输，效果良好。

9.2.4.7　开发电子传票软件加快信息传递

开发精整板坯库程序，并与公司大型机联网，完成了电子传票工作。结束人工送票的历史，加快了热送热装数据的传递，这些数据包括每块坯的炉号、钢种、断面、成分等，便于公司组织生产及热轧厂编排轧制计划，也加快了生产节奏，提高热送热装的效率。

9.2.4.8　恢复设备功能加大设备投入

随着产量的增加及铸坯热送热装工程的开展，要求每一种设备应具备其应有的功能。针对生产部门提出的要求，逐步恢复了设备的各项功能，并改造部分设备，使之更合理、更方便生产操作，减少人为的操作失误及各类事故的发生。

思考题

（1）实施铸坯热送工艺有何优点？
（2）实施铸坯热送工艺应注意哪些问题？
（3）铸坯热送的目的是什么？

9.3　准确掌握铸坯的退火

9.3.1　实训目的

正确实施铸坯的退火，确保铸坯质量。

9.3.2　操作步骤或技能实施

9.3.2.1　红送退火

（1）铸坯进入冷床后应及时运送至退火炉场地。
（2）在退火场地将铸坯按炉号及入炉顺序进行堆放，依次送入炉温在 650～700℃ 的退火炉中退火。

9.3.2.2　冷送退火

（1）铸坯经过缓冷至室温，再运送至退火场地。

（2）铸坯按退火要求进行堆放，并按炉号依次进入温度为650～700℃的退火炉。

（3）待退火时间达到要求时再出退火炉进行缓冷。

9.3.3　注意事项

（1）红送退火适用于对裂纹特别敏感的钢种，如高速工具钢、高合金模具钢、马氏体钢等。

（2）冷送退火适合于半马氏体钢、马氏体小铸坯等有裂纹倾向和需退火的铸坯，以及不小于4t的大铸坯。

（3）有时需要不同钢种并炉退火，则所开炉钢种的退火工艺应基本相同。

（4）有时退火炉需等铸坯装满后，再开始退火，则前炉铸坯装入退火炉后可在装入温度以上保温，待后一炉铸坯入炉，退火炉装满后，再按工艺退火。

（5）退火种类、钢种及坯型见表9-1。

表 9-1　退火种类、钢种及坯型

退火种类	钢类	钢　号	坯重/kg
红送退火	合金工具钢	3Cr2W8	全部坯型
	合金结构钢	30～37Cr2MoVA，30Cr4MnSiNiA	全部坯型不小于1100
		H34，H31，40～50CrNi	不小于1400
冷送退火	合金工具钢	W18Cr4V，Cr12，Cr12Mo，Cr12MoV，Cr12V	全部坯型
		CrW5，CrWMn，9CrWNn，W，Cr06CrMn，8Cr3	不小于1100
		9CrWMn	不小于1400
	轴承钢	GCr15，GCr15SiMn，GCr9	不小于1400
	合金结构钢	45M 氮气，50M 氮气，20CrNi3A，H24	不小于1400
		30～35Cr，30～35CrMnSi，40～50CrNi	不小于1100
		20Cr2Ni4，18～25CrNiW（A），30CrMnSiNiA	不小于700
	碳素工具钢	T10～T13	不小于1100
	不锈钢	2～4Cr13，Cr17Ni2，15Cr11MoV	全部坯型
		Cr13Ni7Si2，4Cr10Si2Mo，9Cr18，Cr28，1Cr5Mo	不小于700
	大锭	40SiMnCrMoV，32SiMnMoV，5CrMnMo	全部坯型
		5CrNiMo，40CrNiMoA	不小于5700

9.3.4　知识点

9.3.4.1　铸坯退火的目的

对于有一些钢种，即使采用了缓冷措施仍不能消除其组织应力和热应力，这就要进行退火处理，如含碳较低的半马氏体钢大铸坯、马氏体钢、含碳量高的过共析钢和莱氏体钢。

这些钢冷却稍快时，得到的组织就很硬且塑性很差。加上这些钢种多数合金元素含量较高，因而导热性差，冷却时断面温差和热应力较大；其中不少钢种冷却时发生马氏体转变，将产生巨大的组织应力，由于热应力与组织应力的叠加，这些钢种的铸坯或铸坯冷却时容易产生裂纹，由于冷却后表面太硬，也难以进行精整修磨，而且往往再加上研磨应力，会产生研磨裂纹，如马氏体钢、半马氏体钢，冷却后产生的组织应力较大，铸坯容易发生裂纹。还有一些钢种，如铬镍结构钢的白点敏感性特别大，退火目的是防止铸坯或钢材上产生白点缺陷。

另外，有的钢种性能要求较严，粗大的成分不均匀的铸态组织不能满足要求，有时需要通过铸坯的高温扩散取得成分均匀等等。所以为了消除内应力，避免冷却裂纹及钢材产生白点，降低表面硬度和改善铸坯内部粗大和不均匀的铸态组织，就必须对以上钢种进行退火处理。表 9-1 为退火种类、钢种及坯型之间的关系。

9.3.4.2　退火曲线的确定

一般来说，对于铸坯冷却过程中有相变且具有裂纹敏感性的钢种，需要进行合理的退火处理，从而提高铸坯的质量。为了消除内应力，避免冷却裂纹，降低表面硬度和改善铸坯内部粗大而不均匀的铸态组织，对以上钢种需进行退火处理。

退火的方法有两种：

（1）红送退火：趁铸坯红热时迅速装入炉温在 650 ~ 700℃ 以上的退火炉退火。适用于对裂纹特别敏感的钢种。

除这类钢种之外，设备条件允许时，任何缓冷时间较长的铸坯都可以进行红送退火。

（2）冷送退火：铸坯缓冷后，在较短时间内进行退火。适合于裂纹倾向稍小的铸坯。操作中注意，必须在缓冷至发生过冷奥氏体向马氏体转变之前（一般大于 250 ~ 300℃），装入退火炉退火。

至于究竟哪个钢种采用哪种退火方法，各厂在实际生产中因订货要求和操作经验不同，做法也不尽相同。

思 考 题

（1）铸坯退火的目的和作用是什么？
（2）铸坯退火的方法和适用钢种有哪些？

9.4　砂 轮 研 磨

9.4.1　实训目的

学会砂轮研磨，清除铸坯表面缺陷，提高表面质量和成材率。

9.4.2　操作步骤或技能实施

（1）了解与掌握铸坯表面质量要求。
（2）把需要研磨的铸坯，从堆垛处吊运至研磨场地，将铸坯平摊。
（3）铸坯表面逐面进行检查（要求高的钢种表面刷除氧化铁皮，将表面缺陷暴露出来）。
（4）将需要研磨的部位作明显的标记。

（5）开动砂轮机，并将砂轮机移至作过标记处进行研磨，研磨过程中要适时翻面。

（6）根据缺陷面积和深度，移动砂轮或在某一部位加深修磨。

（7）研磨毕，应检查研磨处是否符合铸坯表面质量要求，必要时应补磨。

（8）确认表面已研磨至符合标准要求，将铸坯再吊运至待用堆垛处。

9.4.3　注意事项

（1）这里指的铸坯除连铸坯外还包括铸坯。

（2）砂轮研磨高碳的钢种，如炭素工具钢、合金工具钢、轴承钢、高速工具钢等。发脆的钢种如硅钢研磨时应轻，并不断移动研磨位置，研磨处不得发蓝，防止局部过热。

（3）对马氏体钢、高速钢等钢种，需经退火软化方可研磨。

9.4.4　知识点

铸坯的清理也就是通常所谓的铸坯精整。如果铸坯达不到热送条件或不进行热送，就必须对铸坯表面的各种缺陷要进行清理，根据钢种的特点，断面的形状可采用风铲、砂轮和火焰枪进行清理。对于大型的连铸板坯，一般都采用专用的火焰清理机或刨皮车床进行清理。

下面介绍几种钢种的精整清理方法：

（1）深冲薄板用的低碳钢。热轧钢板用的原始板坯只需局部清理即可，冷轧深冲钢板用的板坯和镀锡用的板坯，则需全部火焰清理后再进行局部清理。

（2）用于船舶制造和桥梁建筑以及其他焊接件的低碳钢。一般情况下，只要对所看得见的缺陷进行局部清理，就可以满足要求。

（3）具有较高屈服强度和极好低温韧性的低合金钢。局部清理即可，但应重点检查角部，因角部易产生小横裂纹，这与角部冷却不均和钢种导热性有关。微量合金钢种的含锰量超过1.4%的钢种，必须全部实现火焰清理。

（4）硅钢（非取向硅钢片用）。热送。

（5）高合金钢。原则上不清理就热送，但当连铸发生故障时应对板坯进行清理。

除了上述清理方法以外，热坯在线清理已广泛在生产中应用。

附在铸坯上的切割毛刺到轧钢车间里，落到并堆在加热炉内，由此会引起设备故障或轧件剥皮等缺陷，所以在进行热送和直接轧制前必须清除彻底。在连铸机的热坯运送辊道线上设置热坯去毛刺机。完全自动地清除连续通过的铸坯上的毛刺。

（6）铸坯存在的表面缺陷，如皮下气泡、表面裂纹、表面夹杂、截痕、飞溅、翻皮、结疤、凹坑、夹渣、振动波痕、重接等，若不及时清除，在压力加工后，也可能保留下来，有的甚至进一步扩大，成为铸坯（材）的表面缺陷，严重时导致铸坯或钢材报废。因此，必须对铸坯表面进行认真检查，发现缺陷时要及时研磨精整。

（7）对于高碳钢种，由于冷却过程中热应力较大，因此研磨时应不断移动研磨位置，否则研磨处由于过热将产生研磨裂纹，在随后的压力加工时，易造成钢（坯）材的表面裂纹，甚至导致铸坯或钢材报废。对于那些冷却后组织为马氏体的钢种，研磨前铸坯应先经退火软化，否则组织应力和热应力叠加，将使研磨处产生裂纹。

（1）砂轮研磨一般适用于处理哪些钢种？
（2）怎样进行砂轮研磨？

9.5　风铲铲削

9.5.1　实训目的

学会风铲铲削，清除铸坯表面缺陷、提高表面质量和成材率。

9.5.2　操作步骤或技能实施

（1）检查空气压力是否符合风铲使用要求。
（2）检查风铲与压缩空气出口的连接管是否完好无泄漏。
（3）风铲铲刀是否锋利无缺口。
（4）风铲设备是否完好。
（5）将压缩空气接入风铲枪，安装风铲铲刀。
（6）铲刀对准铸坯表面上所需精整的缺陷进行精整，直到将缺陷铲尽为止。

9.5.3　注意事项

风铲铲削一般用于处理表面质量要求相对较低，且表面缺陷较深，面积较小及硬度较低的钢种，如炭素结构钢、普通碳素钢、合金结构钢等。其只适用于少量生产，清理后应符合标准规定，深:宽:长 = 1:6:10，清理最大深度应小于锭厚的 1/10。

9.5.4　知识点

当铸坯的硬度较大并且表面缺陷较小时，可用风铲清理铸坯的表面缺陷。

风铲铲削适合处理哪些钢种的缺陷？

9.6　火焰清理

9.6.1　实训目的

学会火焰清理，清除铸坯表面缺陷，提高表面质量和成材率。

9.6.2　操作步骤或技能实施

（1）了解与掌握铸坯表面质量要求。

（2）将需要清理的铸坯，吊运至清理场地。

（3）全面检查铸坯表面（需逐支检查）。

（4）将需要清理的部位做标记。

（5）根据铸坯表面缺陷面积，逐一清理。

（6）穿戴好防护用品，开启火焰枪（先开乙炔，后开氧气），并将火焰调节至最佳状态。

（7）对准所需精整的缺陷，掌握火焰枪移动速度，确保火焰清理的深度和面积。

（8）清理后检查是否符合要求，必要时补加清理。

（9）将清理过且符合要求的铸坯吊运原处。

9.6.3 注意事项

（1）火焰清理一般用于处理较软的碳素钢和低合金钢，如 15～60 钢，15～35Cr，15～50Mn，10Mn2 等大而浅、有缺角、裂纹的表面缺陷。

某些合金钢种在清理时，需要在预热状态下进行。

（2）火焰清理时要注意安全，遵守规程，戴好防护用品，如面罩、手套等。确保安全。

9.6.4 知识点

火焰清理方法金属损失太大，但效率高，便于自动化。因此常用于大型轧钢厂对红送铸坯（坯）进行清理。

 思 考 题

火焰清理适用于哪些钢种的缺陷清理？

9.7 剥 皮 清 理

9.7.1 实训目的

学会剥皮清理、提高铸坯表面质量和成材率。

9.7.2 操作步骤或技能实施

（1）了解和掌握砂轮剥皮要求。

（2）将需剥皮的铸坯吊运至剥皮场地。

（3）对铸坯表面进行检查，需剥皮处逐一砂轮剥皮。

（4）开动砂轮机，并将砂轮机移至铸坯缺陷处进行剥皮处理。剥皮深度应使缺陷完全清除为止。

（5）确认剥皮完毕后，将已剥皮处理过的铸坯吊运原处堆放，并在记录上写清，防止发生混炉号。

9.7.3　知识点

剥皮清理方法一般运用于处理含有易氧化元素多的钢种，如高铬、高钛、高铝及塑性极差的贵金属钢种，以及表面质量要求极严格的钢种，如含铬大于 15% 的耐酸、耐热钢 Cr25Cr28、Cr25Ti、0～1Cr25、Cr17Ti、Cr7Al7、Cr27Si7 以及高温合金等。这些钢种由于钢水黏、表面易氧化，因此，铸坯表面质量差，采用局部研磨方法不能解决表面质量问题，只得采用全面剥皮的方法，以彻底清除表面的各种缺陷、确保成品钢材的质量。

思 考 题

剥皮清理一般用于何种钢的缺陷清理？

9.8　喷 丸 清 理

9.8.1　实训目的

学会喷丸清理，提高铸坯表面质量和成材率。

9.8.2　操作步骤或技能实施

（1）检查喷丸机械和电动机是否完好。

（2）检查钢丸的颗粒是否符合喷丸要求。

（3）将要处理的铸坯吊至喷丸处理机入口处。

（4）开启抛丸机及传送辊道将铸坯不断送入喷丸机内进行抛丸处理。

（5）抛丸处理过的铸坯，待检查符合要求后，将铸坯收集后堆放在指定地点。

9.8.3　注意事项

（1）喷丸机在工作时应注意安全，防止钢丸飞溅出喷丸机伤人。发现问题及时停机检查。

（2）钢丸的颗粒与形状是否符合清理的要求是提高铸坯或铸坯抛丸质量的关键。应按规定进行检查，及时补充或更换。

9.8.4　知识点

喷丸处理铸坯表面缺陷的原理，是通过钢丸在喷丸机内高速运动打在铸坯表面上，以钢丸的棱角来清除铸坯（坯）表面的缺陷，具有省力及清理彻底的优点，适于大面积、浅层缺陷的清理。

思 考 题

喷丸清理的原理是什么？

实训项目10 连铸常见事故、缺陷的判断及处理

10.1 钢包滑动水口窜钢

10.1.1 实训目的

通过正确判断滑动水口窜钢发生的部位、时间和严重程度，采取正确的措施，把事故损失减小到最低限度。

10.1.2 操作步骤或技能实施

10.1.2.1 工具准备

（1）氧气皮带和氧气管若干（ϕ8mm）。

（2）氧—乙炔皮带及割炬一副。

（3）钢丝绳等吊具。

10.1.2.2 出钢过程中滑动水口机构有窜钢现象发生

（1）不论窜钢发生在什么部位，应立即停止出钢。

（2）立即开出钢包车，无论窜钢停止与否，都要立即开出钢包车。

（3）指挥吊车吊起事故钢包，如窜钢在继续，应指挥附近人员避让。

（4）把正在窜钢的钢包，吊至备用钢包上方，让钢液流入备用钢包。

（5）如工厂采用吊车吊包配合出钢的工艺，出钢过程中发现滑动水口机构有窜钢发生，也应立即停止出钢。事故钢包如窜钢不止，则必须吊至备用钢包上方，让钢液流入备用钢包。

（6）如窜钢中止，事故钢包中仍有钢液，必须立即采取回炉操作。操作时应考虑钢液再次窜钢的可能，操作人员要合理避让。

（7）回炉操作：

1）把事故钢包吊起，指挥吊车驾驶员把钢包运至余钢渣包处（用副钩挂上钢包倾翻吊环）。

2）余钢渣包必须干燥，内部必须有干燥的钢渣或浇注垃圾垫底。

3）指挥吊车倒渣，留钢液，如事故钢包内钢液较少也可全部倒入余钢渣包，余钢渣包内钢液冻结后可倒翻切割成废钢块再回炉。

4）事故钢包内钢液可用过渡中间包车运到炉子跨将钢液倒入转炉炉内重新冶炼。转炉车间装备有铁水包的也可倒入铁水包内与铁水混合后回炉，钢液与铁水混合时需注意碳氧反应造成的沸腾。所以倒钢液时（或铁水）必须先细流，然后再可加快。

5）装备有 LF 炉的炼钢厂，如事故钢包内钢液较多，则需过包（将钢液倒入另一钢包）后，再重新精炼。

6）装备有 LF 炉的炼钢厂，如事故钢包钢液较少，一般应做回炉处理。如遇到 LF 炉出钢，在所剩钢液量较少，不影响下一炉 LF 精炼的情况下，也可过包到下一炉 LF 炉钢包，进行再精炼。

7）备用钢包中钢液表面加保温剂（炭化稻壳等），也可适当加些发热剂等防止钢液温度过度下降。

8）流入备用钢包的钢液，回炉或重新精炼。重新精炼也是回炉的一种形式。

9）为加快处理速度，在炉坑内的残钢渣上可适当喷水降温，如残钢渣量不大，最好在红热状态处理。喷水降温时不要造成炉坑积水。

10）炉坑内残钢渣可用氧气管吹扫分割处理，如残钢渣已降温至接近常温，为保护炉坑内钢轨等，局部要用氧—乙炔割炬处理，处理完后才可恢复正常生产（设备损坏必须修复）。

11）事故钢包滑动水口的耐火材料必须更换，机构受损坏，必须做报废处理。

10. 1. 2. 3　精炼或运送到浇注位置过程中滑动水口机构窜钢

（1）如果窜钢量很小，并马上停止窜漏，继续精炼或运至浇钢位置，偶然的现象可能不影响正常浇注。但事先应将影响滑板滑动动作的冷钢用割炬清理干净。

（2）如果不能正常浇注，事故钢包做回炉处理。

（3）如果窜钢量很大，则必须立即把事故钢包吊至备用钢包上方，让事故钢包钢液流完，备用钢包钢液做回炉处理。

（4）如果窜钢量很小，但没有马上停止，事故钢包必须做过包回炉。

10. 1. 2. 4　滑动水口刚打开或在浇注过程中发生滑板之间或水口之间窜钢

（1）如漏钢量很少，并立即停止窜钢，则可继续浇注。

（2）如漏钢量很小，但不能立即停止，并有扩大趋势，则必须关闭滑动水口，停止浇注。由回转台转至或吊车吊运至备用钢包上方。

（3）事故钢包内钢液倒入备用钢包做回炉处理。

10. 1. 3　注意事项

（1）在钢包运送过程中如滑动水口窜钢正在继续，则很可能会烧脱整个滑板机构，造成大窜漏，必须注意周围人员和设备的避让。

（2）滑动水口窜钢有时窜钢量很小，并马上停止窜漏，但往往会卡住滑板机构，无法继续操作，对于滑板机构卡死，现场可适当用氧—乙炔割炬处理窜出的冷钢，但不能松动压紧螺丝，或松动门关闭装置，以防止更大事故的发生。

（3）因各种原因造成滑动水口少量窜钢，在开浇过程中用氧气清洗水口时，必须保证水口在全打开位置。

（4）处理滑动水口的窜钢事故，必须保证场地干燥，防止钢液、渣液爆炸飞溅。

10.1.4　知识点

10.1.4.1　掌握的知识和技能

（1）滑动水口窜钢的原因：

1）安装质量问题。滑动水口是一个比较精密的机构，要求在耐火砖之间有一个比较小的缝隙（不大于0.5mm），缝隙又要求在滑板面上均匀分布。这就要求操作工做细致的工作，不能马虎。

水口座砖与包底内衬要紧密贴紧，还要保证砖缝大小与滑板框架有一定距离。在安装中往往会只考虑座砖的中心线对中而忽略了周围砖缝，从而造成座砖周围局部砖缝过大而穿漏。当钢包更换工作内衬、水口座砖而不更换永久层时，在安装好座砖、砌好新工作层后座砖底部要注意用泥料填嵌座砖与永久层之间的间隙。这项工作也可在放座砖前做好，但砌好后也要认真检查。

安装座砖时要注意与滑板框架有一定的平行距离；距离太大可能会造成上滑板与水口砖砖缝太大；距离太小会使滑板框架无法安装滑板；不平行会造成滑板侧斜，造成滑板与上水口砖缝过大。

放水口砖时，水口砖四周泥料要涂抹均匀和丰满，不能有任何硬块，否则会产生水口砖与座砖之间砖缝问题。

上滑板的上口泥料也要涂抹均匀和丰满。安装时要放平、装紧。要正确使用安装工具，并用塞尺检查上滑板位置和与框架的平行度。

下滑板（中、下滑板）和下水口一般事前组装在一起，安装也要求平稳，框架与滑板框等机件安装应保证上下滑板之间均匀贴紧。

安装质量不佳是滑动水口穿漏的主要原因。

2）耐火材料质量问题。滑动水口耐火材料质量要求比较高，除通常的物化性能外，还要求表面光洁度和平整度。表面质量不好，耐火材料物化性能不好，使用时炸裂等现象都会造成穿漏事故。

3）操作失误。如安装好滑板，检查滑板动作后，水口没有完全关闭甚至是全开的状态就投入使用，这时就会造成水口漏钢。

4）滑动水口机构故障问题。小的零件故障，如气体弹簧失灵、压板螺丝脱落等也会造成滑板之间缝隙过大，易穿漏事故。

（2）水口结构及水口耐火材料性能。

（3）滑板的安装要求。

（4）滑动水口的控制系统。

（5）清理安装滑动水口。

10.1.4.2　滑动水口的事故处理

滑动水口的窜钢事故相对于塞棒机构事故要少，其中多数是原因是误操作或没有按操作规程操作所造成的，所以对各个操作过程认真检查是很重要的。

滑动水口窜钢造成机构卡死，应急处理必须慎重，不能任意松动机构螺丝等，防止滑板松动，造成更大注事故。

思　考　题

（1）在水口正常开浇后是否会发生钢包滑动水口窜钢事故？

（2）在什么样的钢液条件下容易发生钢包滑动水口窜钢事故？

10.2　塞棒浇注水口堵塞

10.2.1　实训目的

通过正确判断塞棒浇注水口堵塞的发生原因，采取正确的操作步骤，把事故损失减少到最低限度。

10.2.2　操作步骤或技能实施

10.2.2.1　工具准备

（1）氧气皮带及氧气管数根（ϕ8mm）。

（2）氧—乙炔割炬一副。

10.2.2.2　钢包水口堵塞

（1）若考虑是水口内堵塞物没有清理干净，必须在塞棒关闭状态下重新清理水口，必要时用氧气管清洗一次，再行试开。

（2）若考虑是塞棒的塞头砖掉片造成水口堵塞，可重力关闭塞棒，使塞头砖粘起塞头掉片，从而轻缓打开水口，在此情况下，塞棒可重力关闭 2～3 次，也可能失败，在成功粘起塞头掉片的情况下浇注操作必须更缓慢和小心。

（3）在试行粘合掉片的操作失败的情况下，可用氧气管在大压力氧气的条件下清洗水口，清洗时塞棒要在打开状态。

（4）如果是冷钢包，钢包内有冷钢包底或出钢温度偏低，都有可能因水口附近冷钢影响，造成水口堵塞。为此，在上述操作无效的条件下，钢液可作回炉处理。

（5）经水口堵塞事故处理钢流打开后，若发生钢流无法控制时，必须密切关注中间包液面，结晶拉速在允许的范围内以偏上限操作控制。一旦中间包液面接近上口溢流槽时（有些中间包没有），可让钢液通过溢流槽流入备用钢包或渣包。渣包必须保持干燥并带有一些垫底的垃圾保护底部。

一旦中间包液面接近上口有满溢危险时，必须用吊车吊走该钢包或操作回转台把该钢包置于事故位置，让钢液流入备用钢包或渣包。在中间包液面下降后，把钢包可重新进入浇注位置继续向中间包供钢液，这样可反复多次直至把钢液浇完。

流入备用钢包内的钢液可作回炉处理，渣包内钢液冷却后运往渣场倒翻，大块冷钢分割（氧气切割）后回炉。

（6）在处理水口堵塞事故过程中若中间包钢液已浇完，中间包浇注可作换中间包操作：结晶器内铸坯蠕动等候或小断面加攀等候，等候时间超过换包操作规定时间，铸机可作停浇操作处理。此时水口堵塞事故处理可以中止，事故钢包内钢液可回炉。如没有准备好中间包，当钢包钢流重新打开后，事故时使用的中间包在钢液未见渣的条件下，可以试行继续浇注（也作换包开浇操作）。用使用过的中间包再行浇注成功率较低，必须做好发生中间包水口关不死事故的准备（塞棒机构）。

10.2.2.3 中间包塞棒浇注水口堵塞

A 中间包开浇时水口堵塞

（1）若考虑是中间包塞棒塞头周围局部冷钢引起的水口堵塞，无论有否钢流流出，这时水口必须用氧气管清洗。

（2）升起中间包车，移去下节浸入式水口（仅限于外装分节式浸入式水口）。

（3）准备好氧气管，在中间包上口浸入钢液点燃或用氧—乙炔割炬点燃氧气管。

（4）小心把点燃的氧气管移入水口内，在开大氧气压力的同时，把氧气管伸入水口内。此时塞棒要在打开状态，结晶器上口用铁板或流钢槽保护，防止水口用氧气清洗时钢渣的滴入，在见到钢流时中间包车下降。

（5）上述操作可做3~4次，直至钢流被打开，待浇注正常后再装上浸入式水口。

（6）钢流打开后不能马上试开关，必须到接近结晶器上口低于正常钢液面位置时才能试开关，整个操作要考虑到中间包钢流发生关不刹事故的可能。

（7）如中间包钢流关不住，中间包作停浇处理。升起中间包车，开走中间包车，视下一个中间包准备情况和钢液情况，铸机可作换中间包处理或停浇处理。

B 中间包浇注过程中水口堵塞

（1）此情况是因为钢液温度偏低、拉速慢或钢水黏造成，可采用氧气清洗水口。

（2）如确为中间包钢液温度过低，中间包和铸机可作停浇或换中间包操作。

10.2.3 注意事项

（1）注意在高氧压条件下使用氧气管清洗水口的自我保护。控制氧气开关的操作一定要熟练，特别是在两个人操作条件下（一个人持氧气管，一人控氧气开关）更要注意配合。另外特别要防止氧气回火烧伤。

（2）中间包水口堵塞一般不能采取用圆钢从下部顶开水口的操作方法。为保证连浇必须在万无一失的条件下才能采取此法，但打开后的钢流后大多无法控制，必须注意中间包的满溢。

（3）在钢包水口堵塞，处理钢流打开的情况下，很有可能出现钢流关不死，必须注意中间包的满溢。

（4）处理中间包水口堵塞，必须防止漏钢、溢钢事故的发生。

（5）对整体浸入式水口，开浇时水口堵塞一般不采用烧水口的方法。

10.2.4 知识点

10.2.4.1 掌握的知识和技能

（1）塞棒的升降机构。

（2）连铸用耐火材料的分类、性能和作用。

（3）浇注用各种填充料的类别及其作用。

（4）水口堵塞原因及对浇注的影响。

（5）水口堵塞对钢质量的影响及相应处理方法。

10.2.4.2 塞棒事故的概念

在浇注过程中，因钢包或中间包的塞棒故障造成操作不正常或浇注中止的事故则为塞棒事故。

连铸浇注过程中的塞棒事故有以下几种：

（1）塞头砖没有就位造成的水口漏钢。塞棒塞头砖的球头部应与水口砖碗部密切接触配合，没有任何缝隙。如安装的塞头砖没有与水口砖研转磨合达到互相配合，在安装塞棒时没有使塞头砖头部完全进入水口砖的碗部从而造成间隙，当钢液进入时则造成水口漏钢。

（2）塞棒走位。为控制钢流，塞棒中心线与水口砖有一定倾角差位，有的生产称为"擦身"。如安装时的倾角在浇注过程中有变化往往会造成水口钢流失控、关不死或无法控制钢流大小。

（3）断棒。因受钢、渣侵蚀，塞棒一断为两，下节带塞头砖的残棒可能无法控制而堵住水口。也有可能受钢液浮力作用而浮出钢液面，严重时会飞出钢包。钢包断棒后如水口被断棒或其他杂物堵住，则钢流就无法打开；如断棒的瞬间钢液从水口冲出则为钢流失控。

（4）塞头砖掉头或掉片，塞头砖掉头或掉片有时会堵死水口造成水口堵塞；有时因钢液浮力作用脱落物浮出钢液面则造成钢液失控。

中间包塞棒事故也有上述 4 种情况，但中间包塞棒往往由通气冷却的钢管组成，在断塞棒前先有气体穿漏，如不及时停止浇注则会造成断棒事故。

10.2.4.3 造成塞棒事故的原因

造成塞棒事故的原因主要有以下几点：

（1）耐火材料质量。钢包或中间包塞棒的塞头砖和袖砖各有其特殊要求，有别于包衬材料。如其物化性能没有达标、内部有夹杂或材质不均匀、砖头有裂纹等质量问题，承受不了塞头或袖砖的正常侵蚀，也有可能不耐急冷急热而爆裂，造成断棒、掉头、掉片等事故。

（2）钢液质量的影响。钢液温度过高（超过规程要求），钢液过氧化及钢渣含（FeO）过高，也会造成塞棒耐火材料过度侵蚀，造成断棒、掉头、掉片等事故。

（3）砌筑塞棒时操作不当。砌筑塞棒时如安装塞头砖过度用力会造成内裂留下隐患。砌筑塞棒时，袖砖与芯棒之间没有填砂，袖砖之间砖缝过大又没有均匀涂抹塞棒的钢芯棒，如用中空钢芯棒，则事先必须用压缩空气检漏，否则使用时会漏气造成断棒。

（4）塞棒安装质量。安装塞棒时用力敲击使耐火材料受损，安装完毕后袖砖压紧螺母未松开（未留胀缝），为安装倾角差位（擦身）在固定塞棒的叉头上放的填片因振动脱落或在烘烤时被氧化，造成安装倾角差位不正确等都会造成塞棒事故。

（5）塞棒中心冷却不到位。主要是指长时间使用的中间包冷却不到位，造成芯棒温度过高熔穿或局部氧化穿洞，中心冷却用压缩空气从砖缝吹出，造成芯棒断棒事故（塞棒冷却不到位主要有冷却气体断流或冷却管没有伸到底两种原因）。

（6）外力撞击。在运送钢包、中间包时不注意造成外力撞击已安装好的塞棒，则往往会造成袖砖松动，被钢液侵入而断棒；或要求的塞棒倾角差位变动而随棒走位。

（7）操作失当。多次重力关闭钢流易造成塞头掉头或掉片。

10.2.4.4　塞棒事故对生产的影响

在模铸生产过程中，如果钢包塞棒发生事故可以造成下面的损失：如钢包还未开浇，可能造成整炉钢液回炉或过包回炉，部分钢液漏出会造成冷钢。塞棒水口漏钢也可能烧坏钢包车。

在钢锭模浇注过程中，钢包塞棒事故可能造成模铸过程中断，未完成浇注的钢锭会报废。漏出的钢液也可能烧坏中注管、锭盘等设备。在锭模浇注补注阶段的塞棒事故，无法正常补注也会造成缩孔废品。

在连铸生产过程中，钢包、中间包塞棒事故也会造成不同的损失：钢包塞棒事故在浇注前影响与模铸影响相同。在浇注中期塞棒事故则会造成钢包浇注终止；如没有其他炉号的连浇钢液，中间包浇注也可能终止。终止浇注后事故钢包回炉处理，漏出钢液则变成冷钢废品。

中间包塞棒事故，可能造成该流浇注终止，严重的钢流失控可能造成该流结晶器溢钢或漏钢事故，重大塞棒事故也有可能造成整个铸机停浇，单流连铸机中间包塞棒事故造成铸机停浇的可能性较大。

钢包、中间包的塞棒事故引发水口钢流失控或堵塞，严重的会引起连铸机溢钢和漏钢事故。因漏出的钢液飞溅容易造成操作人员伤害，所以在事故发生时必须注意通知有关人员合理避让。

为预防塞棒事故的发生，必须加强对耐火材料质量、塞棒砌筑质量、塞棒安装质量的检查和放钢前的最终检查。另外要加强操作管理，保证钢液质量（温度和完全脱氧）。

中间包在浇注过程中注意检查塞棒冷却气体的压力和流量，如没有仪表自动检测塞棒冷却用气体的压力和流量时，就必须人工检查冷却气体（听气体从芯棒流出的声音）的有无。

10.2.4.5　塞棒事故的处理

因钢包塞棒事故造成水口漏钢、水口堵塞一时无法恢复只能立即采用停浇的处理办法，钢包内钢液回炉，漏出钢液成冷钢废品。

如采取应急措施以恢复水口控制钢流的话，视情况可继续浇注；未开浇的钢液应转向其他铸机或回炉。

钢液高温，耐火材料（塞头砖、水口砖）的耐火度不足以承受这种恶劣条件或耐火材料本身耐火度和荷重软化点达不到标准，这两种情况都有可能造成塞头砖或水口砖变形掉片，造成水口堵塞。此时可用塞棒残头用力去粘合掉片从而使水口通畅。这种粘合又是不牢固的粘合，很有可能再次脱落造成下一次水口堵塞，所以打开钢流后塞棒动作必须缓慢。

（1）断塞棒是否会造成水口堵塞，如何处理？

（2）开浇时未见钢流——水口堵塞，但清洗水口时为什么水口内会有钢渣混合物的现象？

（3）塞棒的结构和作用是什么？

（4）塞棒的耐火材料有什么特点和要求？

（5）塞棒的操作机构的种类和基本结构是什么？

（6）如何修砌塞棒和安装塞棒？

10.3　滑动水口堵塞

10.3.1　实训目的

通过正确判断滑动水口堵塞发生的原因，采取正确的操作步骤，把事故损失减少到最低限度。

10.3.2　操作步骤或技能实施

10.3.2.1　工具准备

（1）氧气皮管氧气管数根（$\phi 8\text{mm}$）。

（2）氧—乙炔割炬一副。

10.3.2.2　钢包滑动水口堵塞

（1）通常是引流砂没有自动流下造成的。可以快速关闭和重开滑板一次，依靠滑板运动的振动使引流砂自动流下，达到正常开浇，或可用氧气管在不带氧的情况下浸入钢包水口（滑板打开）捅砂，使引流砂松动自动流下开浇。

（2）在进行上述操作无效情况下，先确认滑动水口在打开状态。

（3）用氧气管在一般氧压条件下（$0.3 \sim 0.5\text{MPa}$）清洗水口，帮助引流砂全部流下，达到开浇目的。

（4）在进行上项操作无效情况下，先在小氧压条件下点燃氧气管，然后小心把点燃的氧气管移入水口内，再开大氧压清洗水口内引流砂或堵塞的冷钢渣等。

（5）上项操作可进行 3~4 次，直到钢流正常。若钢液温度过低或多次用氧不见效的情况下，事故钢包钢液可作回炉处理。

（6）在处理水口堵塞事故过程中密切注意中间包液面高度。

10.3.2.3　中间包滑动水口堵塞

（1）如开浇时发生堵塞可作上述中（1）~（5）项相同的操作，但必须注意 4 点：

1）在氧气清洗水口时必须用铁板或流钢槽保护结晶器，防止钢渣流入结晶器内；

2）氧气清洗水口时中间包升降中间包车要配合，清洗开始时在最高位置，边清洗边把中间包降到浇注位置；

3）清洗水口前，先移去下节浸入式水口，待钢流正常后，再装上浸入式水口；

4）多次清洗失败，铸机不能开浇，重新按操作规程准备（如有立即可用的中间包，则另行更换一只中间包）。

（2）如浇注过程中水口堵塞，也可先采取清洗水口操作步骤处理，在中间包温度过低的情况下，中间包和铸机可作停浇操作或换中间包。

10.3.3 注意事项

（1）注意在高氧压条件下使用氧气管清洗水口的自我保护，控制氧气开关的操作一定要熟练、配合要默契。另外特别要防止氧气回火烧伤。

（2）处理中间包水口堵塞时，要防止结晶器漏钢事故的发生。

10.3.4 知识点

（1）滑动水口的构造和特点。

（2）连铸用耐火材料的分类、性能和作用。

（3）浇注用各种填充料的类别及其作用。

（4）水口堵塞原因及对浇注的影响。

（5）水口堵塞对钢质量的影响及相应的处理方法。

水口堵塞后的氧气清洗对耐火材料影响较大，主要是因为氧气燃烧钢管将产生较高的温度，使耐火材料软化和熔化。

思 考 题

（1）为什么在开浇前中间包水口烧氧气时，结晶器必须用铁板盖好？

（2）中间包滑动水口堵塞后，烧氧气要注意什么问题？

10.4 浸入式水口堵塞

10.4.1 实训目的

学会正确处理中间包浸入式水口堵塞事故。

10.4.2 操作步骤或技能实施

10.4.2.1 工具准备

（1）氧气皮带及氧气管数根（$\phi 8mm$）。

（2）氧—乙炔割炬一副。

10.4.2.2　整体式浸入式水口堵塞

A　开浇时发生浸入式水口堵塞

（1）通知主控室，并通过主控室通知铸机所有岗位和生产调度发生了水口堵塞事故。

（2）发生事故的铸机流，不再拉坯，多流铸机的其他铸流可正常生产。

（3）如多流铸机的其他铸流正常生产，可把事故铸机流的引锭同时拉出回收。

（4）单机单流的铸机发生开浇堵塞，钢包作停浇处理，钢包也可转到其他铸机上去继续浇注。钢包停浇后，中间包做如下操作：

1）待事故中间包内存钢液稍微冻结后，才能开动中间包车到中间包吊运位置。

2）小心吊运中间包至翻包场地，注意吊运过程中防止钢液倾翻。

3）待中间包内钢液全部冻结后，才能翻转中间包倒出冻钢。

4）切割冻钢回炉。

（5）多流铸机待浇注完该炉钢液后，可视情况决定是否继续连浇、停浇或更换中间包。

B　浇注中期发生水口堵塞

（1）通知主控室，并通过主控室通知铸机所有岗位和生产厂调度发生了水口堵塞事故。

（2）铸机进入停浇状态操作，结晶器内铸坯作尾坯处理。

（3）钢包作停浇处理，钢包内钢液作回炉处理。有多台铸机的生产厂，钢包也可转到其他铸机上去继续浇注。

10.4.2.3　分体式浸入式水口堵塞

（1）通知主控室，并通过主控室通知铸机所有岗和生产厂调度发生了水口堵塞事故。

（2）开浇时发生浸入式水口堵塞：

1）卸下浸入式水口，检查浸入式水口堵塞情况。如浸入式水口没有堵塞，而是上水口堵塞，则用氧气清洗水口等。

2）如是浸入式水口堵塞，应立即用氧气管清洗浸入式水口重新装上，也可用备用浸入式水口立即装上继续开浇操作。

3）经处理后水口继续堵塞，或确认中间包钢液温度过低，可停止开浇。

（3）浇注中期发生堵塞：

1）堵塞水口的铸流停车，做换中间包操作。

2）卸下浸入式水口，检查堵塞情况，清洗浸入式水口、上水口或都进行清洗。

3）重新做中间包更换的开浇操作，装上浸入式水口，转入正常浇注。

4）处理后继续发生水口堵塞，或确认钢液温度过低，可停止浇注。

10.4.3　注意事项

（1）浇注过程中发生浸入式水口堵塞事故，必须注意处理的时间，凡超过换中间包允许的时间，必须停浇，不可强行浇注。

（2）清洗浸入式水口时，特别要注意出口倾角（板坯连铸机），一般应备好立即能投入使用的备用浸入式水口。

（3）特别要注意事故发生后的满包中间包的处理：中间包要静等一段时间，中间包车开动和中间包吊运都要平稳，绝对防止因中间包倾翻钢液溢出而造成更大的事故。

10.4.4 知识点

（1）掌握的知识和技能。

1）连铸对耐火材料的要求和选用。

2）浸入式水口的构造。

3）安装中间包浸入式水口操作。

（2）浸入式水口的堵塞事故，大都是因为钢液温度偏低、流动性偏差或拉速过低所造成。所以在处理事故后，如是低温或低拉速所造成的堵塞，则拉速必须提上去并控制在偏上限浇注，防止水口再一次因低温或拉速未跟上而冻结。

（3）整体式浸入式水口堵塞，因水口无法清洗，只能做该钢流停浇处理。多流铸机其他铸流可正常生产，如因此影响生产节奏，可待该炉钢液浇完后停浇。

（4）在线更换水口，是在水口堵塞后快速换上新水口而不停浇的技术，国内外均已有工厂采用。

 思 考 题

（1）浸入式水口堵塞有几种不同的情况？

（2）分体式浸入式水口在浇注过程中堵塞，处理时应采取什么操作步骤？

10.5 钢 流 失 控

10.5.1 实训目的

通过正确判断钢流失控原因，采取正确措施，使浇注继续进行，把事故损失减少到最低限度。

10.5.2 操作步骤或技能实施

10.5.2.1 钢包钢流失控

A 塞棒机构钢流失控

（1）通知中间包浇钢工注意，防止中间包满溢或钢包吊离（转离）中间包时发生的钢流飞溅而产生伤害事故。

（2）指挥吊车或回转台操作人员，随时准备把事故钢包运离中间包上方。

（3）监视中间包钢液面高度。

（4）检查开关机件是否灵活、齐全，并及时采取修复措施，必要时请钳工到现场修复。

（5）如开关机件无故障，可以判断为塞棒故障。如发现断塞棒，当中间包钢液面高度超过最高线时，可立即通知吊车或回转台操作工将事故钢包吊至（转至）备用钢包位置；如中间包有溢流槽可视溢流正常与否，采取继续浇注或运离钢包的操作。

（6）事故钢包内的钢液全部流入备用钢包后，备用钢包内钢液可回炉。

（7）如开关机件无故障，也没有断塞棒事故发生，可以判断钢流失控是塞棒走位造成，对此可试开关机件判断塞棒走位方向，用铁棒或榔头适当敲击塞棒再试开关。如因站位问题无法敲击塞棒，则可采取塞棒全打开，再快速用力关闭的办法，使塞头砖就位。

（8）采取上述操作时，必须密切注意中间包钢液面，凡超过最高线，中间包又没有溢流槽的情况下，钢包必须立即运离中间包上方。

（9）塞头砖正确就位后，钢流恢复控制后，浇注可正常进行。

B　滑动水口钢流失控

（1）参照本节 A 中（1）~（3）项操作，做好处理事故的准备。

（2）滑动水口机构发生钢流失控，主要由滑动水口控制动力故障所造成，所以先得检查操作方向，排除误操作因素。

（3）检查滑动水口控制动力系统即液压系统是否正常：先检查液压泵的运转，后检查液压压力，再检查油箱油位，然后检查换向阀动作，并针对性地采取相应检修措施。

（4）凡液压泵停转或液压压力不足，但油箱油位正常，可迅速转为手动泵操作来控制钢流。

（5）在处理事故过程中，如发现中间包钢液面已到紧急最高位置，该中间包又没有溢流槽，则必须立即拆卸控制滑动水口的油泵或油泵上的液压管，指挥吊车或回转台操作工将钢包吊离（转离）到备用钢包位置。

（6）流入备用钢包内的钢液做回炉处理。

10.5.2.2　中间包钢流失控

A　工具准备

（1）铝条若干。

（2）钢或铸铁水口堵头。

（3）干燥废钢若干。

B　塞棒机构中间包钢流失控

（1）立即通知主控室，通过主控室通知铸机所有操作岗位注意，特别是钢包浇注工、回转台或吊车操作工、中间包车操作工注意。

（2）立即升高拉速平衡结晶器钢液面直到铸机达到当时浇注状态许可的最高拉速（注意开浇状态和浇注中期的不同）。

（3）迅速把压棒开足，最大限度提升塞棒并立即用力关闭塞棒，以求关闭或关小钢流。该项操作可试 2~3 次，视钢流大小和拉速的许可情况而定。

（4）向中间包事故塞棒附近钢液插入铝条稠化钢液，以缩小水口直径。

（5）如结晶器有溢钢危险，可敲断整体浸入式水口或卸下分体式浸入式水口，用钢或铸铁堵头堵塞水口，该项操作要快、准、狠。

（6）如上述操作失败，溢钢危险增加或已发生溢钢必须立即关闭钢包钢流，吊离（转离）钢包，关闭其他铸流的中间包钢流（如多流铸机），开走中间包车至事故处理位置（下置事故渣包）。

（7）中间包内插铝条，加干燥废钢，水口下再次用堵头堵钢流，直至水口堵塞。

（8）立即吊走钢流失控的中间包至中间包翻包场地，待中间包钢液冻结后翻动切割回炉。

（9）凡处理后水口钢流的大小能保证拉速在正常范围内则铸机可继续浇注。

（10）凡处理后钢流堵塞，其他铸流可继续正常生产，单机单流的铸机则做停浇处理。这时的水口堵塞事故不再抢救处理。

（11）铸机停浇后，钢包内钢液可做回炉处理，或转到浇注相同钢种的铸机上去浇注，或改浇锭模（若有模铸）。

C 滑动水口机构中间包钢流失控

（1）立即通知主控室，通过主控室通知铸机所有操作岗位，特别是钢包浇注工、回转台或吊车操作工、中间包车操作工注意。

（2）立即升高拉速平衡结晶器液面直到铸机达到当时浇注状态许可的最高拉速。（注意开浇状态和浇注中期的不同）。

（3）在中间包失控的水口附近插入铝条稠化钢液，使水口内径缩小。

（4）如钢流大小可控制在拉速许可范围内，立即检查机件和液压系统；发现问题立即修复，液压系统可启动备用的手动泵。

（5）如拉速在许可范围内的上限，钢流又无法再关小，结晶器钢液面仍在上升趋势，应立即卸去分体浸入式水口并用钢堵头堵钢流。

（6）在堵钢流成功的情况下，铸机的其他铸流可继续浇注。单机单流的铸机则停浇。

（7）若钢流堵塞失败，则立即关闭钢包钢流，拆卸滑动水口液压缸或液压管，并将钢包运离（转离）中间包上方至浇毕位置；通知中间包车操作工开动中间包车，将中间包运至事故处理位置（下置事故渣包）；用插铝、加清洁废钢、再次堵钢流的操作使中间包水口堵塞。

（8）铸机停浇后，中间包残余钢液待冻结后吊至中间包拆包场地处理（冷钢切割回炉）；钢包内钢液做回炉处理，或在其他同钢种浇注的铸机上浇注或浇锭模。

10.5.3 注意事项

（1）事故发生后，在钢包钢流失控状态下，运送钢包要注意避让飞溅钢液，钢流不得与潮湿地面接触，防止爆炸。

（2）中间包水口钢流失控事故发生后，要开动中间包车，必须待钢包钢流关闭或钢包远离中间包上方之后才能进行。

（3）中间包水口发生钢流失控后，首先是设法恢复正常，由于允许处理的时间较短，为防止溢钢等更大事故的发生，应随时准备采取水口堵流措施。

（4）在中间包钢液面较高情况下，开动中间包车必须平稳，防止钢液晃出，造成设备损坏或人员受伤。

10.5.4　知识点

10.5.4.1　掌握的知识和技能

（1）塞棒的升降机构。
（2）塞棒安装。
（3）滑动水口的构造和特点。
（4）滑动水口的清理、安装。
（5）液压传动知识——连铸设备液压传动系统。
（6）钢流失控的主要原因及处理方法。
（7）钢流失控的安全注意事项。

10.5.4.2　钢流失控事故

在连铸或模铸的浇注过程中，钢包或中间包的水口钢流无法控制关小，则为钢流失控事故。

模铸过程中，如钢包钢流失控，则无法实现正常补注，钢包内剩余钢液无法再进行浇注，必须过包回炉或流入渣盘让其冻成冷钢或报废。无法正常补注的铸坯在精整时必须割除头部，缩孔严重的铸坯也可能造成整支或整盘铸坯报废。

连铸过程中，钢包发生钢流失控事故，可在中间包满溢前转去（或用吊车吊走）钢包，让钢液流入备用钢包或渣盘，待中间包液面下降后再转回（吊回）浇注。这种处理方法肯定会造成部分钢液的损失。

连铸过程中，中间包钢流失控会造成结晶器溢钢或漏钢事故，甚至会烧坏连铸设备。

10.5.4.3　钢流失控的主要原因

A　塞棒机构钢流失控的原因

（1）耐火材料质量。这里主要指塞头砖、塞棒袖砖、水口砖的质量。袖砖质量问题有可能在使用过程中被钢、渣过度侵蚀或炸裂而造成断塞棒。塞棒断裂就无法控制水口大小，钢液就直接从水口中流出。塞头砖、水口砖的质量问题也有可能造成侵蚀速率加快、剥落，从而使塞头砖球部与水口砖碗部无法闭合，即无法控制钢流。

（2）塞棒的安装质量。塞棒没有按要求确保与水口中心线合理的偏移量（擦身），过小或过大的偏移量，均使塞棒开启后无法再闭合。同样如安装操作失误也可能在开始使用时塞棒塞头就完全没有进入水口砖碗部而造成钢流失控。

必须指出，在钢包或中间包运送过程中严重碰撞塞棒也可能造成塞头离位而无法控制钢流。

（3）机械故障。塞棒的控制机械故障，造成塞棒无法动作或动作时晃动太大而引起钢流失控。机械故障可能因部分零件损坏、脱落造成，也可能因浇注过程中冷钢飞溅流入机件而造成，有结晶器液面自动控制系统的设备，由于电控系统故障也会造成钢流失控。

（4）钢液质量。凡高温高氧化性的钢液会加快耐火材料的侵蚀而造成本节（1）中所述相同情况而引起钢流失控。但如果钢液温度偏低、中间包烘烤情况不良，特别是水口区周围温度过低，则在开浇时一段时间（3~5min），可能在该区域形成冷钢，当塞棒打开后受冷钢影响塞棒无法立即进入水口砖碗部而关闭中间包钢流。但5min以后随着中间包内衬升温，冷钢会自行熔化消除，钢流又可进入控制状态。这是中间包塞棒控制钢流失控的特殊原因。

B 滑动水口机构钢流失控原因

（1）在浇注过程中滑板粘连造成失控，这在10.5.2.2节已进行了讨论。

（2）滑动水口机械故障，造成滑板无法动作，而引起失控。

（3）液压系统故障。因控制滑动水口、并闭的液压系统故障而无法动作引起失控，液压系统故障的情况有以下几种情况：液压管脱落或断裂、油箱低液位、油泵故障、控制电气故障等。

因滑动水口独特的优点，其钢流失控事故发生率大大低于塞棒机构的事故发生率。

中间包钢流失控最常发生在开浇阶段，此时中间包钢流关不小，而开浇时因引锭的凝固要有一定时间，拉速又不能上得太快，这时往往会造成溢钢而被迫停浇。

塞棒机构开浇时钢流失控往往可能是水口周围结有冷钢，影响塞头砖与水口砖的配合所造成的，这时只要能在一定拉速下浇注一段时间，即可恢复正常浇注。有些小断面铸机在中间包下装有引流槽，在中间包开浇时，先把低温钢液引走待钢流圆滑后，移开引流槽进入正常浇注。另外，在浇注过程中，万一钢流失控也可用引流槽引流，注争取处理事故的时间使浇注仍可正常进行。

中间包钢流失控发生在浇注中、后期，通常是塞棒、水口砖受过分侵蚀所引起，此时，塞棒开度逐渐变小，直至处于最低位，而拉速仍无法降到允许范围内时，应做停浇处理。

思 考 题

（1）发生水口失控为什么要通知铸机的所有操作岗位？

（2）插铝为什么会造成钢流变小，并可把拉速控制在正常范围？

10.6 连 铸 漏 钢

10.6.1 实训目的

学会正确处理连铸漏钢事故。

10.6.2 操作步骤或技能实施

10.6.2.1 工具准备

（1）氧气皮带和氧气管若干（φ8mm）。

（2）氧—乙炔皮带及割炬（特制长割炬）。

（3）钢丝绳等吊具。

10.6.2.2　小方坯发生漏钢时的抢救处理

（1）对小断面的连铸坯有时漏钢量较少，经过挽救处理后可以继续浇注，但一般仅限于钢液面基本未下塌或未见有明显钢壳的情况下，并建议采用停车补注的处理方法，以避免造成冻坯事故。以下（2）～（12）项是有些厂的操作介绍，仅作一般性参考，而正确情况下发生漏钢时均应按第（13）项以后的操作进行，这样无论对设备、安全、生产都是较为稳妥的处理方式。

（2）发现漏钢现象（钢液下塌或结晶器下口发现钢火花飞溅等），立即关闭中间包钢流，拉矫机停车。

（3）判断结晶器内液面下降情况、结晶器下口的漏钢量和对二冷设备的损坏程度。

（4）以较低的拉速（一般为开浇起步拉速）试拉铸坯，注意拉矫机电动机电流不得超过允许值。

（5）凡判断为结晶器液面下降量较小，即漏钢量较少，对设备影响又较小，试拉铸坯又能正常拉动的情况，可以试行继续浇注。

（6）试拉铸坯到引锭头开浇位置。

（7）以引锭头开浇的要求打开中间包水口，并密切注意结晶器下是否有再次漏钢发生，同时注意钢液面是否正常上升。

（8）在正常情况下可以用连铸机开浇操作步骤，进行开浇和转入正常浇注。

（9）注意漏钢挽救处理后正常浇注的铸坯的表面质量，凡表面质量没有问题，二次冷却喷水也没有问题，即可连续下一炉浇注。否则浇完事故发生时钢包内一炉钢液后即停浇。

（10）凡试拉铸坯，在拉矫机额定电流条件下，未能拉动铸坯则做漏钢后的热坯处理。热坯处理操作视本项技能下节内容。

（11）凡采取上述第（7）项操作时，发现有继续漏钢迹象则立即关闭钢流，并启动拉矫机拉动铸坯，结束该铸坯浇注。如铸坯无法拉动，则停浇停车，铸坯做热坯处理。

（12）凡因漏钢铸流停浇后，如为多机多流铸机，其他铸流可继续浇注（同时拉矫的铸流有可能受影响也不能继续浇注）；如为单机单流铸机，待中间包钢液面冻结后才能开中间包车到事故位置，然后平稳吊至翻包位置待全部冻结后才能翻包，冻钢切割回炉。铸机停浇后钢包内的剩余钢液作回炉处理，或转到浇注同钢种的铸机上去，或转浇注锭。

（13）凡发现漏钢量大，设备影响范围大，发生漏钢后可不做挽救处理，立即关闭或堵塞事故钢流，铸坯以原速拉下（铸坯出结晶器后可关闭振动），注意拉矫电流不能超值，力争把热坯拉出，无法拉动者做热坯处理。

10.6.2.3　大方坯或板坯连铸机漏钢后的处理

（1）发现有漏钢现象，立即关闭中间包钢流，铸机拉速降到起步拉速。

（2）如在起步拉速，铸坯没有拉动则可稍提高拉速，但拉矫电动机电流必须控制在额定数以下。

（3）在铸坯拉动的情况下，铸坯冷却、拉速可按尾坯操作处理。

（4）凡铸坯在额定电流下无法拉动，则可做漏钢后的热坯处理。

（5）铸机停浇后可按本相技能 10.6.2.2 节中第（12）项操作。

10.6.2.4 漏钢后的热坯处理

（1）漏钢后的热坯处理在正常情况下只能在铸机全面停浇后才能进行，以确保安全。为保护设备，漏钢铸流的一、二次冷却水和设备冷却水不能停，一冷水、设备冷却水保持正常浇注时的水压和流量。

（2）二冷水以最低的水量供水（或间隔供水），保证铸坯缓慢冷却。

（3）判断漏钢点和对二冷扇形段影响，在漏钢影响区的铸坯下部用氧—乙炔割炬（特制）切割铸坯使之上下分断。切割前要确认冷却时间以保证切割区铸坯已全部凝固。

（4）铸坯上下分断后，下部铸坯以较高拉速，拉出拉矫机。但如果坯温过低，在不是立式连铸机的情况下，该铸坯只能做冻坯处理。

（5）如无法采取切割操作使铸坯的事故区与正常铸坯分开，则整条铸坯只能做冻坯处理。

10.6.2.5 事故影响区铸坯处理（上部铸坯）

（1）待铸坯冷却到接近常温时，关闭所有冷却水。

（2）以二冷区扇形段交接之间为空隙，用氧—乙炔割炬、氧气炬或氧气管切割事故铸坯。

（3）分别吊出结晶器、足辊段、0 号段及其他漏钢影响的扇形段。

（4）吊出设备做离线检修和检查，铸机重新安装、调试、检查和浇注准备。

（5）小方坯一般只需吊出结晶器（带足辊），在线处理完粘在设备上的冷钢后可用引锭杆从下方将坯顶出。

10.6.2.6 漏钢事故铸坯拉空后的设备处理

（1）检查设备影响情况。

（2）小断面铸机，漏钢量较少，可能对二冷设备影响小，这时漏出的钢液可用氧—乙炔割炬处理，更换影响喷嘴后可继续浇注。

（3）漏出钢液较多或大断面铸坯漏钢时，漏钢影响的设备应该全部离线检查和检修。铸机重新安装、调试、检查和浇注准备。

10.6.3 注意事项

（1）漏钢事故发生后不能强行超负荷拉坯，所有拉矫机电动机电流必须控制在额定值以下，否则容易损坏设备。

（2）大方坯和板坯连铸机因设备要求较高，二冷辊的密度也较大，所以一般无法挽救浇注。否则对设备影响更大，对铸坯质量也没有好处。

（3）漏钢后的结晶器必须从冷却水量、铜板表面质量、结晶器尺寸，特别是锥度应做详细检查，否则不得重新使用。

（4）凡发生漏钢后，中间包钢流又关不密时，应立即开走中间包车。

（5）为保护设备，漏钢后结晶器冷却水，设备冷却水一定要保持正常。为保证铸坯不变形和保护设备，二冷区的扇形段压紧缸也不能松开。

（6）铸机在浇注时，为安全起见，不能到二冷区去处理事故坯。

10.6.4　知识点

10.6.4.1　掌握的知识和技能

（1）结晶器的作用及材质。

（2）连铸二冷装置的类型和结构。

（3）拉矫机的作用及工艺要求。

（4）钢的凝固理论。

10.6.4.2　漏钢后设备详细检查的原因

漏钢后，铸坯内部钢液向外飞溅并往下流，遇二冷水和设备冷却水后很快凝成冷钢，并包覆在辊子或喷头上，所以对漏钢后的设备一定要详细检查。

由于漏钢影响区的铸坯漏钢时肯定未全部凝固，因此在处理事故割坯时一定要待一定时间后让铸坯全部凝固才能切割。等待时间可以根据凝固理论估算。

因为凝固需要一定时间，所以漏钢后扇形段液压缸也不能松开，否则铸坯极易发生鼓肚变形，造成正常铸坯报废，又不能正常拉出。

 思 考 题

（1）150mm×150mm 方坯连铸机发生漏钢后如何处理？

（2）一机两流的铸机发生其中一流漏钢如何处理？

10.7　开浇引锭头漏钢

10.7.1　实训目的

掌握引锭头开浇操作的主要内容即：堵引锭操作、起步拉坯操作和升速操作的工艺过程。顺利拉出铸坯，防止开浇引锭头漏钢。

10.7.2　操作步骤或技能实施

铸机开浇引锭头漏钢危害很大。发生引锭头漏钢后，除了造成计划中断、钢水回炉等后果外；与其他漏钢相比，必须采用分切引锭杆链节、然后更换格栅段的方法进行处理。处理引锭头漏钢要耽误 3～8h 的生产时间，而且需要重新准备引锭头、链节等备件。

在开浇时中间包温度较低的情况下，需要适当提高拉坯速度以防止由于冷钢堵水口而导致浇注中断事故的发生。但浇钢工经常因为担心可能发生引锭头漏钢而不敢轻易采取提高拉速的办法。引锭头漏钢成为影响开浇成功率的一个重要原因。

10.7.2.1 引锭头漏钢原因分析

A 旧工艺引锭头开浇操作

引锭头开浇操作主要分为：堵引锭操作、起步拉坯操作和升速操作。

a 堵引锭操作

在计划钢水到站时，开始用纸绳堵引锭，用纸绳将引锭头与结晶器间四周的缝隙堵紧、堵平；钢水到平台测温时，开始按厚度 20~30mm 在引锭头上均匀铺撒铁钉屑；然后在铁钉屑上按规定交叉摆放方钢；最后在结晶器壁上均匀涂抹菜籽油。

b 起步拉坯操作

钢包开浇后，待中间包钢水量到 1/2 开始起步拉坯操作。起步时要求前期钢流要小，避免冲刷方钢和铁钉屑，同时操作工用捞渣耙在水口两侧挡住钢流，避免结晶器挂钢。起步时间按钢种、断面的要求，一般在 30~50s 范围。

c 升速操作

起步结束后，机长按照标准拉速从零起步，均匀升速，120s 左右达到典型拉速。

B 引起开浇引锭头漏钢的原因

a 纸绳

（1）纸绳松动，钢水从其缝隙中渗漏。

（2）不干燥或不干净，遇钢水后爆炸或燃烧而产生缝隙，钢水从缝隙中渗漏。

b 铁屑

纸绳处铁屑过薄或过厚，钢水将纸绳燃烧后从缝隙渗出。

c 方钢

（1）数量不足或摆放不好，致使钢水直接冲刷铁屑和纸绳。

（2）熔化不充分，初生坯壳过薄，拉坯开始后将坯壳撕破。

d 铜板

铜板粗糙，对坯壳形成异常阻力。

e 操作

（1）开浇钢流过大，将铁屑冲散或将钢水溅到结晶器壁、接缝上形成夹钢。

（2）起步拉速过快，初生坯壳承受不了其拉力。

（3）有异物进入结晶器，使结晶器内钢水升温、初生坯壳过薄。

f 设备

（1）拉矫机不正常的启动。

（2）开浇后引锭头倒送。

（3）结晶器振动故障，坯壳不能正常脱模。

C 存在的主要问题

a 方钢堵引锭对钢水的冷却强度不够

从图 10-1 可以知道，铁屑的作用在于使钢水不直接与引锭头和纸绳相接触，并有利于脱锭和保护

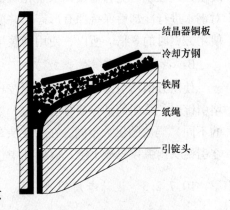

图 10-1 方钢堵引锭示意图

结晶器铜板
冷却方钢
铁屑
纸绳
引锭头

引锭头；纸绳的作用是托住铁屑；对初始钢水起冷却作用的，除了引锭头和结晶器铜板外主要依靠方钢。钢水一旦没有得到足够强度的冷却，就会直接冲刷铁屑，继而将纸绳燃烧掉，并从引锭头与铜板间的缝隙中渗出。

因此，方钢对进入结晶器内初始钢水的冷却强度过小是一个薄弱环节，而且在实际操作中，方钢的摆放方式对冷却强度影响很大，容易因摆放不当造成事故（需专人把关）。在拉坯过程中，部分冷却方钢会脱落，造成铸坯的质量问题。

b　钢水起步操作难度较大

起步时钢流如果过大，会冲刷铁屑、方钢使之移位，造成漏钢的危险；太小则会造成中间包水口堵塞，开浇失败。所以开浇启步需副机长以上人员操作，即使这样，在开浇启步过程中由于捞渣把不能完全挡住钢水的飞溅，结晶器两侧面接缝处由于钢水直接接触，难免会出现粘钢或夹钢的现象，如果在启步的过程中不处理好，拉速升高后即会造成铸机漏钢。

c　升速前期要缓慢

由于方钢的冷却强度较小，初生坯壳薄，在升速时要避免因加速度过大导致初生坯壳受力过大，造成拉裂。而升速过慢又会造成中间包水口堵塞，导致铸机停浇事故的发生。

10.7.2.2　改进堵引锭材料及操作

A　堵引锭材料的改进

冷却方钢改为弹簧，使用弹簧堵引锭示意图如图 10-2 所示。冷却弹簧的技术条件如下：

材料：Q235 钢筋；

弹簧内径：35～40mm；

螺纹间距：15～18mm；

弹簧长度：80～90mm；

弹簧单重：0.2kg。

堵引锭时使用弹簧的重量大约是使用方钢重

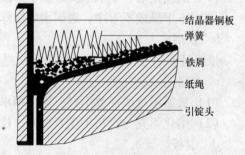

结晶器铜板
弹簧
铁屑
纸绳
引锭头

图 10-2　弹簧堵引锭示意图

量的 6 倍，增大了冷却强度。不过，使用弹簧时冷却效果的改进，主要是因为弹簧的结构疏松、丝径小，更容易被钢水熔化所造成的。方钢尺寸大，不能被钢水迅速熔化，大多在对钢水进行冷却后保持原有形态，并嵌在坯壳上。使用弹簧堵引锭时的冷却强度约相当于使用方钢时的 8 倍。所以，使用弹簧堵引锭的效果好。

B　改进冷却弹簧的摆放方式

使用方钢堵引锭时，要求方钢按"X"形交叉摆放，如图 10-3（a）所示；使用弹簧堵引锭时，采用的是弹簧分层码放，如图 10-3（b）所示。根据部位不同（漏钢危险程度的不同）码放的层数不同，在引锭头的短边两侧码放 3 层；燕尾槽及其斜坡处码放 2 层；在引锭头内弧仅码放 1 层，以保证中包水口的插入深度。

10.7.2.3　设计专用挡减铁板

使用冷却弹簧后，堵引锭材料在出苗过程中不会被冲刷移位，可以加大出苗时的钢

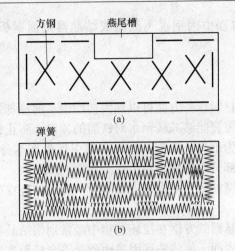

图 10-3 方钢或弹簧的摆放方式

（a）方钢摆放方式；（b）弹簧摆放方式

流。但是，出苗钢流加大后，钢水飞溅造成结晶器挂钢、夹钢的危险性增加。为了防止钢水直接溅上结晶器，使用的挡溅铁板，如图 10-4 所示。在开浇时靠近结晶器两边窄面铜板处各放置一片，挡溅效果明显比捞渣耙有所改善。但是又带来了一个新问题，开浇后铁板与钢水粘在一起不容易挑出，易造成钢液面结冷钢。

针对挡溅铁板不易拿出的问题，用木板代替铁板，铁杆用加长的木杆代替（见图 10-5），这样避免了原来的缺点。木板不会与钢水粘连，可以重复使用，挡溅木板烧坏后，可以方便地换一块，降低了成本。

图 10-4 挡溅铁板   图 10-5 木制防溅板

10.7.2.4 使用接缝料

为了彻底解决开浇出苗过程中因钢水飞溅造成结晶器侧面铜板接缝夹钢的问题，可以使用结晶器接缝料。

在引锭送到位后，将接缝料均匀地涂抹在引锭头上方结晶器的 4 条角部接缝上，厚度控制在 1 ~ 2mm，然后再开始堵引锭操作。这样，在出苗过程中即使钢水飞溅到结晶器接缝处也不会造成接缝夹钢，很好地解决了这个问题。

10.7.3 注意事项

（1）使用方钢堵引锭时，要防止暴露的方钢在拉坯过程中划伤结晶器铜板。

（2）防止开浇出苗过程中因钢水飞溅造成结晶器侧面铜板接缝夹钢及结晶器铜板挂钢。

10.7.4　知识点

使用弹簧作为堵引锭材料，一方面可以加大初始钢水的冷却强度，提高初生坯壳的厚度及抗拉强度；另一方面弹簧能够减缓钢水对铁屑的冲击，防止钢水将纸绳燃烧后从缝隙中渗出，不仅可以防止因为纸绳、铁屑等材料和堵引锭操作本身问题造成的引锭头漏钢，而且能有效地减轻或消除部分设备缺陷对引锭头漏钢的威胁。

采用专用防溅板和接缝料后，从根本上解决了开浇出苗过程中结晶器铜板粘钢和接缝夹钢的问题。

使用方钢堵引锭时，暴露的方钢在拉坯过程中经常划伤结晶器铜板，脱落的方钢进入扇形段后也经常压入铸坯表面，使该铸坯因表面质量不合格而判废。改为弹簧堵引锭后可以杜绝此类现象发生。

控制开浇引锭头漏钢对于生产组织及生产效益是大有帮助的。其着重点在于用弹簧代替方钢堵引锭，采用专用防溅板和接缝料。

思考题

（1）引起开浇引锭头漏钢的原因？
（2）为什么弹簧堵引锭时的效果更好？

10.8　连铸冻坯处理

10.8.1　实训目的

学会在不同情况下处理连铸冻坯事故。

10.8.2　操作步骤或技能实施

10.8.2.1　工具准备

（1）氧—乙炔皮带及割炬。
（2）钢丝绳等吊具。

10.8.2.2　引锭未出拉矫机的冻坯处理

（1）松开二冷扇形段液压缸，使铸坯有一定自由度。
（2）用割炬去除连接铸坯与二冷辊或设备上挂钢（如漏、溢钢造成冻坯），在拉矫机水平段较短，在切点拉辊后弧形铸坯又可拉出一定长度的条件下，可试拉引锭和冻坯。
（3）立式铸机可试拉冻坯。
（4）当引锭头出拉矫机切点辊后，用氧—乙炔割炬，切割引锭头前铸坯，使冻坯和引锭脱开，或采用自动脱锭装置脱锭。

（5）回收引锭头和引锭链。引锭头处理后可重复使用。

（6）在冻坯拉出一定长度后，用钢丝绳吊住拉矫机切点辊外的冻坯，并在切点辊外切割冻坯，即冻坯分段处理。切割后的断坯吊走作废钢回炉。继续拉坯，吊住冻坯，切割，吊走分段坯，重复操作直至冻坯全部出拉矫机。

（7）松开二冷扇形段后，冻坯无法拉动，可能因为铸坯弧向变形，顶住二冷导辊造成阻力。这时可在冻坯厚度方向作部分切割，但不要切断，约割开坯厚的 2/3～3/4，使冻坯在弧度方向有一定变形量，再试拉冻坯。可拉动者作上述（4）～（6）项操作，直至冻坯出拉矫机。

（8）作上述第（7）项操作仍未能拉山冻坯，可拆除结晶器、足辊段及 0 号段，冻坯从上部用钢丝绳吊住，在二冷段上面分段吊走。然后送引锭顶坯再一段段切割吊走冻坯。

（9）作上述第（8）项操作，冻坯还不能顶动者，只能在引锭头前切割冻坯，使冻坯与引锭分离，引锭拉出回收，引锭头处理后完好则可重复作用。冻坯在二冷扇形段之间切割分段，吊出扇形段、离线处理冻坯，再重新安装扇形段、调弧、对中、调试、检查、准备重新开浇。

（10）拉矫机水平段较长，可按上述第（8）项操作或第（9）项操作处理。

10.8.2.3 引锭已拉出拉矫机、冻坯未进入拉矫机的冻坯处理

（1）重新送入引锭，松开二冷段液压压紧缸，在冻坯头部开槽，用一定粗细的钢丝绳把冻坯与引锭连接，可试拉做 10.8.2.2 节中（2）～（6）项处理。

（2）上述操作无效果可依次做 10.8.2.2 节中（7）～（9）项操作处理。

10.8.2.4 整个铸机二冷段到拉矫机的冻坯处理

（1）松开二冷段压紧缸，按一定距离在冻坯厚度方向作部分切割（割开厚度的 2/3～3/4），但不要切断，使冻坯在弧度方向有一定变形量。再试拉铸坯，可拉动者取出冻坯。

（2）上述操作无效果，可视铸坯变形情况，在二冷下段切断铸坯（在弧线与水平交界处），把下段铸坯拉出，然后送引锭做 10.8.2.2 节中第（8）项操作，取出上段铸坯。

（3）上述操作无效，将冻坯分段，扇形段离线处理。

10.8.3 注意事项

（1）处理漏钢或溢钢造成的冻坯，一定要仔细清除挂钢后，才能开动拉矫机，必须注意拉矫电流不能超过额定值，否则易损坏设备。

（2）引锭顶坯时必须注意铸坯运动，而且速度一定要慢，防止冻坯顶住二冷段，使二冷段移位或损坏。

（3）二冷段内切割铸坯一定要防止割坏二冷段辊子、轴承、水管和喷头等设备。

10.8.4 知识点

（1）掌握的知识和技能：

1）连铸二冷装置的类型和结构。

2）拉矫机作用及工艺要求。

3）冻坯事故的原因及处理。

（2）通过引锭在一定拉矫力作用下不能拉出或顶出冻坯，主要是因为铸坯冷却成冻坯的过程中收缩变形，或溢漏钢后挂钢，使冻坯与二冷区辊子强力接触或连接形成拉坯阻力。而二冷区压紧缸的升起的距离有限，不能在一定程度上消除这股拉坯阻力。为此在冻坯厚度方向上切割可进一步释放变形造成的拉坯阻力，清除铸坯与设备的挂钢，使得引锭能拉出或推动冻坯。但如果冷却变形量太大，该项措施也不能降低拉矫阻力到能拉动或推动冻坯，这时只能分割，吊出二冷扇形段，离线处理。

（3）冻坯事故因上述的冷却变形对设备有一定的损坏，处理冻坯事故又往往会造成大范围的二冷段更换，所以在连铸发生其他事故后，一般应抓紧时间，热坯处理，使铸坯尽快拉出拉矫机，而不要造成冻坯事故。

 思 考 题

（1）什么事故会造成引锭出拉矫机而铸坯又未进入拉矫机的冻坯事故？

（2）请叙述一下铸机整个二冷区、拉矫机内都有冻坯的事故处理程序。

10.9　连铸顶坯的处理

10.9.1　实训目的

学会正确处理顶坯事故，使浇注能继续进行。

10.9.2　操作步骤或技能实施

（1）工具准备：

1）氧—乙炔皮带及割炬；

2）撬杠 2～3 根；

3）钢丝绳等吊具。

（2）发现顶坯事故后，立即关闭中间包钢流，关闭钢包钢流，指挥拉矫停车。

（3）结晶器内钢液面按换中间包操作要求进行处理：方坯连铸机撤除保护渣，结晶器内加攀；板坯连铸机撤除保护渣，并作好封顶的准备。

（4）中间包水口做一定清理：分体式浸入水口做更换备用水口准备；整体式浸入式水口、敞开式水口做残钢渣清理；定径水口注意引流槽的通畅。

（5）二次冷却区的设备冷却和结晶器冷却保持不变，两次喷雾冷却保持在最低水平。

（6）用氧—乙炔割炬迅速处理顶坯处的障碍：

1）把顶坯处的障碍用割炬割除，并沿拉速方向割成一定斜楔型，使铸坯能顺利行进。

2）割去阻碍铸坯行进的障碍物，或吊去障碍物，使铸坯能顺利行进。可以考虑割除已移动或变形的阻碍设备，当然被破坏的设备代价要小于铸机正在浇注剩余钢液回炉的价值。

（7）试拉铸坯，注意铸坯行进中的导向，必要时用撬杠纠正。打开中间包钢流并拉坯，按插攀换中间包开浇操作，使浇注正常。

（8）如发现因中间包水口关闭后造成水口冷钢堵塞，可以做清洗水口操作，保证浇注顺利进行。

（9）顶坯事故如发现稍晚或水口关闭不严可能造成溢钢。则顶坯马上按上述处理，溢钢做溢钢处理。

（10）发生顶坯事故时，关闭中间包钢流，拉矫停车后，如铸坯有一定回送余地，则可通过拉矫做送引锭操作，使铸坯头部与障碍物脱离。然后用撬杠拨正铸坯方向，或用撬杠做临时导向物，再启动拉矫机拉铸坯，使铸坯脱离阻碍物后顺利运行。

10.9.3　注意事项

（1）处理顶坯时间超过规定的换包时间，则处理好顶坯部位保证铸坯顺利行进后，该铸流做停浇处理。

（2）处理顶坯时间过长，造成冻坯，则按冻坯操作处理。

（3）使用撬杠时，注意撬杠反弹或铸坯运行时撬杠受力不规则变形后伤人。

（4）如中间包水口关闭不严可能造成溢钢，应立即开离中间包车。

10.9.4　知识点

（1）掌握的知识和技能。

1）拉矫机的作用及工艺要求。

2）连铸二冷装置的类型和结构。

3）铸坯的输送装置。

4）钢液成分、温度、拉速、冷却强度与顶坯关系。

（2）因为顶坯与铸机和铸坯的不规则变形及设备的故障有极大的关系，所以顶坯事故有再次发生的可能。在操作中如铸机能继续浇注必须派专人注意铸坯运行。铸机浇注也应比计划提前结束（浇完钢包内剩余钢液）。铸机停浇后必须检修设备对中，更重要的是检查冷却水（包括设备冷却）是否正常。

思 考 题

（1）引锭在开浇后运行受阻造成顶引锭后果是什么，如何正确处理？
（2）顶坯事故发生可能引发其他什么事故？

10.10　连铸结晶器溢钢的处理

10.10.1　实训目的

通过正确判断溢钢事故的情况，采取正确措施，把事故损失减少到最低限度。

10.10.2　操作步骤或技能实施

（1）工具准备：

1）氧气皮带和氧气管若干（$\phi 8mm$）。

2）氧—乙炔皮带及割炬 1 副。

3）小撬杠数根（φ12mm）。

（2）中间包浇注工发现溢钢事故，立即关闭中间包水口（或用引流槽引流），拉矫机停车（若中间包钢流关不严，必须立即开走中间包车）。

（3）中间包浇注工通知钢包浇注工关闭钢包钢流，并升起中间包车。

（4）中间包浇注工通知主控室，并通过主控室通知铸机所有岗位，铸机发生了溢钢事故。二次冷却工艺立即以最小冷却水量喷水冷却铸坯，二次冷却自动控制进入临时停车冷却模式（主控室要进行检查）。

（5）立即寻找溢钢的原因，迅速排除铸坯运行故障：

1）因顶坯造成，立即以顶坯事故操作处理。

2）因拉矫机跳电造成，立即恢复送电，或送上备用电。

3）因拉矫机液压系统造成，立即处理液压系统故障，恢复拉矫机压下油泵压力。

（6）在排除铸坯运行故障的同时，用氧气或氧—乙炔割炬清理结晶器上口溢出的冷钢，因凝固收缩结晶器内的钢液面会低于结晶器上口，清理上口溢出的冷钢，必须使结晶器上口 4 面铜板全部裸出，保证结晶器内坯壳不与结晶器上口悬挂。

（7）排除铸坯运行故障后，试拉铸坯。当铸坯能被拉动时，可将结晶器内钢液面升到引锭头开浇位置再停车。

（8）如处理时间较长，可在处理铸坯运行故障和结晶器上口冷钢的同时采取加吊攀或其他换中间包的操作措施。

（9）铸机做换中间包操作，开浇、拉坯、恢复正常。

（10）如发生溢钢后即发生中间包水口失控事故，则按水口失控处理。在无中间包水口溢流槽情况下立即关闭钢包钢流，排除滑动水口控制液压缸液压管，运走（转走）钢包至备用包位置；紧急开走中间包车至事故位置等，铸机停浇。

（11）如发生溢钢后即发生钢包失控事故，立即按钢包失控事故处理。中间包钢液可待溢钢事故处理后继续浇注。

（12）如铸坯运行故障或结晶器上口冷钢处理时间长于允许的换中间包时间，该铸流或铸机可作停浇处理。钢包内钢液作回炉处理，中间包内钢液也待稍冷却后，开走中间包车，吊中间包至清理场地，充分冷却后翻转切割冷钢回炉。

（13）如铸坯运行故障或结晶器上口冷钢处理时间过长，铸坯温度过低无法拉矫造成冻坯，则按冻坯处理。

（14）如在引锭开浇阶段，因引锭头与铸坯脱离，中间包钢流关闭不及造成溢钢，该铸流或铸机做停浇处理，铸坯做冻坯事故处理。

10.10.3　注意事项

（1）溢钢事故发生后的中间包水口失控事故，必须果断处理，及时按步骤开走中间包车，铸机做停车处理，否则可能造成更大事故；溢出钢液烧坏水管引起爆炸等。

（2）溢钢事故发生后为防止引发其他事故，主控室一定要及时通知所有岗位操作人员，做好应急准备，并准备及时，迅速撤离危险区域。

（3）处理结晶器上口溢出的钢液时（一般立即冻结成冷钢），必须注意在使用氧气管或氧—乙炔割炬时烧坏设备，特别是防止烧坏结晶器铜板或钢板造成结晶器漏水。

10.10.4 知识点

（1）掌握的知识和技能：

1）拉矫机的作用及工艺要求。

2）连铸二冷装置的类型和结构。

3）铸坯的输送装置。

4）结晶器的作用、原理、类型、结构及主要参数。

5）溢钢处理方法。

（2）处理溢钢只要上下操作工配合熟练，可以在很短时间内恢复浇注。在自动浇注状态或操作工专心操作状态下，只要中间包水口不失控是不会造成溢钢事故的。溢钢很大程度上由其他事故造成，所以应根据经验，尽快找出事故原因，及时处理。

溢钢事故有时处理时间要很长，届时不能强行恢复浇注，要适时采取铸机停浇操作，把铸坯拉出拉矫机，防止冻坯事故。

 思 考 题

（1）处理溢钢事故后，结晶器上口的四周铜板为什么要全部裸出？

（2）溢钢事故发生后，为什么要立即拉矫机停车？

10.11　设备漏水的处理

10.11.1 实训目的

学会正确判断连铸设备漏水故障，采取正确措施，保证设备运转正常和铸坯质量。

10.11.2 操作步骤或技能实施

10.11.2.1 结晶器漏水

（1）发生漏水后立即检查结晶器冷却水压，如正常或调整正常后仍在漏水则可采取以下操作：

1）如漏水方向能进入结晶器，则立刻停浇。

2）如漏水不能进入结晶器，则可继续浇注。

（2）在浇注前发生结晶器支撑钢板或水管接头大量漏水，结晶器铜板表面有渗漏或上口渗水漏入结晶器内部，则立即采取更换结晶器操作或采取检修步骤：

1）紧固支撑板与铜板之间吊紧螺丝。

2）紧固接头紧固螺丝或停水更换接头密封圈。

3）铜板中间开裂渗水必须更换结晶器。

4）结晶器内的渗水必须杜绝，否则更换结晶器。

5）结晶器支撑板外微量漏水，凡不会造成铸坯局部过度冷却，则允许存在，可正常准备浇注。

（3）在浇注过程中发生结晶器支撑板或水管接头等漏水，可采取以下操作：

1）只要漏水量少，不影响铸坯冷却，漏水不向着结晶器钢液面则可继续浇注，但要密切关注漏水情况是否会扩大。

2）如漏水量较大，可采取边浇注边紧固有关螺丝的操作，把漏水控制住可继续浇注。

3）无法控制的漏水，影响铸坯冷却或影响结晶器内钢液面（渣液面），则该铸流或铸机采取停浇措施。

4）在浇注过程中发现结晶器内铜板渗漏或上口铜板与支撑板之间渗漏流入结晶器，则该铸流或铸机做停浇处理。

5）在浇注过程中发现结晶器内钢液面靠近铜板有不正常的翻腾，或渣面翻腾并有气泡冒出，则可判断为结晶器漏水故障。发现该种情况必须立即通知周围操作工注意，并通知主控室，立即停浇。

10.11.2.2　二冷设备冷却漏水和二冷喷淋系统异常漏水

（1）凡设备冷却水流量或水压异常，在正常浇注过程中铸坯局部过度冷却，在正常浇注过程中或准备调试过程中二冷区有异常水流股出现，则可判断有可能存在二冷设备冷却漏水或二冷喷淋系统异常漏水。

（2）在浇注前发现上述现象，必须找出漏水原因采取措施。

（3）在浇注过程中发现上述现象，必须找出漏水原因，如喷淋在铸坯上造成局部过度冷却，则可设法用适当大小的钢板隔断漏水流股。隔断有效可继续浇注。

（4）在浇注过程中发现上述现象，但铸坯未发现有局部过度冷却，铸坯表面质量又没有异常，铸机可继续浇注。

（5）在浇注过程中发现上述现象，又找不到漏水处，或漏水流股无法阻隔，从而造成铸坯冷却异常，表面质量异常，则该铸流或铸机做停浇处理。

10.11.3　注意事项

（1）在浇注过程中发生设备漏水（结晶器、二冷、二冷设备等）千万不能降低供水或停止供水，否则会造成更大事故。结晶器停水即结晶器断水，其结果是结晶器烧坏或爆炸事故；二冷区停水则铸坯可能漏钢，或烧坏设备等。

（2）结晶器内漏水（渗水）很有可能造成结晶器内爆炸，所以必须通知附近操作工注意避让，铸流或铸机必须立即停浇。

（3）在浇注过程中紧固螺丝，必须注意其他事故的发生造成人身伤害，或钢液飞溅的人身伤害。所以必须在做到万无一失的情况下（没有事故迹象、其他操作正常、操作点又有避让后退可能等）才可操作。

10.11.4　知识点

（1）掌握的知识和技能：

1）结晶器的作用、原理、类型、结构和主要参数。

2）连铸二冷装置的类型和结构。

3）二冷配水基本原理和水量分配的原则。

4）水冷区的水冷系统和冷却方法。

（2）在浇注过程中二次冷却有一定的配水量，而且结晶器下口的足辊段、零段水量更大，结晶器内又没有更大的水流量。故结晶器外围少量漏水，方向是向下，不是向结晶器内，则不会影响一次冷却，也不会影响二次冷却。

（3）用榔头锤结晶器上口铜板，因铜板较软，在局部少量变形条件下可进一步强化支撑板与铜板之间的密封，可减少渗漏水。但如用力过大，造成其他区域反向变形，反而可能造成邻近部位渗漏水。

　思 考 题

（1）最危险的结晶器漏水部位在何处，为什么？

（2）二冷区本身是喷水（雾）冷却，什么情况下会造成漏水故障？

10. 12　结晶器断水的处理

10. 12. 1　实训目的

学会正确处理结晶器断水事故。

10. 12. 2　操作步骤或技能实施

10. 12. 2. 1　有事故水塔的结晶器断水事故

（1）通知主控室，并通过主控通知铸机所有岗位及生产厂当班调度铸机发生断水事故。结晶器供水进入事故水塔供水状态。

（2）准确判断中间包和钢包内剩余钢液，根据事故水塔设计允许继续浇注时间（30～40s），估计浇注钢液量。在事故水塔开始供水时控制好时间，采取钢包停浇，中间包停浇措施。中间包停浇后采取尾坯操作、铸机停机。

（3）中间包剩余钢液待表面凝固后开中间包车。吊运中间包至翻包场地，冷却凝固，翻包，切割冷钢后回炉；钢包剩余钢液做回炉处理或转浇（其他铸机或锭模）。

（4）有事故水塔但供水失灵状态下，结晶器断水事故视同无事故水塔结晶器断水事故一样处理。

10. 12. 2. 2　无事故水塔的结晶器断水事故

（1）当结晶器冷却压力或流量报警灯亮或铃响后，则可立刻判断为结晶器断水，即关闭中间包钢流，关闭钢包钢流，开走中间包车，拉速控制在允许拉速上限操作。

（2）结晶器上口铜板突然变色，结晶器内钢液面翻动异常，也可判断为结晶器断水，并立即采取上述操作。

（3）结晶器内钢液面采用封顶操作，可在四周铜板上淋水加速液面冷却凝固。

（4）当钢液面（铸坯尾部）出结晶器下口时即拉矫机停车，二冷水用停浇尾坯操作控制水量，结晶器内四周铜板仍可继续喷水冷却。

（5）待铸坯尾部凝固后可继续采取铸机停浇后处理尾坯操作步骤控制拉速，直至铸坯出拉矫机。

（6）若发现结晶器断水，在继续拉坯过程中又发现结晶器内坯壳与铜板黏结、不再运动可以判断为结晶器铜板已烧坏，可在立即关闭中间包钢流的同时，拉矫机停车。附近人员迅速撤离。

（7）在上项操作后，估计铸坯若已凝固，可以按铸机漏钢事故处理：在结晶器下口用氧—乙炔割炬开刀分割铸坯，下部铸坯正常拉矫运出，结晶器拆除更换。

（8）铸机停浇后，中间包和钢包内钢液按回炉处理。

在处理结晶器断水中，因拉速停止、中间包钢流关闭等而引发其他事故（水口失控、漏钢、溢钢等），应再按其他事故操作要求处理。断水后的结晶器应更换，再重新做浇注准备。

10.12.3　注意事项

（1）结晶器断水事故处理不好很容易造成爆炸事故。所以浇注区域的操作人员应注意避让。在事故水塔供水情况下，通常立即做停浇处理，若维持浇注，浇注时间不得超过规定时间。

（2）结晶器断水（流量、水压接近于零）后，结晶器不能立即供水，只能待铸坯出结晶器或铸坯全部冷却后才能恢复供水。

（3）结晶器冷却水流量、水压报警，并在继续下降，应视同结晶器断水立即采取停浇措施（中间包钢流关闭，拉矫继续）。

（4）结晶器铜板烧坏与铸坯黏结不可强行拉坯。

（5）断水后的结晶器不可继续使用，应拆卸重新检查组装。

（6）一机多流或多机多流铸机，结晶器断水多数同时发生，无论哪一流先发现结晶器断水，其他铸流必须采取相同的处理步骤。

10.12.4　知识点

（1）掌握的知识和技能：

1）结晶器的作用、原理、类型、结构及主要参数。

2）连铸坯凝固理论。

3）事故水塔的系统原理与参数。

（2）铸机的事故水塔是为应付铸机突然停水事故而设计的，特别是停电后造成的停水事故。所以大型铸机的水塔要同时供应结晶器、二冷喷淋、设备冷却等用水。所以铸机一般不能继续浇注，只有应急停浇，把铸坯拉出拉矫机。

小型铸机，特别是有的小方坯铸机二冷区比较简单，结晶器冷却水压要求也相对较低。所以在水量、水压许可的条件下可继续降速拉坯一段时间，然后停浇、停机（一般仅限泵房切换水泵或电源后即可供水情况下采用）。

事故水塔高度一般为 20~50m，水容量 20~40m³。水质要求同结晶器冷却水质。

事故水塔应定期抽查调试，储水应定期更换。

思 考 题

（1）为什么结晶器断水很有可能造成爆炸事故？
（2）发现结晶器断水后为什么应该立即关闭中间包钢流，而拉矫机可继续？

10.13　钢包穿漏事故

10.13.1　实训目的

防止穿包事故的发生，正确处理穿包事故，降低钢水回炉量。

10.13.2　操作步骤或技能实施

10.13.2.1　钢包穿漏事故处理

钢包穿渣线一般发生在钢包开浇之前，如钢包未吊到浇注平台上方，则可在浇注场地的渣盘区让其停止穿漏后再吊到待浇位，继续准备浇注；如在浇注位上方发生穿漏，则要将钢包吊离到渣盘区让其停止穿漏后再浇注；如已经开始浇注，则视是否影响人身安全和铸坯质量情况，决定停浇或继续浇注。一般情况下继续浇注，当其液面下降后会停止穿漏。

发生在中下部包壁、包底的穿漏事故，只能中断正常精炼或浇注操作。穿漏钢液可放入备用钢包或流入渣盘后热回炉或冷却处理。

10.13.2.2　先兆穿包事故处理

发生先兆穿包事故，除可能穿渣线事故以外，必须立即终止精炼或浇注，钢包钢液做过包回炉处理。

10.13.3　注意事项

发生穿漏事故必须通知操作区周围的有关人员注意事故包的运行方向，并及时避让，操作人员要注意预防钢液飞溅。

10.13.4　知识点

10.13.4.1　穿包事故

当高温钢液盛入钢包时，直至钢液全部从浇注口流出该容器的整个工艺操作阶段发生液体从该容器水口以外的底部或壁部漏出，则称为穿包事故。

当钢包外壳局部发红，有穿漏的先兆时，生产中一般也作为穿包事故处理。这时也可称为先兆穿包事故。

钢包穿包事故根据穿漏的部位不同可分为：

（1）穿渣线。对于一般炼钢厂钢包容积与出钢量是相对稳定的，因此钢包中钢液面上的覆盖渣处在一定的包壁部位，并对包壁耐火材料造成特殊的侵蚀从而形成渣线。在钢包盛放钢液的使用过程中，渣液或钢液从该部位穿漏而出称为穿渣线事故。该种事故是钢包穿包事故中经常遇到的事故，发生比例是整个钢包穿包事故次数的 50% 以上。

（2）穿包壁。钢液从钢包的渣线以下、包底以上某一部位穿漏，则为穿包壁。在生产中如穿漏部位接近于包底（钢包高度的 1/2 以下），则定为穿包壁事故，但仍做穿包底事故处理。

（3）穿包底。钢液从包底部位（水口和水口座砖区域除外）穿漏，则为穿包底。穿包底事故发生频率较低，但事故影响、事故损失、对安全的威胁都较大。

（4）穿透气塞。大型钢包一般在底部装有 1 ~ 2 个透气塞，作为吹氩搅拌使用。该透气塞如安装不当或耐火材料侵蚀过度会造成穿钢事故，处理方法与穿包底相同。

10. 13. 4. 2　钢包穿漏事故的主要危害

钢包穿漏事故是转炉炼钢生产工艺过程中对生产影响较大的事故之一。其主要危害在以下几个方面：

（1）除钢包穿渣线事故有时可继续浇注外，绝大多数穿漏事故都会造成浇注终止。

（2）钢液有较大的损失。穿漏出的钢液立即凝成冷钢，不能浇成锭或坯，留在包内的钢液或回炉重新冶炼，或留在包内凝成冷钢后再处理。

（3）处理冷钢或钢液回炉要增加生产成本。

（4）穿漏的钢液往往会损坏浇注设备，处理事故又会损失作业时间。经济上带来更大的损失。

（5）穿漏的钢液对人身安全威胁较大：钢液飞溅烫伤操作人员，穿漏事故往往会造成人员伤害。

可见穿漏事故给工艺设备以及人身安全都带来极大的危害性。

10. 13. 4. 3　穿包的征兆和预防

钢包穿包事故发生前总有一些征兆，为了把穿包事故的影响减少到最低程度，只要我们在生产过程中认真检查钢包，便可以发现穿包征兆（或称为先兆穿包事故），并立即采取紧急措施以尽可能避免事故的发生。

穿包的征兆主要是钢包外层钢壳的温度变化，从而造成钢壳颜色的变化。

在常温下钢材在没有油漆保护的情况下受到空气中氧的氧化一般呈灰黑色。钢材加热过程中其颜色会发生一些变化：在 650℃ 以下其仍呈灰黑色，到超过 650℃ 其颜色会逐渐发红，先是暗红，然后渐渐发亮；温度超过 850℃ 就成亮红色，然后越亮直至熔化（一般钢壳的熔点在 1500℃ 左右）。

一般穿包事故是包内钢液逐渐向包的钢壳渗透，并传递热量，使该处钢壳的温度不断升高，直到钢液渗到钢壳从而使钢壳加热到熔化温度。钢壳熔化，包内的钢液（渣液）就会从渗漏到大漏造成穿包事故。为此当钢包的某一部位钢壳开始发红时，则是穿包的征兆。

钢壳发红颜色的判断必须有一个相对参照对比，主要是相对邻近的钢壳颜色而言，但是环境的光线对红色的判断又有影响，往往太阳光的直接照射，或钢流（包括渣流）的辐射都会影响红色的判断。当钢壳颜色判断产生疑问时一般要采取措施，隔断上述的光照进行检查。

为检查钢壳的温度，可以用沾有油料的回丝贴紧钢壳检查。当钢壳发红时其温度可引燃回丝。也可使用激光测温计，对后期钢包有怀疑区域进行检测。

为防止穿包事故的发生在出钢、精炼、浇注过程中必须经常检查钢壳的颜色，特别是包龄后期及最易发生穿漏部位钢壳的颜色：如钢包的渣线部位及钢流冲击区等。另外要注意检查包内钢液面状态：如发生钢液对包衬过分的侵蚀，则钢液面会产生不正常的翻动；如果包衬的耐火材料剥离，则剥离的耐火材料也会浮出钢液面，这些现象也是穿包征兆之一。

10.13.4.4 造成穿包事故的原因

A 钢液温度过高

钢液温度过高则会增加对耐火材料的侵蚀。耐火材料有其一定的耐火度，在选用钢包内衬材质时，其耐火度应高于钢液可能会有的最高温度，应有一个保险系数，以免一旦炼钢操作失常，钢液温度太高，而可能在浇注过程侵蚀完包衬材料后造成穿包。

B 钢液氧化性过强

钢液氧化性过强，其从炉内带来的钢渣氧化性也会很高，高［O］的钢液和高的（FeO）钢渣都会造成耐火材料侵蚀速度加快，从而造成穿包。

C 耐火材料质量不好

耐火材料质量不好，耐火度、荷重软化点等指标未达到标准规定，在正常的钢液条件下也会加速侵蚀造成穿包。耐火材料局部有夹杂、内部空洞、内部裂纹等质量问题也是造成穿包的原因。

D 钢包砌筑质量不好

钢包砌筑没有达到规范要求，特别是砖缝过宽（大于2mm）、砖缝没有叉开、砖缝泥料没有涂均匀等缺陷，很容易造成钢液穿入砖缝使耐火砖脱落上浮造成穿包。整体钢包的裂纹也会造成钢液渗入到钢壳而造成穿包事故。极少数砌筑不好的钢包会在使用过程中发生包壁内衬坍塌。

E 过度使用造成穿包

在钢包使用过程中已发现包衬有较大侵蚀，并有穿漏危险，这时应该停止使用重新砌筑。如果冒险使用则会造成事故。

10.13.4.5 钢包使用前的检查

为了防止出钢、精炼、浇注过程中出现穿包事故和先兆穿包事故，使用前必须加强对钢包的检查。

对于耐火材料，包括耐火砖、耐火泥、浇注材料等，应该按标准要求进行质量验收。送到生产场地的材料必须有质监部门验收报告，并附有耐火材料厂质监部门出具的质保书。凡不符合要求的耐火材料不可投入使用。在钢包修砌过程中发现质量问题也要及时采取措施，有疑问的材料应重新验收，确认有问题的要整批停用。

对于更换新衬的钢包要检查工作层的砌筑质量。整体浇注内衬的钢包，如发现有裂纹，则须修补或重新浇注、打结，砌筑包的砖不合要求的也要重砌。

使用过的钢包再次使用前必须在红热状态下清除残余钢渣，再详细检查侵蚀情况。如砖砌包砖缝扩大并已有钢液渗入，工作层侵蚀在钢液区超过 1/3，在渣线区超过 1/2，则该钢包不可再次使用。钢包冲击区的工作衬必须更换，不可重复使用。要重复使用的钢包在红热状态下可对局部侵蚀或剥落严重的部位进行修补。修补方法可用泥料（与内衬材质相同）贴补，也可用喷补（涂）机喷补。

当钢包准备完毕，包括需烘烤的已完成烘烤操作将进入出钢位前必须再次检查内衬。如发现内衬坍塌、大面积剥落等现象则必须弃用，重新准备钢包。

　思 考 题

（1）什么是穿包事故？
（2）钢包穿漏事故的主要危害有哪些？
（3）穿包的征兆和预防有哪些？
（4）造成穿包事故的原因是什么？
（5）钢包使用前如何检查？
（6）如何处理穿包事故？

10.14　高温钢及低温钢事故

10.14.1　实训目的

掌握造成高温钢和低温钢事故的原因，并能处理。

10.14.2　操作步骤或技能实施

（1）高温钢事故要从生产管理意识着手调整，并从生产调度管理制度的整改上加以控制和克服，在生产技术上取得了较好的效果的是采用废钢作为冷却剂，进行在线吹氩调温，能较精确地控制钢液温度，减少高温钢。有条件的钢厂，为了达到合适的浇注温度和提高质量，可采用炉后的精炼装置来作为辅助的调整温度手段。但最主要还是靠出钢温度准确，钢包状态和运转情况正常，连铸和转炉（电炉）操作周期协调等。

（2）对工艺流程中有 LF 炉等加热工序的，则可用 LF 炉加热工序来调整温度，无加热工位的情况下应尽快把钢液回炉重新冶炼，对于转炉或有铁水热装条件的生产厂，可将钢液倒在铁水包内，与铁水混合后再进炉，以减少冷钢凝结后处理的困难。

为预防高温钢、低温钢事故，主要应加强炼钢和精炼的操作控制及加强生产作业调度管理来解决。

10.14.3　注意事项

（1）冶炼终点温度判断一定要准确，经过出钢、精炼、运输，达到合理的浇注温度。
（2）中间包、钢包必须预热或烘烤到规定要求。
（3）工艺调度必须合理，以免造成等候时间过长，温降过多。

10.14.4 知识点

10.14.4.1 高温钢及低温钢事故的概念

钢在加热熔化过程中，当固体全部转变成液体时的温度称为液相线温度。对于不同的化学成分的钢，有不同的液相线温度：纯铁的液相线温度最高（1535℃）。各种化学元素对液相线温度影响各有不同，钢中的碳含量对其影响最大。为保证正常浇注和确保铸坯质量，浇注工艺对钢液在浇注前的温度（中间包钢液温度，钢包内钢液温度）都有严格的要求，一般根据钢种和工艺的不同，要求高于液相线温度15~40℃不等。凡实际温度严重偏离浇注工艺所要求的温度范围，则称为高温钢或低温钢事故。

高温钢液对耐火材料的侵蚀加剧，易引发穿包、断塞棒、滑板穿钢、水口钢流失控（关不死）等事故；在模铸工艺中，高温钢易造成铸坯开裂，增加缩孔和疏松，有时还会冲坏锭模，恶化铸坯表面质量；在连铸工艺中，铸坯的凝壳厚度与铸坯表面的冷却强度及从铸坯中心向表面的热量传递速率（即热流密度）有密切关系。因此，高温钢液在浇注过程中，由于高温注流所形成的流场对已形成凝壳的冲刷作用，以及较强的热流密度在整个断面上分布的不均匀性，会加剧铸坯或铸坯凝固壳厚度的不均匀，容易造成连铸的漏钢事故及铸坯的表面纵向裂纹，其内部的疏松和缩孔也较严重，同时也容易引起铸坯的内部裂纹。

低温钢会引起钢液在水口区或水口内凝结，使水口钢流逐渐变小，最后形成水口堵塞事故，虽然水口堵塞后可以用氧气清洗烧开，但低温钢则屡烧屡结，使浇注无法正常进行；模铸工艺会造成短锭及恶化铸坯表面质量，同样也会使连铸无法进行或恶化铸坯表面质量，而留在钢包内的钢液则冷凝成包底冷钢无法倒出，造成钢包周转使用时清理困难，往往还要影响到下一炉钢的温度控制。

14.14.4.2 事故的原因

（1）造成高温钢事故的原因主要是炼钢出钢前温度控制不当所致。这里有操作失误的因素，也有因测温仪表故障或测量误差所致。在炼钢和连铸的生产配合过程中，有的生产厂往往用提高钢温度来调节生产节奏（用以延长镇静等待时间，或降低连铸机拉速来等下一包钢液），以达到多炉连浇的目的。这种情况下操作控制出现偏差时就是高温钢事故。

（2）造成低温钢事故的主要原因是炼钢操作控制不当及钢包烘烤不良等因素造成；有时因调度失当，或因前一炉浇注事故影响，造成镇静等候时间过长，温降过多，也会造成事故。

 思 考 题

（1）高温钢、低温钢事故的危害性有哪些？
（2）造成高温钢、低温钢事故的原因是什么？
（3）什么样的错误调度会造成事故？
（4）不同的浇注方法对钢液的过热度要求有什么不同？

10.15　保护渣结团的处理

10.15.1　实训目的

能找出渣料结团原因，并消除渣料结团。

10.15.2　操作步骤或技能实施

（1）观察。查看结晶器内渣料有无结团现象。

（2）捞渣。若结晶器内渣料有结团现象，则用捞渣棒将渣团捞出清除。

（3）造新渣。将结团渣料清除后，重新进行造渣。

（4）保持液面稳定，不断补充渣料，保持渣料均匀覆盖整个结晶器液面。

10.15.3　注意事项

保持液面稳定，否则当结晶器液面下降时，结晶器壁上黏附的熔渣易形成渣条，影响铸坯表面质量。

10.15.4　知识点

10.15.4.1　保护渣结团的概念

正常情况下保护渣覆盖在锭模液面或结晶器液面上，铺展均匀，其表面应保持着保护渣的原始状态（粉状或颗粒状）。如果在浇注过程中发现保护渣表面有结团现象，或在结晶器壁上出现严重的结渣圈现象，这是保护渣状态不正常的反映，通常称为保护渣结团。保护渣结团可由肉眼发现，也可用细钢棒触动表面及时发现。

10.15.4.2　保护渣结团对浇注操作和铸坯质量的影响

连铸过程中，结晶器液面保护渣团或结晶四周严重结渣壳，会造成铸坯表面夹杂增加，形成表面翻皮、夹渣及坯内夹渣等缺陷。连铸保护渣结团会影响操作：造成结晶过程中表面夹渣，当结晶的钢壳出结晶器下口时易重熔或被二冷水冲走造成夹渣漏钢。结晶器内保护渣结团或结渣圈也会造成结晶坯壳与结晶器铜板表面润滑不良，形成黏结漏钢。

10.15.4.3　保护渣结团的原因

保护渣结团的主要原因有以下几点：

（1）保护渣制造加工时搅拌不均匀，造成局部成分偏离：即部分保护渣内高熔点化合物集聚，而可降低熔点的化合物含量偏少，这样该部分保护渣就不能在合适的温度下熔化或出现分熔现象，即低熔点物质先熔化，高熔点物质不熔化，而造成结团，这种原因造成的结团将对铸坯质量产生严重影响。

（2）保护渣中水分偏高（大于 0.5%），在没有加入锭模或结晶器中就已经成团，在加入后无法铺展。

（3）保护渣加入方法不对。连铸时未做到勤加少加，均匀铺盖。在模铸时没有按保护渣加入要求吊在锭模内，或下垫硬纸板等措施。这种情况下，固体渣不能自己铺展，形成良好的渣层结构。

（4）模铸浇注时，开浇和浇注中期注速没有很好控制，液面翻滚也会造成结团。

（5）连铸时注速过低或浸入式水口浇注时伸入深度不正确，造成钢液面"过死"（实际上出现钢流分布的死区现象，死区内钢液不能进行交换，温度偏低），没有一定回流和热交换，也会造成保护渣结团或结渣圈。

（6）对一些特殊钢种（如含钛钢种），浇注时析出较多的氧化物或氮化物（如 TiN、TiO、Al_2O_3）被保护渣吸附后改变了保护渣成分和性能，从而容易形成结团。

（7）连铸时，根据断面和钢种，开浇和浇注中期使用不同种类保护渣，用错保护渣也会造成结团或结渣圈。对于一些特殊品种，特别是板坯，为了取得较好的表面质量和减少废品损失，在开浇时应使用开浇渣，正常的保护渣形成三层结构（也有两层结构的，但较少见）即熔融层、烧结层和粉渣层。保护渣从开始加入到三层结构要有一定的时间以达到热平衡，为了解决开浇时能迅速形成三层结构，开浇渣的熔化速度一般要高一些能使保护渣形成熔化层，待拉速达到一定时再转换成正常渣。

10.15.4.4　防止和消除保护渣结团的措施

为消除保护渣结团，在模铸过程中，可补加一定数量的保护渣去覆盖裸露液面以减少影响。补加入的保护渣数量少于原需用渣量，渣的冲入也可能冲散结团。

在连铸过程中，发现结团或结渣圈可用捞渣捧除去渣团、渣圈，另加渣覆盖液面。

为防止保护渣结团和结渣圈可采取以下措施：

（1）仔细检查保护渣质量，凡水分超标、不均匀、已结块的保护渣不可使用。对一些有分溶倾向的保护渣，应停止使用。

（2）认真保管好保护渣。一般存放在烘房中，明确标记分种类堆放，随用随取。保护渣包装打开后就使用，不要与其他物品混合。

（3）保证符合要求的注速或拉速，保证浸入式水口潜入深度。

（4）连铸加保护渣要勤加、少加，均匀铺盖。有条件要使用加渣器。

（5）连铸浇注一些特殊钢种时，要按规定更换结晶器保护渣。以防止保护渣成分变化而造成结团。

 思 考 题

（1）生产中哪些原因会引起渣料结团，如何处理？
（2）保护渣有哪些种类，保护渣有什么物化性能？
（3）浇注对保护渣物化性能有哪些要求？
（4）浇注操作时对加保护渣有什么要求？
（5）结晶器内保护渣结团或结渣圈的原因是什么，有什么危害性？
（6）板坯和一些特殊品种浇注时，为什么在开浇期及正常浇注期要更换保护渣？

10.16　铸坯常见缺陷的判断和处理

10.16.1　实训目的

学会正确判断铸坯的常见缺陷，并采取正确的处理操作措施。

10.16.2　操作步骤或技能实施

10.16.2.1　工具准备

（1）砂轮机、砂轮数片。
（2）氧—乙炔火焰清理器或割炬。
（3）修磨机。
（4）火焰清理机。

10.16.2.2　表面缺陷（见图10-6）

A　振动痕迹

（1）常规的振痕不会造成轧钢后钢材表面缺陷，所以不成为缺陷，但振痕深度通常大于 3mm，则会造成缺陷。

（2）振动缺陷可以用砂轮，氧—乙炔割炬清理，稍大范围缺陷可用氧—乙炔火焰清理器清除。大面积缺陷可用火焰清理机或修磨机表面剥皮（整个铸坯面积）处理。

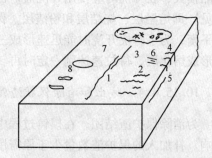

图 10-6　板坯表面缺陷示意图
1—表面纵裂纹；2—表面横裂纹；3—网状裂纹；
4—角部横裂纹；5—边部纵裂纹；6—表面夹渣；
7—皮下针孔；8—深振痕

B　表面裂纹

（1）表面裂纹主要有角部横裂、角部纵裂、表面横裂、表面纵裂 4 种。

（2）带有大面积的表面裂纹及数条宽度大于 0.5mm、长度大于 50mm 的裂纹的铸坯应报废，不得混入轧钢。

（3）少量表面裂纹或裂纹宽度小于 0.5mm，长度小于 50mm 的铸坯可以用氧—乙炔割炬处理。

C　表面气孔

（1）铸坯发现表面气孔，全面试皮检查，试皮要求每块板坯纵向、横向各不少于两条，每条宽度大于 100mm。方坯纵向不少于 1 条，横向不少于两条，每条宽度大于 50mm。试皮深度 1~5mm，试皮工具用氧—乙炔割炬。

（2）试皮后发现有大量表面气孔，铸坯应予报废。

（3）少量气孔（个别几只），可以用砂轮或氧—乙炔割炬清理。

D　表面夹渣

表面夹渣大多是个别的，可以用砂轮或氧—乙炔割炬局部清理。

E 表面凹坑

（1）表面凹坑有纵向凹坑和横向凹坑。

（2）表面有大量凹坑或凹坑深度大于3mm并伴有裂纹的铸坯应予报废。

（3）轻度凹坑可以清理，但清理后不能存在其他表面缺陷。

F 端面切割缺陷（见图10-7）

（1）常见的端面切割缺陷有长短尺，垂直度切斜和宽度切斜，如图10-7所示。铸坯的定尺长度和切斜度根据铸坯尺寸和轧制品种，各生产厂都有明确的规定。

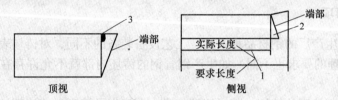

图10-7 端面切割缺陷
1—割长短尺；2—垂直度切斜；3—宽度切斜

（2）超过铸坯允许的切割误差，都必须用氧—乙炔割炬予以修正。

（3）铸坯切割长度长于要求的坯长，必须用氧—乙炔割炬予以修正。

（4）铸坯切割长度短于要求的坯长，如不影响进轧钢加热炉，可以改判同钢种其他尺寸规格供轧材。如不能改判的做报废处理。

10.16.2.3 内部缺陷（见图10-8）

A 内部裂纹

（1）内部裂纹有内部角裂、中间裂纹、三角区裂纹。

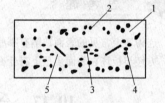

（2）裂纹数量较少（数根），裂纹宽度小于发丝，长度小于20mm的铸坯可以送轧钢轧制，但质量要全面跟踪。

图10-8 内部缺陷
1—内部角裂；2—皮下气泡；3—中心疏松；
4—三角区裂纹；5—中间裂纹

（3）严重内部裂纹的铸坯要报废。

B 皮下气泡

皮下气泡的铸坯应报废。

C 中心疏松

（1）中心疏松的铸坯一般可以送轧钢，质量要跟踪。

（2）形成空点的中心疏松为严重疏松，铸坯要报废。

D 缩孔

（1）铸坯中心有空洞则为中心缩孔缺陷。

（2）有缩孔的铸坯应予报废。

10.16.2.4 形状缺陷

A 菱形变形（脱方）

（1）该缺陷是方坯或矩形坯的常见缺陷。表现为铸坯断面形状非正方形或矩形，而是菱形。

（2）凡脱方量（两条对角线差值与两条对角线平均值之比）大于 3%，则铸坯报废，小于 3% 的脱方铸坯可以送轧钢。

B　鼓肚

（1）鼓肚缺陷表现为铸坯表面（宽边或窄边）中间凸出，形成凸面的现象。

（2）有鼓肚变形的铸坯应详细检查铸坯断面和表面有否存在其他缺陷，凡存在其他缺陷则按其他缺陷处理，无其他缺陷则可送轧钢轧材。

10.16.3　注意事项

（1）根据各生产厂的钢材品种不同，工艺设备装备的不同，对铸坯表面质量要求也会不同，因此，处理的要求也不同。如生产钢管钢的铸坯内部就不允许存在任何裂纹、缩孔和疏松。

（2）允许局部清理的铸坯，其可清理的最大深度以及清理后的清理坑的深、宽、长比例都有严格规定。

10.16.4　知识点

见本书实训项目 3 "连铸设备检查与使用"。

 思 考 题

（1）连铸坯上常见的表面缺陷有哪些？
（2）方坯与板坯在表面质量上有什么特点？

10.17　合金钢铸坯常见缺陷判断和处理

10.17.1　实训目的

学会正确判断合金钢铸坯所具有的常见缺陷，并采取正确的处理措施。

10.17.2　操作步骤或技能实施

10.17.2.1　工具准备

（1）砂轮机及砂轮数片。
（2）修磨机。
（3）氧—乙炔皮带和割炬。

10.17.2.2　表面严重皱皮

（1）铸坯表面沿振痕高低不平，呈折皱状，在皱皮中夹有熔渣。
（2）铸坯表面用修磨机剥皮处理，把折皱皮全部磨平，清除夹渣。
（3）对严重皱皮，剥皮深度超过轧钢要求时（一般为铸坯厚度的 15%），铸坯做报废处理。

10. 17. 2. 3   横向断裂

（1）铸坯横向断裂，断裂深度贯穿整个厚度方向。
（2）重新计算可用的铸坯长度，用氧—乙炔割炬修平断裂端面。
（3）凡断裂后的铸坯长度短于轧钢加热炉进炉的最短长度，铸坯应报废。

10. 17. 2. 4   表面气泡

（1）在表面或表皮以下出现的孔隙、空洞，对于合金钢来说很可能是氢气造成的。
（2）表面气泡可用修磨机剥皮清理处理。
（3）有皮下气泡的铸坯应报废。

10. 17. 2. 5   中间裂纹、中心裂纹、氢裂

（1）出现在板坯厚度的 $1/6 \sim 2/6$ 部位的中间裂纹，铸坯硫印检查存在偏析。
（2）出现在铸坯中心的网状裂纹，长度不一，为中心裂纹。
（3）在铸坯表面与铸坯中心之间，柱状晶区域出现短的弯曲细小裂纹为氢裂，断口试验出现的是银白色亮点，也称为白点。
（4）根据钢种、钢材品种的不同制订有不同的标准。
上述 3 项轻微裂纹允许存在，裂纹严重的铸坯应予报废。

10. 17. 2. 6   铸坯断面中心横裂

（1）在板坯上中心出现一条较长的横裂，低倍检查为柱状晶穿晶造成。
（2）断面中心横裂的铸坯应予报废，前后相邻铸坯要详细检查是否存在该项缺陷。

10. 17. 2. 7   偏析

（1）偏析可用硫印检查发现，偏析程度可与标准图片对比判定。
（2）钢厂可各自根据自己的品种需要制作标准图片。
（3）严重偏析的铸坯应予报废，并要分析造成原因（从浇注控制过程中）加以解决。

10. 17. 2. 8   矫直裂纹

（1）出拉矫机后在铸坯振痕各部出现的横向裂纹，长度不一。
（2）存在矫直裂纹的铸坯可与横向断裂铸坯一样处理。

10. 17. 3   注意事项

（1）铸坯表面缺陷慎用氧—乙炔火焰清理。
（2）有些钢种（如不锈钢）为保证轧材表面质量，铸坯表面全部要修磨处理，修磨深度视表面状况而定，一般不允许存在肉眼可见缺陷。
（3）合金钢铸坯缺陷一般在冷态下才能看清楚，有些裂纹也只有在冷态时才暴露出来，有些甚至在酸洗后才能暴露。

10.17.4　知识点

见本书实训项目 3 "连铸设备检查与使用"。

思考题

(1) 合金钢连铸坯中特有的常见裂纹有哪几种，如何处理？

(2) 铸坯横断为什么是合金钢铸坯常见缺陷？

10.18　连铸坯常见缺陷产生的原因及防止措施

10.18.1　实训目的

学会正确判断连铸坯所特有的常见缺陷，并采取正确的处理措施。

10.18.2　操作步骤或技能实施

10.18.2.1　表面缺陷

铸坯表面缺陷形状各异，形成原因复杂，可以认为表面缺陷绝大部分是在结晶器凝固过程形成的。它与凝固过程坯壳的形成、液面的波动、浸入式水口的设计形状、保护渣及操作是否得当有关。轻微的表面缺陷可通过精整处理后轧制，对质量基本无影响，严重的则会在轧制过程中使废品增多和收得率降低。

A　表面纵裂纹

在铸坯表面，沿铸坯轴向（即拉坯方向）扩展的裂纹称为表面纵向裂纹。表面纵向裂纹起源于结晶器。由于凝固过程的初生坯壳厚度的不均匀性，应力集中在某一薄弱部位，超出了铸坯抗应力的强度、并在出结晶器后的二冷区进一步扩展，其发生部位有角部或扁、板坯宽面。

（1）在实际生产过程中发生纵裂的常见原因：

1）结晶器磨损、变形，导致凝固壳不均匀，裂纹产生于薄弱部位。

2）保护渣的黏度和拉速不匹配，渣子沿弯月面过多流入，使渣圈局部增厚，降低了热传导，阻碍了凝壳的发展。

3）结晶器内液面波动过快过大，直接影响凝壳形成的均匀性，并易形成纵裂纹。

4）浸入式水口套安装偏斜，造成局部冲刷，使该部位凝壳变薄。

5）过高的浇注温度对凝壳均匀生长有较大影响。

6）二次冷却对纵裂的影响主要表现在局部过冷产生纵向凹陷，而导致纵向裂纹，结晶器下口支撑（主要是指足辊）对纵裂的影响主要是菱形变形伴生的纵向裂纹。

在连铸生产中，发生连续的纵向裂纹是由于结晶器工况不佳所致，出现断续的纵向裂纹，则往往与操作因素及工艺条件的突变（如铸温过高等）有关。

（2）防止纵裂发生的措施：

1）水口与结晶器要对中。

2）结晶器液面波动稳定在 ±10mm。

3）合适的浸入式水口插入深度。

4）合适的结晶器锥度。

5）结晶器与二次冷却区上部对弧要准。

6）合适的保护渣性能。

7）采用热顶结晶器，即在弯月面区 85mm 铜板内镶入不锈钢等导热性差的材料，减少了弯月面区热流 50%～80%，延缓了坯壳收缩，减轻了凹陷，因而也减小了纵裂发生几率。

B　表面横向裂纹

在铸坯表面，沿振动波纹的波谷处发生的横向开裂称为表面横向裂纹。发生在铸坯角部（多见于锐角部位）的横向开裂，称为表面横向角裂。

振痕过深往往与横裂纹是共生的，特别是弧形连铸机，大多是沿振动波纹的波谷处发生横裂纹，要减少横裂纹就是要减少振痕深度。

（1）产生表面横向裂纹的常见原因：

1）振动异常，即振动机构的机械磨损；振动机构关节处有冷钢包裹；振动机构下有冷钢堆积，在做向下运动时受阻；振动水平位移过大；喷嘴偏斜，振痕太深是横裂纹的发源地。

2）低温矫直，即铸坯在 800～900℃温度范围内进行矫直。

3）二次冷却过度，即二次冷却水量过大，喷嘴偏斜直射铸坯角部等。

一旦出现断续的横向裂纹，而铸机和工艺参数均未作过调整，则首先应检查钢水的成分，主要是硫等杂质元素的含量。连续的表面横向裂纹则是由于振动异常所造成，特别是在发生漏钢事故后，未能彻底的清理及检修，在匆忙进行浇注的情况下最容易发生。

（2）防止横裂发生的措施：

1）结晶器采用高频率（400～600 次/min）、小振幅（2～4mm）是减少振痕深度的有效办法。

2）二次冷却区采用平稳的弱冷却，使矫直时铸坯表面温度大于900℃。

3）结晶器液面稳定，采用良好润滑性能、黏度较低的保护渣。

C　星状裂纹（表面龟裂）

铸坯表面的细小裂纹，呈星形分布，称为星状裂纹。这种裂纹一般覆盖在氧化铁皮下，在铸坯表面酸洗之后才能发现，深度可达 5mm，有星状裂纹的铸坯轧制时，裂纹会扩展。

（1）产生的主要原因：

1）高温铸坯表面吸附了结晶器的铜，而铜熔化后沿奥氏体晶界渗透所致，即使采用镀铬、镍结晶器后，这种裂纹还是存在。

2）铸坯表面铁的选择性氧化，而使残余元素（如铜、锡等）残留在表面沿晶界渗透形成热脆裂纹。

（2）防止表面龟裂发生的措施：

1）发生表面龟裂，更换粗糙的结晶器，减少铸坯与结晶器内壁的摩擦阻力。

2）结晶器安装严格对中。

3）结晶器铜管内表面有足够光洁度。

4）结晶器铜管内表面采用镀层处理。

D　铸坯表面夹渣

直径为 2~3mm 到 10mm 以上的脱氧产物和侵蚀的耐火材料卷入弯月面，在连铸坯表面形成的斑点称为夹渣。从外观看，硅酸盐夹杂颗粒大而浅，而 Al_2O_3 夹杂颗粒小而深，由于夹渣下面的凝壳凝固缓慢，故常有细裂纹和气泡伴生。

（1）铸坯表面夹渣的主要来源：

1）保护渣中溶解的组分。

2）上浮到钢液面未被液渣吸收的 Al_2O_3 夹杂。

3）富集 Al_2O_3（$Al_2O_3 > 20\%$）的高黏度渣子。

4）耐火材料的侵蚀产物。

（2）实际生产中常见的夹渣产生原因：

1）耐火材料质量差造成的侵蚀产物。

2）浇注过程中捞渣操作不及时。

3）结晶器内液面不稳定，波动过大、过快，造成未熔保护渣粉末卷入。

4）钢水锰/硫值低造成钢水流动性差。

5）换钢包时，中间包液面过低，覆盖剂被旋涡漏斗卷入结晶器而产生夹杂。

（3）采取的措施：

1）控制好出钢时的脱氧操作。

2）出钢时采用挡渣操作，防止钢包下渣。

3）采用保护浇注，防止两次氧化，采用钢包处理或炉外精炼新技术，使用大容量深熔池的中间包，促使夹杂物上浮，采用性能适宜的保护渣，采用形状适宜的浸入式水口。

4）采用高质量的耐火材料，对钢包、中间包要清扫干净等。

E　气泡

在铸坯表皮以下，沿柱状晶方向生长的孔洞称为气泡。接近于铸坯表面，相对比较小的气泡且密集分布的称之为气孔。根据气泡位置，将露出表面的称之为表面气泡，不露出表面的称之为皮下气泡。钢水脱氧不良是产生气泡的主要原因，而钢中气体含量高（主要是氢）也是形成气泡的一个重要原因。另外出钢、浇注过程空气、水分的带入也会产生气泡。

（1）在实际生产中，产生气泡的常见原因：

1）脱氧不良，当钢中溶解铝大于 0.008% 就可防止 CO 气泡产生。

2）钢水过热度大。

3）两次氧化，空气中水气吸入。

4）保护渣水分超标。

5）结晶器上口渗水。

6）结晶器润滑油过量。

7）中间包衬（绝热板）潮湿。

一般整炉铸坯出现气泡是由于钢水脱氧不足所引起的, 中间包开浇第一炉的前面数只铸坯出现气泡, 是由于绝热板潮湿或黏结剂分解向钢水增氢所致。对于连续出现的气泡缺陷, 应检查保护渣水分 (要求小于 0.5%) 和结晶器上口是否渗水。

(2) 采取的措施:

1) 冶炼镇静钢一定要脱氧完全, 防止在浇注过程中产生 CO。

2) 确定正确的出钢温度, 防止高温出钢。

3) 采用无氧化浇注, 防止钢水吸气。

4) 钢包、中间包、水口一定要烘烤、去潮。

F　双浇

铸坯表面在水平方向呈现的不连续重接痕迹称为双浇 (或重接), 对换位置往往是由于中断浇注造成的。

(1) 产生双浇原因:

1) 生产中操作不当, 如: 水口堵塞、更换浸入式水口、拉坯故障停车等。在弯月面形成不连续凝壳, 继而再浇都会造成双浇缺陷。重接 (双浇) 处在轧制时不能焊合应该切除。

2) 结晶器的注流突然停浇, 或瞬间停止拉坯。如果停浇时间过长, 就会在铸坯表面形成明显的重接。

3) 钢水太黏、温度过低、水口堵塞、注流偏离等都可能引起重接。

(2) 防止双浇措施: 减少铸流中断的时间是防止双浇的唯一措施。

G　翻皮

凝壳在结晶器内发生轻微破裂时, 会有少量钢水流出来, 弥合裂口, 铸坯表面有横向的折叠状, 好像贴了一层皮似的, 称之为翻皮或重皮, 严重时将导致漏钢。

(1) 常见的原因:

1) 操作不当引起结晶器内润滑不足或短时间拉速过快造成的润滑不足。

2) 结晶器弯月面处的铜管内壁有变形和凹坑 (大于 0.5mm)。

3) 烧氧造成的毛糙, 形成挂钢。

4) 温度过高, 凝壳薄, 易撕裂。

5) 结晶器上口或边角处有渗漏水。

6) 结晶器振动参数选择不当。

由于结晶器铜管内壁上部挂钢所造成的翻皮是连续出现的, 由于操作因素 (润滑不足, 过热度大) 所造成的翻皮是个别的、断续的。

(2) 采取的措施:

1) 稳定拉速, 润滑好结晶器。

2) 对结晶器的使用要严格把关, 其参数误差超过规程, 严禁使用。

3) 严格按浇注制度浇钢, 超过钢种要求的浇注温度上限应拒浇。

H　振痕异常

铸坯侧面正常的振痕是呈波浪状等距离地分布在铸坯表面, 如果振痕不是水平线, 而是在离铸坯角部很短的距离处, 变成模糊的变形曲线, 再在靠近相对的角部重新变成水平线状，这就是异常振痕，有时异常振痕表现为振痕过深，类似"横沟"的现象。

（1）振痕异常原因：

1）结晶器振动异常是造成振痕异常的根本原因。

2）结晶器铜管内表面不平整，特别是弯月面处有沟槽。

3）结晶器内润滑不当也会造成振痕异常。

4）操作不当引起。

（2）采取的措施：

1）严格检查结晶器的振动系统，防止出现振动异常。

2）加强对结晶器的管理，防止结晶器"带病"工作。

3）加强对结晶器的润滑。

I　冷溅

由于金属小颗粒夹在铸坯和结晶器壁之间，在铸坯表面形成非常粗糙的凹痕面，称之为冷溅。

（1）造成冷溅的原因：

1）敞口浇注时钢流的喷溅粘到结晶器表面的冷钢嵌入凝固壳。

2）结晶器液面波动太大，把渣中的不溶物卷入凝固壳。

3）浇注过程中烧氧操作不当，使液滴飞溅到结晶器壁上。

（2）采取的措施：

1）稳定结晶器液面，防止液面波动量过大。

2）防止铸流堵塞，正确烧氧，以免液滴飞溅到结晶器壁上。

3）采用保护浇注，提高自开率。

J　渗漏

出现在铸坯表面的（成串的）钢液凝滴，称为渗漏。

（1）渗漏的原因：

1）凝壳上的小裂纹，可能发生在结晶器内或二次冷却装置上部。

2）其他一些缺陷及事故造成的渗漏。发生渗漏时，如果不及时对结晶器或二次冷却加强冷却，就将会发生漏钢，它是许多缺陷或事故的预警报。

（2）采取的措施：结晶器及二次冷却装置供水合适。

K　擦伤

在铸坯表面沿拉坯方向连续或不连续的划痕称为擦伤，其深度和宽度不一，形成原因主要是外来的损伤，加之拉速太快、铸坯温度过高，铸坯表面在高温状态时硬度较低所致。

（1）生产中造成擦伤的原因：

1）结晶器下有异物，划伤铸坯。

2）足辊或导向辊旋转不良，时转时不转，附有氧化铁而造成铸坯损伤。

3）因漏钢后冷钢、硬渣黏附在辊子上未及时清理，与铸坯摩擦划伤。

4）拉矫水套处氧化铁堆积过多。

5）采用液压剪切机时剪机套口附近有异物所致。

擦伤痕迹浅时（不大于 3mm）可用火焰枪或砂轮消除；痕迹较深时，往往使铸坯报废。因此防止擦伤的有效办法是及时清理结晶器下口及辊子处异物，浇注过程中适当增加二冷强度，减慢拉坯速度。

（2）采取的措施：

1）减少漏钢率，防止渣、异物等进入足辊或导向辊。

2）加强对足辊或导向辊的检查，发现死辊立即更换。

3）经常清理拉矫机水套处氧化铁皮及剪机切口处异物。

10.18.2.2　铸坯的内部缺陷

铸坯内部缺陷存在于铸坯内部，种类较多，它的产生涉及铸坯凝固传热、传质和应力的作用，其生成机理相当复杂，但总体是受二冷凝固控制的。

A　内部裂纹

各种应力（包括热应力、机械应力、相变应力等）作用在脆弱的凝固界面上产生的裂纹称之为内部裂纹。由于在凝固界面上成分富集的钢液流入裂纹部位，通过硫印和低倍酸浸才可显示出这些裂纹，所以也有的称之为偏析裂纹或偏析条纹。除了较大的裂纹，一般均可在轧制过程中焊合。按内部裂纹的出现部位及成因可将之分为挤压裂纹、中间裂纹、角部裂纹和星状裂纹。

a　挤压裂纹（矫直裂纹）

铸坯在带液相（甚至已凝固）进行拉坯或矫直时，所承受的变形率超过了铸坯所允许的变形率，则形成裂纹。

（1）挤压裂纹的形成原因：

1）单点矫直，应力集中，矫直力超过铸坯所允许的应力。

2）矫直温度过低。

（2）防止连铸坯矫直时产生挤压裂纹的措施：

1）采用压缩浇注即在铸坯矫直时，内弧受拉力外弧受压力。而内弧的拉力使凝固前沿产生裂纹。为此在铸坯矫直的同时，施加一个反向轴向力，抵消一部分由矫直产生的拉应力，这样使内弧受到的拉应力减小，而外弧受到的压应力减小。

2）多点连续矫直即采用多个矫直辊，把铸坯总的变形率分散到各个矫直辊中。

3）稳定操作、减少漏钢后的强制拉坯。

4）设置限位垫块，防止压力过大。

b　中间裂纹（冷却裂纹）

在铸坯外侧和中心之间的某一位置，在柱状晶间产生的裂纹，其位置一般在中间，故称之为中间裂纹。它是铸坯在凝固过程中过冷或不均匀二次冷却所产生的热应力，作用在树枝晶间较弱的部位而产生的，故也称为冷却裂纹。

（1）产生中间裂纹的原因：

1）主要是由于铸坯通过二次冷却区时冷却不均匀，温度回升大而产生的热应力造成的。

2）铸坯壳鼓肚或对弧不正造成的外力，作用于正在凝固的固液界面，也可产生这种裂纹。

（2）采取的措施：

1）合理设定二次冷却的比水量。

2）控制钢水的过热度在合理的范围内。

c　角部裂纹

角部裂纹是在结晶弯月面以下 250mm 以内产生的，是由于脱方在铸坯角部附近形成的一种裂纹，一般处于对角线上，离表面很浅的地方，有时甚至沿对角线贯穿。

（1）产生角部裂纹的原因：

1）结晶器冷却不均匀所产生的变形应力，作用在铸坯角部附近而产生的。

2）造成菱变的所有原因也是产生角部裂纹的原因。

（2）采取的措施：

1）使结晶器内均匀冷却，就可防止这种裂纹。

2）减少菱形变形的措施也是防止角裂的措施。

d　中心星状裂纹

在方坯横断面中心的裂纹，呈放射状。凝固末期接近液相穴端部中心，残余液体凝固要收缩，而周围固体阻碍了中心液体收缩产生拉应力，另外中心液体凝固放热又使周围固体加热而膨胀，在两者的综合作用下，使中心区受到破坏而导致放射性裂纹。

（1）产生中心星状裂纹的原因：

1）铸坯二次冷却区冷却太强，随后温度回升而引起凝固层鼓胀，使中心黏稠区受到拉应力而破坏。

2）二次冷却比水量。

3）浇注温度。

（2）采取的措施：

1）降低钢的氢含量。

2）二冷水配置合理。

B　非金属夹杂

连铸过程中，夹杂物的行为有两个特点：一是来源复杂；二是进入结晶器后分离困难，特别是断面小、拉速快的小方坯连铸机。

连铸坯内非金属夹杂物按生成方式可分为内生夹杂和外来夹杂，内生夹杂是指脱氧产物和两次氧化产物。外来夹杂是冶炼和浇注操作过程中带入的垃圾、夹渣和耐火砖颗粒等夹杂物，按粒度大小可分为微观夹杂和宏观夹杂；粒度小于 $50\mu m$ 的称为微观夹杂，这类夹杂一般为脱氧产物；粒度大于 $50\mu m$ 的称为宏观夹杂。钢材断面不同，夹杂分类的粒度界限也不同。

非金属夹杂沿铸坯长度方向上的分布，对于单炉浇注，一般规律是铸坯头、尾含量较高，其余部分较低且均匀。采用多炉连浇时，在换钢包或中间包以及开浇和浇注结束时，由于中间包或结晶器钢液面波动，使铸坯夹杂含量明显升高。夹杂物沿横断面上的分布情况，对于立式铸机从坯壳至中心为：靠坯壳部位略高，中间较低，中心稍高。总的来说，立式连铸机夹杂偏析并不大，弧形连铸机由于液相穴中上浮的夹杂被内弧侧的凝固前沿捕捉，造成大型夹杂在铸坯内弧 $1/5 \sim 1/4$ 处积聚。

（1）产生非金属夹杂的原因：脱氧产物、渣子卷入、耐材熔损、氧化产物、渣粉卷人等。

（2）采取的措施：

1）使用优质耐火材料，减少外来夹杂物。

2）合理的锰硅比和锰硫比，减少内生夹杂物。

3）无渣出钢、钢包清洗、保护浇注；控制钢中的残铝量。

4）吹氩搅拌，炉外精炼。

5）使用大容量熔池深的中间包促使夹杂物上浮。

6）采用性能合适的保护渣和形状适宜的浸入式水口。

7）钢包、中间包要清扫干净。

C　中心偏析与中心疏松

a　中心偏析

铸坯中心部位的碳、磷、硫、锰等元素含量高于铸坯边缘的现象称中心偏析。

（1）产生中心偏析的原因：

1）由于凝固末期树枝晶之间富集碳、磷、硫、锰等元素的残余钢水向中心流动造成的。

2）在接近最后凝固阶段，由于铸坯鼓肚也造成这些残余钢水的流动而产生偏析，此类偏析由于成分富集的钢水被挤出后，浓度较低的钢液补充进来，因此往往出现负偏析。

（2）采取的措施：

1）为防止中心偏析，从冶金考虑，就是设法扩大铸坯中心的等轴晶区，如采用低温浇注、电磁搅拌等。

2）从连铸设备上考虑，就是设法避免凝固坯壳的变形，控制好夹辊的间距，辊子严格对中等。

b　中心疏松

如将连铸坯沿中心线剖开，就会发现其中心附近有许多细小的空隙，我们把这些小孔隙称为中心疏松。疏松有3种情况，即分散在整个断面上的一般疏松、在树枝晶内的枝晶疏松和沿铸坯轴心产生的中心疏松。

在铸坯轧制时，当压缩比为3～5时，中心疏松就可焊合，对成品性能并无危害。但对用于穿无缝管的铸坯，中心疏松是很有害的，可能会造成钢管内表面缺陷。

（1）产生中心疏松的原因：

1）二冷不合理产生凝固桥，造成缩孔。

2）铸坯鼓肚。

（2）采取的措施：

1）用扩大铸坯等轴晶的各种措施，均可减轻中心疏松。

2）采用轻压下技术即在铸坯液相穴的末端，快要完全凝固之处，对铸坯进行轻微的压下（如2mm），要求其既不产生内裂，又可防止最后钢液凝固收缩或鼓肚造成的流动，以减轻中心偏析和中心疏松。

10.18.2.3　形状缺陷

连铸坯形状发生变化（长度或断面）称为形状缺陷。

A　鼓肚

铸坯凝固壳由于受内部钢水静压力作用而形成凸面现象称为鼓肚，其程度是以中央与边缘的厚度差来衡量。无论是方坯或板坯均会发生鼓肚现象，鼓肚是连铸工艺过程中一种特有现象。铸坯在凝固过程中，由于钢水静压力的作用，使两个支撑辊之间的坯壳向外凸起（宽面），由于鼓肚使凝固坯壳和凝固前沿产生变形，因而导致一系列的质量问题，其中以产生各种内部裂纹和加剧中心偏析为最显著。

（1）生产过程中产生鼓肚的原因：

1）结晶器倒锥度过小或下口磨损过度；

2）结晶器冷却强度过低或不均匀；

3）足辊或夹辊间距过大，磨损过度；

4）二冷控制不当等。

（2）采取的措施：

1）合适的两对辊间距，鼓肚量是与辊间距的 4 次方成正比，间距越大越容易鼓肚；

2）辊子要保持良好的刚性，防止变形；

3）要有足够的二次冷却强度，以增加凝固壳厚度；

4）拉速变化时，特别是由慢变快时，二次冷却水量也相应增加；

5）辊子对中要好。

B　菱形变形（脱方）

在方坯横断面上两个对角线长度不相等，即两对断面上角度大于或小于 90°，称为菱变，俗称为"脱方"，它是方坯特有的缺陷，菱形变形或脱方往往伴有内裂。脱方形状有时双边，有时单边，菱变大小用 R 来表示：

$$R = \frac{a_1 - a_2}{0.5(a_1 + a_2)} \times 100\%$$

式中　a_1，a_2——两条对角线长度。

如果 $R > 3\%$，方坯钝角处导出热量少，角部温度高，坯壳较薄，在拉力的作用下会产生角部裂纹；如果 $R > 6\%$，在加热炉内推钢时会发生堆钢或轧制时咬入孔型困难，因此应控制菱变在 3% 以下。

（1）菱变产生的主要原因：

1）结晶器冷却不均匀；

2）二冷区冷却不匀会加剧菱形变形的发展；

3）结晶器断面尺寸不准确，结晶器因使用次数多，内表面不平；

4）结晶器冷却水通路的不均衡；

5）足辊或侧面辊松动，安装不平行等均会导致菱形变形增大。

（2）采取的措施：

1）改进结晶器结构，防止结晶器内壁表面发生凸凹变形；

2）结晶器冷却水通路的间隔各面要均衡；

3）适当减少结晶器冷却水量；

4）在结晶器下设置足辊或冷却板；

5）二次冷却区铸坯 4 个面要均匀冷却等。

C 纵向凹陷

在方坯角部附近平行于角部，有连续的或断续的凹陷称之为纵向凹陷，其发生部位往往在铸坯侧面，纵向凹陷通常是由菱形变形造成的，纵向凹陷处通常伴生纵向裂纹。

铸坯在结晶器中冷却不均匀、局部收缩是造成纵向凹陷的主要原因。

（1）在实际生产中常见的原因：

1）菱形变形伴生凹陷；

2）结晶器与二次冷却装置对弧不准；

3）二次冷却局部过冷（特别是二冷区上部）；

4）拉矫辊上有金属异物黏附；

5）二冷局部喷嘴堵塞或脱落等。

（2）采取的措施：

1）防止菱形变形；

2）再检查二次冷却装置喷嘴（特别是二次冷却区上部）是否脱落，喷嘴是否离铸坯的距离太近等；

3）如果纵向凹陷是有规律的，断断续续的，则首先检查拉矫辊上是否有黏附的冷钢等异物。

D 横向凹陷

垂直于轴线沿铸坯表面间隔分布的局部表面凹陷被称为横向凹陷，在横向凹陷部位有时伴有横向裂纹出现。

（1）横向凹陷产生的主要原因：

1）凝壳与结晶器接触不良和摩擦阻力是产生横向凹陷的原因；

2）常见的原因是结晶器润滑不良及结晶器内液面波动过大和过快所造成的；

3）局部的横向凹陷是操作不当引起的，连续的横向凹陷则与保护渣性能有关。

（2）采取的措施：

1）加强结晶器的润滑，选用合理的保护渣；

2）稳定结晶器液面。

E 弯（扭）曲

方坯出切割（剪切）区后呈两头翘或麻花状，称为弯（扭）曲。

产生弯（扭）曲的原因与冷却不均匀有关，方坯四周的冷却不均匀会使某些面冷却过快，首先产生收缩，致使铸坯发生弯（扭）曲。

（1）弯（扭）曲主要原因：

1）结晶器、二冷段4个面冷却不均匀，水量分布不同步；

2）坯温过高有回热现象；

3）二冷喷嘴堵塞或脱落；

4）输送及冷床区铸坯冷却散热不均衡。

（2）采取的措施：

1）一冷、二冷控制水量要均匀；

2）经常清理喷嘴防止堵塞；

3）铸坯冷却要均匀。

10.18.3　注意事项

要避免浇注过程中所产生的缺陷，应严格按照操作规程进行，切勿轻视，以浇注出合格的铸坯。

10.18.4　知识点

液态钢水在连铸凝固过程中，由于受诸多因素影响，会产生各种各样的缺陷，这些缺陷有的通过一定手段的处理，可以不对铸坯质量造成影响，而部分的缺陷是无法处理并最终使铸坯报废。为此，必须对铸坯的缺陷做深入的了解，并对造成铸坯缺陷、影响铸坯质量的各种工艺因素进行分析，从而在生产实践中，力争将铸坯缺陷消灭在萌芽中，得到较理想的铸坯质量。

连铸坯的缺陷种类繁多，产生的原因也较复杂，但是有相当一部分缺陷是生产中经常重复出现的，称为常见缺陷。

连铸坯常见缺陷分为三大类：表面缺陷、内部缺陷和形状缺陷，各类缺陷还可以进一步予以区分，见表 10-1，这些缺陷有可能同时出现。

表 10-1　连铸坯缺陷名称分类

缺陷类别	缺陷名称
内部缺陷	内部裂纹（偏析裂纹、中间裂纹）
	三角区裂纹（侧边裂纹）
	对角线裂纹（角部裂纹）
	中心线裂纹
	中心偏析和中心疏松
	保护渣夹杂
	球状夹杂
	团絮状夹杂
	皮下夹杂
	皮下气泡
表面缺陷	纵向表面裂纹
	头坯的纵向裂纹
	靠近角部的纵向裂纹
	横向表面裂纹
	横向角部裂纹
	窄面横裂纹
	星状裂纹
	头坯上的针孔
	面上的针孔和点状夹渣
	分布在纵向直线上的针孔和团絮状夹渣
	整个表面上的针孔
	渗碳
	深的振痕

缺 陷 类 别	缺 陷 名 称
形状缺陷	纵向凹坑 横向凹坑 铸坯鼓肚 宽度偏差 厚度偏差 挠曲 不直 菱形变形 椭圆

表面缺陷主要包括：纵裂纹、横裂纹、星形裂纹、夹渣、气泡、双浇、翻皮、冷溅、振痕异常、擦伤等。

内部缺陷包括：内部裂纹、非金属夹杂，中心疏松和中心偏析等。

形状缺陷有：菱变（俗称脱方）、鼓肚、凹陷、弯（扭）曲等。

　　思 考 题

（1）连铸坯常见缺陷有哪些？

（2）连铸坯常见缺陷产生的主要原因是什么？

（3）综合分析连铸坯常见缺陷的危害。

参 考 文 献

[1] 冯捷，史学红. 连续铸钢生产 [M]. 北京：冶金工业出版社，2005.

[2] 王雅贞，张岩. 新编连续铸钢工艺及设备 [M]. 2 版. 北京：冶金工业出版社，2007.

[3] 蔡开科，程世富. 连续铸钢原理与工艺 [M]. 北京：冶金工业出版社，1994.

[4] 郑沛然. 连续铸钢工艺及设备 [M]. 北京：冶金工业出版社，1991.

[5] 张小平，梁爱生. 近终形连铸技术 [M]. 北京：冶金工业出版社，2001.

[6] 熊毅刚. 板坯连铸 [M]. 北京：冶金工业出版社，1994.

附　　录

附录1　方坯连铸岗位指导书

1.1　主题内容与适用范围

（1）本作业指导书包括方坯机连铸岗位交接班、岗位责任、技术操作、设备使用、安全操作、环境保护等方面的内容。

（2）本作业指导书适用于方坯机连铸岗位。

1.2　职责

（1）正确使用和保养设备，做好日常点检（操作点检）工作。

（2）规范作业，做好生产事故的预防和处理工作。

（3）及时向转炉、调度等沟通生产信息，向轧钢提供合格的铸坯。

（4）做到文明生产、安全生产和环保达标。

1.3　作业程序和标准

1.3.1　接班

（1）班前按规定穿戴好劳防用品，提前十分钟上岗。

（2）对口交接班，认真听取交接班人员叙述上班设备、仪表等运行状况。

（3）对铸机相关主要设备遗留问题等进行共同点检，各项检查认可后方可在交接班本上签字，并对存在的问题及时与相关维护人员联系解决。

（4）操作点检是生产工人每班的最基本的检查。

1）在设备运转中或运转前后，岗位操作人员靠五官和简单的仪器对责任区域设备按点检标准、点检线路、点检周期进行检查。

2）生产操作工人发现异常现象，如：振动、异声、发热、松动、腐蚀、异味、泄漏等及时向设备维护工人反映，若设备在不正常状态下工作应及时向厂调反映，避免设备事故发生。

3）检查周期每天每班不少于三次，认真填写岗位日常点检记录，落实点检记录的交接班。

1.3.2　作业前的准备

（1）了解当班生产计划，包括冶炼钢种、浇注炉数等，并根据班计划查找相关文件了解钢种工艺要求。

（2）了解当前炉及下一炉温度、成分、节奏等情况。

（3）确认所需原材料和工器具符合使用要求且数量够用。

（4）确认各机械电器等相关设备正常，相关介质及操作参数符合要求，发现问题及时处理。

1.3.3　钢包浇注作业

（1）在受钢位下必须备有 2/3 以上容积事故钢包，中间包后备有一空的溢流罐。

（2）开浇炉次必须测平台温度。测温、套长水口烧氧引流时应戴防护眼镜。

（3）钢包吊入或吊离回转台时必须垂直进行，指挥行车吊钢包待放置平稳并加盖好钢包盖后方可上天桥套油缸，同时接上机构的冷却风管并确保有气体，钢包及包盖在旋转过程中下方不准有人。

（4）每炉开浇前，套正装设好氩封管路并放置好密封垫的钢包长水口；钢包长水口氩气开吹时间为套水口前，结束时间为钢包长水口取下后，氩气大小以注流冲击区能观察到气流但不翻腾为准。

（5）第一炉开浇时，钢包应全流操作，防止因拉流造成中间包底部温度低影响正常开浇；连浇炉次开浇钢流不应过急，避免溅出钢水伤人或包裹长水口拖圈。

（6）覆盖剂的加入：开浇后在中间包冲击区加入 2 ~ 3 包覆盖剂或炭化稻壳，在浇注区加入 4 ~ 5 包钢水覆盖剂或炭化稻壳；正常浇注时酌情予以补加，确保钢水不裸露，特别是测温处及冲击区。

（7）钢包长水口必须插入钢水中，同时确保深度大于 120mm。

（8）引流前，应检查皮管有否漏氧，站位要合理，并选择有退路的地方。引流时，将滑动水口全开，以免烧坏滑板造成钢包关不死。引流时两人配合，氧气皮管放在人的前面（手不准握在皮管接地处），一人开氧气，一人引流。引开后要及时关闭氧气、迅速离开平台，防止钢花飞溅烫伤。

（9）中间包液面的控制：正常浇注时，中间包重量必须不小于 25t。

（10）浇注过程中若钢包水口或包壁穿漏，或水口关不死，在短时间内不能处理好的情况下，应将钢包旋至事故钢包位。当危及设备及人身安全时，迅速将钢包吊离回转台。

（11）旋转平台在非工作状态，必须转至与厂房平行方向。

（12）钢包旋转时，注意旋转区域人员撤离，严禁钢包从人头上过。

（13）钢包或中间包滑动水口开启时，滑动水口正面不应有人，以防滑板窜钢伤人。

（14）对钢包回转台传动机械、中间包车传动机械、钢包浇注平台以及易受漏钢损伤的设备和构筑物，应采取防护措施。

（15）钢包回转台旋转时，包括钢包的运动设备与固定构筑物的净距应大于 0.5m。

（16）装卸钢包滑动水口油缸时，不应站在栏杆上，防止坠落。

（17）钢包到浇注位，应立即锁紧。待中间包升降挡火板到位后，机长通知开浇后再开浇，防止钢花飞溅伤人。

（18）浇注中，有换水口、抢流子等接近结晶器处的情况，钢包工测温、取样时应避开此位置，到其他正常浇注位测温、取样，防止飞溅钢水。

1.3.4 中间包准备作业

1.3.4.1 中间包的检查

中间包开烘前必须检查包内是否干净（特别是水口碗部及孔内），塞棒及棒芯是否存在变形，包盖反面是否有明显残渣，开闭器运行是否卡阻及其横臂是否明显摆动，塞棒是否垂直对中，横臂与包盖之间的行程是否适中等，如发现异常必须联系中间包班处理，如处理无效予以退下。

1.3.4.2 中间包的烘烤时间控制（见附表1-1）

附表1-1 中间包的烘烤时间控制

项 目	正常情况下烘烤时间/h	快速烘烤的烘烤时间/h
小 火	1.5	0.5
中 火	0.5	0.5
大 火	1.0	1.0
累 计	3	2

注：1. 如台下未烘烤的中间包，在此基础上小火延长0.5h。

2. 快速烘烤工艺应以中间包烘烤效果良好为原则，在效果较差时可延长大火烘烤时间0.5h。

3. 快速烘烤工艺仅在生产组织非常情况下采用。

1.3.4.3 烘烤操作要求

（1）火焰标准：

1）小火：必须开启风机及煤气，使火焰到达中间包深度的1/2并有刚度。

2）中火：调节风量及煤气量，使火焰到达中间包底部并有刚度。

3）大火：调节风量及煤气量，使火焰到达中间包底部并反弹至中间包包沿，尽量不窜出包沿。

（2）烘烤中包上水口时，火焰必须对准上水口孔，同时配以压缩空气，调节火焰使之能从水口上口窜出。

（3）中间包烘烤一经进入中火或大火期，不允许进行减火操作，以免中间包内衬倒塌。

（4）中包整个烘烤过程均必须将塞棒打起。

（5）为减少火焰打在钢棒芯上使之变形而造成失控，必须做好棒孔处密封工作。

（6）停烘上中间包盖检查塞棒时，应做好高温下鞋底防滑工作，必要时用石棉垫脚，并在移动时良好站位。

（7）调校好塞棒后可用氧管轻轻捅引水口以防有粘落的塞棒耐材堵塞水口碗部；关闭塞棒后，不应再进行塞棒开关动作，以防粘塞棒头。

（8）煤气点火按先点火后开煤气的程序进行，烘烤过程应检查煤气烧烤情况，发现中间包烧烤熄火的立即关闭阀门，小火烘烤熄火时立即点燃。

1.3.4.4　异常情况的处理

（1）由于烘烤工艺不符造成塌料或耐材掉入，对清理后可用的自行清理，如有必要可报请调度降包龄使用，否则予以报废处理。

（2）由于包盖不干净或耐材原因造成塌料或耐材掉入，对清理后可用的联系中间包班清理，如有必要可报请调度降包龄使用，否则予以报废处理。

（3）中间包烘烤时间过长的处理：

1）小火时间控制在6h以内，6～8h必须降包龄使用，大于8h必须报废。

2）中火及大火总时间控制在4h以内，4～6h必须降包龄使用，大于6h必须报废。

3）总烘烤时间控制在8h以内，8～10h必须降包龄使用，大于10h必须报废。

1.3.5　浇注作业

（1）塞引锭所需材料要保持干燥、干净无油污，引锭头干燥无潮湿，如果潮湿应用压缩空气吹干后方可使用。

（2）浇注过程中必须戴好防护眼镜开动中间包小车，轨道外两侧500mm以内不准站人，中间包车轨道上无残钢异物。上升或下降中间包时，中间包小车附近不得有人。

（3）中包开浇条件：中间包钢水重量不小于12t（包括换中间包）。

（4）如中间包烘烤不好或中间包温度偏低，开浇时应延迟塞棒关闭动作，以减少垫棒事故的发生，如钢液面上升太快，可适当减少出苗时间，提前起步。

（5）开浇控流采取“大—小—大”方式。塞棒开启3～5s后，再进行试关棒动作，试关塞棒动作应轻带而不能猛刹浇钢把。

（6）出苗时间控制为5～15s；起步拉速为0.8～1.2m/min。

（7）起步正常3min后，拉速以0.15m/min的加速度升至中间包温度对应的拉速。

（8）浸入式水口的正常插入深度为70～100mm，普钢（Q215～Q235）采用石英质，在浇注条件允许优先采用铝碳质；其他钢种开浇或换中间包时第一个水口采用石英质，正常后必须采用铝碳质。

（9）需换水口或引流时，应兼顾接头位置，通过提前或延后措施，使之落位在切除接头后的铸坯能满足定尺要求。

（10）保护渣实行黑渣操作，应少、匀、勤加渣，同时按钢种工艺要求使用保护渣，不得混用；正常液渣层厚度为8～12mm，总渣层厚度一般保持在30～45mm。

（11）若结晶器铜管上口漏水过大，应停止该流浇注，防止爆炸伤人。

（12）严禁中间包下渣操作，避免因下渣造成漏钢爆炸伤人。

（13）停浇后的中间包必须待中间包余钢完全凝固后方可进行吊运操作，严禁向浇完钢的中间包内打水冷却。

（14）正常浇注过程中，严禁关闭结晶器水阀；关阀更换结晶器后，开浇之前必须打开阀门。结晶器一旦停水，不允许重新送水，应立即停止浇注，防止穿结晶器发生爆炸。

（15）钢种30～80、65Mn、管桩钢、管坯钢、冷墩钢、钢绞线必须使用电磁搅拌，确认参数符合要求：电流250A，频率6Hz。如超过一炉钢不能使用，则该流必须堵流。

（16）每次停机，如时间不大于1h，应确保对足辊及一段堵塞、缺失的喷嘴进行处理；如时间大于1h，全面检查二冷状况，发现问题必须处理。

（17）喷嘴型号装设要求，见附表1-2。

附表1-2　喷嘴型号装设

区　段	2号机喷嘴型号	3号机喷嘴型号
足辊段	1/2PZ10065QZ6	1/2PZ8065QZ6
第一段	1/2PZ8065QZ6	1/2PZ8065QZ6
第二段	3/8PZ6065QZ6	3/8PZ6065QZ6
第三段	3/8PZ4065QZ6	3/8PZ4065QZ6

1.3.6　二冷配水作业

（1）根据钢种选用二冷曲线的要求见附表1-3。

附表1-3　钢种与二冷曲线对应关系

铸机	断面/mm	钢　种	二冷曲线名称
2号机	130×130	Q215、Q235、HRB335/400	124A13A1
		XQ195、Q175	124A13A2
		60Si2Mn	124A13A3
	150×150	Q215、Q235（含外销坯）、20管	150A06A1
		HRB335/400（含外销坯）、XQ195、H08、Q175	150A13A3
		45~50	150A08A1
		60Si2Mn	150A14A3
3号机	150×150 或 160×160	Q215、Q235、HRB335（400）	150A13A2
		XQ195、H08、Q175、SWRCH8A/22A	150A11A1
		45~75、65Mn、30MnSi	150A10A1
		80、SWRH72B、SWRH82B	150A12A2
		60Si2Mn	150A08A1

（2）浇注Q215、Q235、HRB335（400）、XQ195、H08、Q175钢种时，足辊区允许手动开大水量（同时要求对于XQ195、H08、Q175，手动最大开水量不能超过15m³/h），但必须在2号机拉速大于2.2m/min、3号机拉速大于2.0m/min时，否则必须置于自动。

（3）浇注发现紧急情况，按事故紧急按钮，将钢包开全事故位。正常情况下，浇注任何钢种Ⅰ区、Ⅱ区均必须自动配水，而不得采用手动开大水量。

（4）浇注出现异常情况（包括开浇及接中间包操作）拉速偏慢时，为避免坯子发黑及产生废品，按以下要求进行配水：

当拉速2号机小于1.8m/min、3号机小于1.6m/min，手动关闭Ⅱ区水；

当拉速2号机小于1.5m/min、3号机小于1.3m/min，手动关闭Ⅰ区、Ⅱ区水；

当拉速2号机小于1.2m/min、3号机小于1.1m/min，手动关闭足辊区、Ⅰ区、Ⅱ区水。

（5）生产中出现锁紧插销拔不出，钢包回转台不能旋转时的应急处理步骤：

1）及时通知当班电、钳工到场处理。

2）拍下事故紧急旋转按钮，钢包回转台旋转。将电、气选择开关转至气动状态，锁紧插销自动拔出到位，抱闸打开，用事故气动旋转钢包浇注。

3）若事故气动旋转至浇注位，无浇注位信号时，套好长水口，采用滑动水口阀台手动阀打开滑动水口开浇。

（6）放射源装卸操作：

1）在结晶器上安装放射源的操作步骤：

①穿好防护围兜，戴好防护手套和眼镜。

②打开放射源存放箱，从铅罐中取出源盒。

③将源盒有螺栓的一端朝下推入结晶器上的源盒安装盒中，把源盒固定杆旋转90°通过弹簧将源盒固定。

④固定后，用石棉布将源盒露出结晶器部分保护好。

2）从结晶器上取出放射源的操作步骤：

①穿好防护围兜，戴好防护手套和眼镜。

②用力推源盒固定杆并把源盒固定杆旋转90°将源盒从结晶器源盒安装盒中取出。

③迅速将源盒放入存放箱中的铅罐内，锁好存放箱。

1.3.7　常见铸坯缺陷的处理

（1）影响脱方废品产生的部位主要在结晶器铜管、足辊区及Ⅰ区。出现该废品时可先降速（如足辊区手动配水则同时恢复自动），之后观察足辊及一段冷却水的具体情况，再酌情选择如下方法进行处理：手动关闭Ⅱ区水及减少Ⅰ区水；手动关小Ⅰ区、Ⅱ区水；手动关小足辊区、Ⅰ区、Ⅱ区水；手动适当调高足辊区水；堵流更换结晶器。

（2）产生疏松废品时，以提速或降水为主要措施方向；如在同拉速下只是单流产生疏松，一般问题主要在一段（如喷嘴缺失严重而单面水大），可通过降水来解决。

1.3.8　浇钢作业安全注意事项

（1）开浇前水口对准，液压升降调节对位，如需要垫块时，一定要使用专用垫片，不得用其他物质件代替，手不得伸向液压机械下面。

（2）渣罐、溢流槽不得当废物箱使用，里面不得有水或潮湿物。使用吊具前应检查吊具是否完好无损，吊渣盆和溢流槽时，必须用四个分支的钢丝绳吊挂，二人配合操作，吊挂牢固，专人指挥，手不要握在钢丝绳易被挤压的部位。使用吊具前应检查吊具是否完好无损，方可投入使用。

（3）事故停浇或检修时进入二冷室排故障、送引锭必须两人以上同行，一人操作，一人监护，并与平台联系配合好。

（4）使用液面自动控制浇钢时，要集中精力观察液面，出现异常，立即处理。

（5）在浇钢过程中，发现中间包内钢水出现沸腾要密切关注，当沸腾严重时，要立即处理，防止钢水溅出伤人。

（6）堵流子的堵锥柄应为实心手柄，防止堵流失败时，钢水通过空心管喷射伤人。

（7）结晶器一旦停水，不允许重新送水，应立即停止浇注，防止穿结晶器发生爆炸。

（8）停机处理冷钢时，应站牢、站稳，并注意上方异物坠落伤人。

（9）浇注需吹氩吹气保护时，开关打开幅度不宜过大，防止钢水翻腾溅出伤人。

（10）浇注发现紧急情况时，可按事故紧急按钮，将中间包开至事故位。

（11）正常浇注时，不允许在二冷平台铸坯外弧行走或停留。

（12）随时注意各冷却水情况，若结晶器铜管上口漏水过大，应停止该流浇注，正常浇注过程中，不允许关闭任何冷却水阀门。

（13）中间包包龄后期，必须对中包进行检查确认，出现异常立即停浇，中间包移位。

（14）连铸主平台以下各层，不应设置油罐，气瓶等易燃、易爆品仓库或存放点，连铸平台上漏钢事故波及的区域，不应有水与潮湿物品。

（15）引锭杆脱坯时，应有专人监护，确认坯已脱离方可离开。

（16）采用放射源控制结晶器液面时，放射源的装、卸、运输和存放，应使用专用工具。放射源只能在调试或浇注时打开，其他时间均应关闭，打开时人员应避开其辐射方向，其存放箱与存放地点应设置警告标志。

（17）更换下水口时，换下的水口禁止乱扔乱拖拉，防止烫伤周围人员。

（18）开动中间包小车时，轨道外两侧500mm以内不准站人，中间包车轨道上无残钢异物。上升或下降中间包时，中间包小车附近不得有人。

（19）塞引锭所需材料要保持干燥、干净无油污，引锭头干燥无潮湿。吊挂中间包、溢流槽、渣盆时，必须使用32.5mm的钢丝绳或使用专用吊具，并检查吊耳情况，将四耳挂牢。

（20）浇注中，有换水口、抢流子等接近结晶器处的情况，钢包工测温、取样时应避开此位置，到其他正常浇注位测温、取样，防止飞溅钢水伤人。

（21）浇注中，发现中间包、结晶器内钢水冒涨，立即停机处理。

（22）接中间包时，结晶器有渗水，由机长根据水量的大小判断是否继续接包，水量过大，必须更换结晶器。

（23）结晶器水流量、压力低于正常状态，坚持10min没有恢复，则停浇处理。结晶器无水则立即停浇，同时严禁立即送水。

（24）钢包工注意观察钢包倾翻器是否落入槽内。

（25）当中间包有余钢时严格执行：液面在200mm以下的，1h后起吊；液面在200～400mm的，2h后起吊；液面在400mm以上的，3h后起吊；满包4h后起吊。

（26）事故钢包内无杂物，保证盛装80t以上钢水，事故渣盆耐火材料必须完好无损，并保持干燥无杂物（杂物厚度不超过10mm），使用后及时更换。

1.3.9　电脑监控操作安全注意事项

（1）送引锭前应检查确认所有仪表是否处于正常状态、冷却水是否正常、二冷室及输送辊道上是否有人，并与二操台联系好。

（2）工作时必须集中思想，不得嬉笑打闹、看书读报、用手机或计算机娱乐。

（3）正常浇注时，一切报警设备和指示灯应处于工作状态，若有异常，及时与有关人员单位取得联系。

（4）若钢包关不住时，应及时通知有关人员避让，防止烫伤。

（5）结晶器断水时，应立即通知浇钢工，并作出正确处理，不可再送水防止爆炸伤人。

（6）停送各类冷却水时，应与相关单位配合好，并认真执行确认制度。

（7）停机检修时，应与维修部门联系好，升降扇形段机架或主动辊要与专人联系，以免误操作造成挤伤。

（8）禁止用湿手按电钮、湿布擦电器与计算机。拒绝非本岗位人员及无关人员使用电脑或点击鼠标，对工作需要的人员，应征得同意后，方可操作。

（9）设备出现故障，应立即通知机长和相关人员。正常生产或检修时，提醒机长或有关人员做好各项确认制度。

（10）在浇注时，要认真监控结晶器振动电流、夹送辊电流变化情况，结晶器水量、二冷水量、设备水量的变化，各种液压站是否处于正常的工作状态，如有异常，及时向机长及有关人员反映。

附录 2　板坯连铸岗位指导书

2.1　主题内容与适用范围

（1）本作业指导书包括 1 号板坯连铸机岗位交接班、岗位责任、技术操作、设备使用、安全操作和环境保护等方面的内容。

（2）本作业指导书适用于 1 号板坯机连铸岗位。

2.2　职责

（1）正确使用和保养设备。

（2）规范作业，做好生产事故的预防和处理工作。

（3）及时向转炉、二操和调度等沟通生产信息，向中板提供合格的铸坯。

（4）做到文明生产、安全生产和环保达标。

2.3　作业程序和标准

2.3.1　接班

（1）班前按规定穿戴好劳防用品，提前十分钟上岗。

（2）对口交接班，认真听取交班人员叙述上班设备仪表等运行状况。同时对重点设备遗留问题等进行共同点检，各项检查认可后方可在交接班本上签字。

2.3.2　作业前的准备

（1）了解当班生产计划，包括浇注炉数、浇注钢种等。

（2）确认所用耐材、辅料和工器具等符合使用要求且数量够用以及干燥。

（3）确认各机械电器等设备正常，以及冷却水、氩气、压缩空气、液压等介质满足使用要求，发现问题及时处理。

（4）机长和主控接班后根据浇注钢种，对照工艺确认电脑所设定参数是否正确，发现问题及时更正，并确认在线铸坯质量状况。

2.3.3　中间包装棒、中间包、快换水口烘烤及使用

执行《板坯中间包、快换水口烘烤及使用要求》。

2.3.4　送引锭杆操作

（1）主控确认各液压站、润滑站已经运行并且工作正常。

（2）各扇形段的辊缝预先调好，扇形段上辊均为打开状态并以 I 压保持。

（3）操作箱及出坯操作台上均显示"具备送引锭条件"。

（4）具备条件后听从机长一人指挥，开始送引锭。

（5）塞引锭所需材料必须干燥、干净无油污。引锭头干燥无潮湿。塞引锭后具备开浇条件。

2.3.5　钢包浇钢作业

（1）确认各机械电器等设备正常，以及冷却水、氩气、压缩空气、液压等介质满足使用要求，发现问题及时处理。钢包浇钢作业必须戴好防护眼镜。

（2）钢水到达平台后必须对钢包钢水进行测温（连浇炉视情况而定）。钢包达到天桥处后检查钢水及钢包无异常后测温，再指挥行车将钢水放置在回转台上，并将钢包盖转至钢包上盖好后，上天桥装好滑动水口液压缸及冷却压缩空气。

（3）盖好钢包盖后装上油缸和接上机构的冷却风管，并确认冷却风管是否有气。

（4）钢包开浇、换包必须套上长水口浇注，连浇炉长水口吹完冷钢和放好密封垫后，套好保护套管开浇（连浇炉遇中间包钢水小于 15t 时，后一包钢水可先开浇，待中间包放满后立刻套好保护套管），保护套管必须套正，不得歪斜，开浇后钢包必须落到最低位。

（5）如不能自动开浇，滑板再试滑一次后，戴好防护眼镜，检查引流撤退路线无挡堵物后进行引流操作，引开后迅速撤离，待中间包放满后关闭滑动水口，把保护套管套上。

（6）中间包液面的控制：正常浇注时，中间包重量必须不小于 27t（渣面离溢流口不大于 50mm）。

（7）覆盖剂的加入：开浇时在中间包冲击区和测温区分别加入 4~5 包钢水覆盖剂；正常浇注每炉加 4~6 包中间包覆盖剂（必要时也可将炭化稻壳加在覆盖剂上，确保钢水不裸露）。

（8）正常浇注时，每 4~6 炉钢排一次渣，渣层总厚度控制在（75±25）mm。

（9）测温取样规定：每炉钢浇至毛重 100t 时取成品样，每炉测 5~8 个温度（相邻两个温度间隔时间：不上 LF 炉不能超过 5min，上 LF 炉不能超过 8min），当中间包温度低于 1530℃ 时，每隔 3~5min 测一个温度，遇到测出温度异常时，应连续测 2~3 个温度，取最接近的一个为准，遇到测出温度异常情况，应及时再补测一枪。

（10）当钢包快浇注完时，密切注意中间包浇注区域是否下渣，发现下渣应立即关闭滑板，将后炉钢包转至浇位开浇，开浇后立刻将保护套管插入钢液面以下。

（11）钢包浇钢安全注意事项。

1）钢包开浇前，应先将保护套管的残钢吹扫干净再安装固定好套管，开浇时钢流不要过急，待钢流平稳正常后方可离开，避免钢水溅出伤人。

2）测温取样时，应保证测温杆、取样器干燥无潮湿。

3）钢包工应经常检查平台、天桥安全护栏是否牢固可靠，套油缸及冷却风管时，禁止站在栏杆上，以防坠落。

4）钢包滑动水口关不死或穿包，应迅速将钢包旋转至事故包位。必要时启动事故回转。

5）遇到穿滑动机构时，应迅速判断事故部位，并采取相应正确的防范措施。

6）钢包引流时，应戴好防护眼镜并合理站位，引流成功后迅速撤离。

7）钢包旋转时应注意旋转区域是否有人，严禁钢包从人头上过。

8）钢包旋转台在非工作状态下，必须旋转至与厂房平行的方向。

9）渣罐、溢流槽不得当废物箱使用，里面不得有水或潮湿物。吊挂中间包、渣罐、溢流槽时，必须使用专用吊具或 32.5mm 四分支钢丝绳，吊具使用前应检查是否完好无损，两人配合操作，四耳挂牢，专人指挥，手不要握在易被挤压部位。

10）钢包操作时，钢包工注意观察钢包倾翻器是否落入槽内。

2.3.6　中间包浇钢作业

（1）浇注前应检查中间包小车、中间包的烘烤、耐材的准备及扇形段是否正常。

（2）送引锭操作，由机长通知主控，显示送引锭自动"灯亮"时，浇钢工将选择开关转到"送引锭准备"位置。送引锭过程需专人监视上升过程，当引锭送到距结晶器下口600mm 时，送引锭程序完毕，人工操作悬臂箱上的手持器以 0.4m/min 的速度对引锭杆目视点动操作，将引锭头准确送至距结晶器上口 550mm 位置，再想下点动 50mm 将引锭头准确送至距结晶器内铜板上口 500mm 位置后，将工作方式选择开关置于"浇注准备好"位置。

（3）用专用工具将纸绳塞紧结晶器壁与引锭头之间的空隙。

（4）当钢水上平台测温时，确认引锭无下滑，方可在引锭头上均匀铺撒 20～30mm 厚的钢屑（钉尖），然后按断面大小在钢屑上放置弹簧，并在渣斗里放置匹配钢种所使用的保护渣。

（5）在结晶器离上口 500mm 长度方向涂抹硅胶。

（6）在结晶器两窄面处放置与相应断面相匹配的防溅板。

（7）专人升起中间包，当回转台转动 90° 方向，可将中间包车开到浇注位置。

（8）降中间包时，应有专人在结晶器一侧观察水口对中情况，确认对中良好，方可指挥中间包水口下落，水口底部至弹簧上端 50～100mm 处停止。

（9）在浇注区域的浇钢工、钢包工戴好防护眼镜后，机长方可对钢包工下达开浇指令。

（10）当中间包钢水达到 12t 后，浇钢工控制塞棒开浇，开浇过程不宜过猛，防止钢水喷出烫伤人，当结晶器液面淹没过快换水口侧孔，将工作方式选择"浇注"位置并把保护渣均匀地加入结晶器内，当液面距上口 100mm 时，启动拉矫机并缓慢提升拉速，并注意结晶器是否振动。

　　（11）开浇升速控制：起步正常后升速到 0.6m/min，稳定 2min 测量液渣层正常后，再升速到 0.8m/min，稳定 2min 测量液渣层正常后，再升速到 1.0m/min，稳定 2min 测量好液渣层正常后，再升速至中间包温度对应的拉速（注：1. 如果测量液渣层厚度达不到要求，则稳定拉速待液渣层厚度达到标准后再升速；2. 升速标准为 0.1m/min²；3. 拉速正常后方可投入液面自动控制）。开浇拉速控制如附图 2-1 所示。

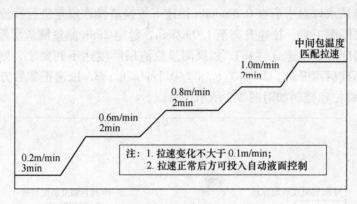

附图 2-1　开浇拉速控制

　　（12）按钢种工艺要求使用匹配保护渣，不得使用结团渣和包装袋破损渣。添加结晶器保护渣时，要按少加、勤加、匀加原则，保证液面不暴露，整个渣层厚度控制在（50±10)mm，浇注过程中应不时地用铁丝测量渣层厚度，确保液渣层厚度控制在 8～15mm，不得使用结块、结团和明显受潮的保护渣，每炉钢必须测量一次液渣层的厚度和消耗量，测量点在水口与窄面铜板之间，应及时将测量值记录在记录本上，保护渣正常消耗量为 0.45～0.6kg/t。

　　（13）换渣操作控制：正常情况下 6～10 炉换一次保护渣，遇钢水黏，保护渣结块、结团或化渣不好等情况必须更换结晶器内保护渣，换渣时只需要换掉粉渣层与烧结层保留液渣层，换好一边后才能换另外一边且边换渣边向换渣部位推入新渣，当遇有钢水流动性不好时，后一炉开浇 5min 后更换结晶器内保护渣。

　　换渣过程拉速控制：将自动液面控制改成手动浇注，将拉速降至 1.0m/min 进行换渣，稳定 2min 测量液渣层厚度正常后，再升速至中间包温度对应拉速（见附图 2-2）。

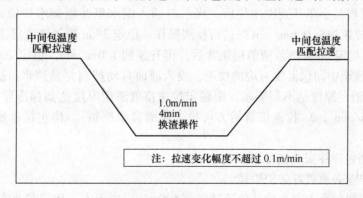

附图 2-2　换渣时拉速控制

　　开浇后应缓慢提升拉速，10min可达到正常拉速，然后根据中间包温度及对应所浇注的钢种来调整拉速（见钢种技术操作规程），调整中间包塞棒吹氩流量，使液面有微小波动即可。

　　（14）换水口操作：将自动液面控制改成手动浇注，逐步将拉速降至0.8m/min进行换水口，更换快换水口时，必须先关闭塞棒，再进行换水口，换好水口后必须关闭油缸管路的液压阀。确认水口对中后在0.8m/min拉速下按换渣操作规定进行换渣，换好渣2min后，测量液渣层厚度正常，拉速升高至1.0m/min，稳定2min测量液渣层厚度正常后，再升速至中间包温度对应拉速（注：1. 如果测量液渣层厚度达不到要求，则稳定拉速待液渣层厚度达到标准后再升速；2. 升速标准为0.1m/min^2；3. 拉速正常后方可投入液面自动控制）。换水口拉速控制如附图2-3所示。

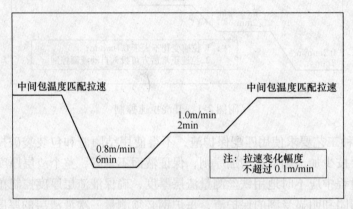

附图2-3　换水口拉速控制

　　（15）换包操作：

　　1）换包前查看下一个中间包的烘烤情况及相关准备工作，开动中间包小车前确认中间包轨道两侧500mm以内是否有人或物。

　　2）结晶器采用高液位换包，换包时间不得超过4min，否则做停机处理，换包时中间包不小于4t才能开浇。

　　3）降速过程：浇注中间包余钢时，钢水剩余一半后拉速逐渐降低至0.8m/min，再根据中间包重量和钢水液位情况将拉速降低至0.1~0.2m/min进行换包。

　　4）升速过程：小车开到浇注位后，将水口插入钢水里并粗调水口插入深度、对中。浇注正常后将拉速提至0.6m/min时进行换渣操作，稳定2min测量液渣层正常后，再升速到0.8m/min，稳定2min测量液渣层正常后，再升速到1.0m/min，稳定2min测量液渣层正常后，再升速至中间包温度对应的拉速，投入液面自动控制并微调水口插入深度（注：1. 如果测量液渣层厚度达不到要求，则稳定拉速待液渣层厚度达到标准后再升速；2. 升速标准为0.1m/min^2；3. 拉速正常后方可投入液面自动控制）。换包拉速控制如附图2-4所示。

　　（16）中间包浇注安全注意事项。

　　1）浇钢作业必须戴好防护眼镜。

　　2）开动中间包小车时，确认轨道外两侧500mm以内无人。中间包小车轨道上无残钢异物。

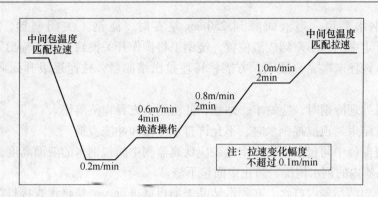

附图 2-4　换包拉速控制

3）开浇前水口要对准，上升或下降中间包时，小车附近不得有人。液压升降调节对位，如需垫块必须用专用垫块，不允许用其他物件代替，手不得伸向液压机械下面。

4）开浇过程不宜过猛，钢水流速稳定，由小到大，防止钢水溅出伤人。

5）渣罐、溢流槽不得当废物箱使用，里面不得有水或潮湿物。吊挂中间包、渣罐、溢流槽时，必须使用专用吊具或 32.5mm 四分支钢丝绳，吊具使用前应检查是否完好无损，两人配合操作，四耳挂牢，专人指挥，手不要握在易被挤压部位。

6）不准向浇完钢的中间包内打水冷却。

7）进入二冷室必须两人以上同行，一人操作，一人监护，并与平台联系配合好。禁止用氧气吹扫地面。

8）结晶器一旦停水，应立即停浇，不允许重新送水，防止穿结晶器发生爆炸。

9）使用液面自动控制浇钢时，要集中精力观察液面，出现异常情况立即采取措施。

10）当使用木条、铁丝、氧气管等检查液面时，必须保持干燥，操作动作要轻，防止钢水溅出伤人。

11）浇注过程中，发现中间包内钢水沸腾要密切关切，当沸腾严重时，要立即处理，防止钢水溅出伤人。

12）禁止中间包下渣操作，避免因下渣造成漏钢发生爆炸。

13）浇注吹氩气保护时，开关打开幅度不宜过大，防止钢水翻溅伤人。

14）随时注意各冷却水情况，若结晶器上口溢水过大，应停止浇注。

15）正常浇注过程中，不允许关闭任何冷却水阀门。

16）处理事故需烧氧时，必须戴好防护眼镜。

17）液面自动控制不用时，或吊卸中间包时，应关闭电源，防止触电。

18）当中间包有余钢时应严格执行：液面在 200mm 以下的，1h 后起吊；液面在 200 ~ 400mm 的，2h 后起吊；液面在 400mm 以上的，3h 后起吊；满包 4h 后起吊。

19）事故钢包内无杂物，保证盛装 80t 以上钢水，事故渣盆周边耐火材料必须完好无损，并保持干燥无杂物（杂物厚度不超过 10mm），使用后及时更换。

2.3.7　停机操作

（1）当中间包钢水剩余 1/2 时，将拉速缓慢降低到 0.6m/min，此时钢包工应随时用

氧气管测量钢水高度，当液面降到 250mm 左右时，浇钢工关闭塞棒，将拉速降到
0.2m/min，开走中间包小车到放渣位置，浇钢工将操作开关拨到"尾坯输出"位置。

（2）确认铸坯末端完全凝固，方能将铸坯拉出结晶器，拉速逐级升到典型拉速输出
尾坯。

（3）停机处理冷钢时，应站牢、站稳，并注意上方异物坠落伤人。

（4）浇注结束封顶搅拌钢水时，不允许打水冷却和冲洗盖板。

（5）停浇前浇中间包余钢时，钢包工应认真监测中间包钢水的液面高度，浇钢工也应
密切注意结晶器内的钢水情况，防止中间包下渣。

（6）封顶向结晶器内打水，必须沿结晶器铜板壁进行，严禁将水直接打在铸坯上，严
禁用钢条或木条捣顶口。

（7）拉中间包余钢测液面高度时，引流管的另一头禁止朝向人的任何部位。

2.3.8　停机检查

（1）每次停机机长要查看检修人员测量倒锥情况，当测量的倒锥度偏差大于标准值
0.2mm 时，调整到正常范围并做好记录。

（2）如果停机时间不少于 2h，机长应组织操作工检查二冷内弧喷嘴雾化情况，如有
堵塞、歪斜和漏水等现象，通知钳工处理好后再进行确认。

（3）如果是正常停机检修，车间必须安排钳工或操作工有计划地冲洗外弧喷枪，保证
每月冲洗一遍。

（4）更换结晶器及零段时，机长必须在现场确认对弧和倒锥测量情况，且监督好检修
工，在吊运带水的设备时不允许从耐火材料上过，防止淋湿耐火材料。

（5）如需校振动偏摆，机长必须在现场确认并做好记录。

2.3.9　电脑监控操作工安全注意事项

（1）送引锭前应检查确认所有仪表是否处于正常状态、冷却水是否正常、二冷室及输
送辊道上是否有人，并与二操台联系好。

（2）工作时必须集中思想，不得嬉笑打闹、看书读报、用手机或计算机娱乐。

（3）正常浇注时，一切报警设备和指示灯应处于工作状态，若有异常，及时与有关人
员单位取得联系。

（4）若钢包关不住时，应及时通知有关人员避让，防止烫伤。

（5）结晶器断水时，应立即通知浇钢工，并做出正确处理，不可再送水防止爆炸
伤人。

（6）停送各类冷却水时，应与相关单位配合好，并认真执行确认制度。

（7）停机检修时，应与维修部门联系好，升降扇形段机架或主动辊要与专人联系，以
免误操作造成挤伤。

（8）禁止用湿手按电钮、湿布擦电器与计算机。

（9）拒绝非本岗位人员及无关人员使用电脑或点击鼠标，对工作需要的人员，应征得
同意后，方可操作。

（10）设备出现故障，应立即通知机长和相关人员。

（11）正常生产或检修时，提醒机长或有关人员做好各项确认制度。

（12）在浇注时，要认真监控结晶器振动电流、夹送辊电流变化情况，结晶器水量、二冷水量、设备水量的变化，各种液压站是否处于正常的工作状态，如有异常，及时向机长及有关人员反映。

（13）二冷水表的使用：Q235 系列为②号水表，Q345 系列为③号水表，高强度船板与含 Nb、V 系列为④号水表。（如有调整以技术科下文为准）

（14）二冷水控制：正常情况下使用自动控制。当水压低于正常值时，应及时反馈机长查看实际情况，确认水量偏小后应手动调大压力至正常值；当降速后实际水量跟不上目标值时，可采用手动调节；当拉速打停或小于 0.2m/min 时，除 1 ~ 4 回路的水开度为 10% 以外，其余全部关闭。

（15）结晶器冷却水量等监控见附表 2-1。

附表 2-1　结晶器冷却水量等监控

项　目	宽　面			窄　面		
	目标值	报警值	停机值	目标值	报警值	停机值
水流量/m³·h⁻¹	165 ~ 170	<165	<155	26 ~ 28	<26	<24
进水温度/℃	28 ~ 40	>40	>43	28 ~ 40	>40	>43
进出水温差/℃	7 ~ 10	>10	>11	7 ~ 10	>10	>11
进水压力/MPa	0.65 ~ 0.9	<0.65	<0.6	0.6 ~ 0.85	<0.6	<0.55

注：当以上参数超过报警值标准，主控应及时通知浇钢工把拉速降低至 0.1m/min 进行浇注，并联系相关单位执行处理，如果以上参数达到停机标准超过 5min，则向调度室申请做停机处理。

（16）结晶器冷却水量等监控浇注过程中，工艺参数的实际值与设定值有偏差时，应该及时告知机长和通知相关单位前来处理，并做好记录。

（17）结晶器冷却水量等监控浇注过程中，如结晶器振动电流、拉坯电流出现异常时，及时告知机长和检修工长前来处理并做好记录。

2.3.10　交班

（1）认真如实填写交接班本，并做好本班生产统计。

（2）对口交接，叙述本班设备仪表等运行状况及其他注意事项。

（3）情况交明后，双方签字确认，如有问题向当班机长或车间反映解决。

2.4　异常情况处理措施

2.4.1　表面纵裂应对措施

（1）发现在线红坯表面纵裂首先降低拉速至 0.1m/min（在温度拉速匹配的基础上），无纵裂后拉速恢复正常。

（2）确认以下参数是否达到要求：

1）结晶器内渣况；2）钢包保护浇注情况；3）快换水口对中和插入深度；4）结晶

器内液面波动；5）结晶器进水温度、水量和压力；6）裂纹炉次［S］含量（［S］≤0.030%）；7）裂纹炉次塞棒历史记录侵蚀情况（该炉次塞棒历史记录差值不小于8mm）；8）钢水是否发黏（塞棒位置是否有逐渐上升）；9）二冷水量、压力状况。

如参数异常，及时反馈给相应单位人员来解决；如参数无异常，则询问值班调度和前道工序的工艺情况。

（3）细小水印或凹槽纵裂。如果出现持续性细小水印或凹槽纵裂（不少于4块），确认参数正常的情况下按规定进行换渣操作。

（4）中间较长或严重纵裂。在保证液面不翻动的情况下，减少水口插入深度10mm，如塞棒侵蚀严重（该炉次塞棒历史记录差值不小于15mm），确认保护浇注正常后，通知调度注意钢水氧性，在该炉次浇注完后更换快换水口并进行换渣操作。

（5）如按以上操作未能解决裂纹，且连续出现两炉以上通知调度室做停机处理，检查结晶器铜板磨损情况、倒锥度大小、结晶器振动、结晶器足辊冷却水、大弧精度等情况，发现问题及时处理，若无异常则更换结晶器。

2.4.2　边部纵裂、侧鼓应对措施

2.4.2.1　伴随侧鼓边裂

查看结晶器进水温度、水量和压力是否正常，调节大结晶器足辊窄面水量至80L/min，如仍有侧鼓及严重边裂，应向调度申请停机处理。

2.4.2.2　无侧鼓边裂

查看结晶器进水温度、水量和压力是否正常，如正常则试用以下两种方案：（1）结晶器宽面水量增大3~5m³/h、窄面水量减少2~3m³/h；（2）结晶器宽面水量减少3~5m³/h、窄面水量增大2~3m³/h。如果边裂仍未解决且比较轻微，则降低拉速0.05~0.1m/min进行正常浇注，如果边裂严重则向调度申请停机。

2.4.3　水口断侧孔

（1）如果快换水口侧孔内弧断，机长应仔细检查在线红坯，如有缺陷应及时通知二操下线。

（2）如果更换下来的快换水口侧孔断在外弧（需机长确认），连铸机长立刻通知二操开始下线，一直下线到换水口接头位置（二操需记录好下线原因），接头以后的铸坯热送，下线红坯冷却后需翻面检查、修磨，无质量问题才能发送给中板。

2.4.4　塞棒失控

（1）发现塞棒失控，机长必须立刻通知钢包工关小或关闭钢包滑板，并及时联系调度。

（2）如果是塞棒突然失控，导致塞棒关不死钢水溢出，应立刻关盲板做停机处理。

（3）如果是塞棒逐渐被侵蚀，机长及时通知调度申请提前换包或停浇，当拉速控制必须超过工艺温度对应拉速的上限才能控流时，降低中间包吨位浇注，但最低不低于20t，

浇完中间包余钢后做停浇处理，如果降低吨位也不能控流则直接关盲板停机处理。

（4）开浇过程中如果出现垫棒等原因造成不能控流，不能满足开浇起步升速的工艺要求，做停机处理。

2.4.5　保护渣情况异常

如遇到液渣层厚度达不到工艺要求，即超出 8～15mm；正常拉速下保护渣消耗量小于 0.40kg/t 钢；结晶器内保护渣结团等情况按以下操作步骤进行：

（1）将拉速降至 0.8m/min，测量结晶器内液渣层厚度，并观察结晶器内保护渣情况，待保护渣消耗和液渣层正常后，再按规定进行升速。

（2）若降速还不能正常，则先将拉速降至 0.2m/min，测量液渣层厚度正常后按升速过程操作，直至拉速和保护渣正常。

2.4.6　等钢水、引流

（1）当接到调度通知等钢水或需要引流等需要降拉速的情况下，拉速降低幅度不低于与温度匹配拉速 0.1m/min、且时间不能超过 10min。

（2）因等钢水或引流而浇注中间包余钢时，按出尾坯模式下的拉速操作，如果中间包吨位大于 8t，允许开后炉钢水正常浇注；如果中间包钢水少于 8t，则不接钢水（钢包不开浇、引流的情况下则不引流）做停机处理。

2.4.7　中间包高、低温情况

（1）低温：中间包温度小于典型拉速温度时，适当减小水口插入深度、增大氩气流量（以液面不翻动为准），以提高结晶器上表面温度、保证化渣良好。

（2）高温（开浇、换包炉除外）：如测中间包温度出现 1560℃ 以上时，5min 内再连续测两个温度，如果温度还是高于 1560℃，钢包工则立即关闭钢包，浇钢工浇完中间包余钢做停浇处理，并告知调度室；如果后两个温度低于 1560℃，则继续按温度匹配表上拉速进行浇注。

2.4.8　漏钢及卧坯处理规定

（1）浇钢工发现漏钢后，应立即关闭塞棒和盲板并迅速将拉速降至 0.6m/min，确认能拉动保持 1min 后，以 0.2m/min 的加速度逐步将拉速升高至 0.8m/min 并维持 5min，再将拉速以 0.2m/min 的加速度逐步升高至 1.2m/min 后，把坯子拉出扇型段。

（2）漏钢后如果铸坯拉不动，机长将拉速回零后，将二冷水全部手动关闭，再试拉 1～2 次，若还是拉不动则不允许采取强拉，应及时查看哪个扇形段被冷钢包死，确认好后组织人员从该段的出口处切割，将切割后的铸坯拉出。

（3）如出现卧坯，不允许强拉，先找到漏点，在漏钢段子下口进行切割，割断后试拉，如能拉动便将坯子拉出扇形段（注：不能用机架强压使铸坯变直，以免损坏设备）。

（4）如还不能拉动，在 7 段处再切一刀，切断后把水平段的坯子拉出扇形段，之后送引锭把余坯顶出 1 段口，吊走余坯。

（5）不允许关闭设备水。

2.4.9　结晶器温差大

（1）开机前试结晶器水过程中，主控应观察结晶器各面温差情况，如果有进出水温差超过 ±0.2℃，应及时通知仪表工前来处理。

（2）浇注过程中如果两窄面、内外弧温差相差大，主控及时告知机长，由机长确认快换水口是否对中等异常情况造成的偏流现象，如有异常及时调整。

（3）确认快换水口对中等无异常：1）两窄面或内外弧温差相差不大于 1.0℃，按正常拉速浇注；2）两窄面内外弧温差相差为 1～1.5℃，且持续 3min 以上时，主控及时通知机长及调度需降低 0.05m/min 拉速进行浇注；3）两窄面内外弧温差相差不小于 1.5℃，且持续 3min 以上时，主控及时通知机长及调度需降低 0.05m/min 拉速进行浇注，且机长需调整结晶器水量（窄面 26～28m³/h、宽面 165～170m³/h）以保证两窄面或内外弧温差一样，待两窄面或内外弧温差相差不大于 1.0℃，主控及时通知机长及调度按正常拉速进行浇注。

2.4.10　自动液面控制波动大

结晶器液面自动控制不稳时改手动浇钢，当液面波动大于 ±10mm，且持续 5min，应降速 0.05～0.1m/min 浇注。